线性代数及其应用

主编　丁　勇

合肥工業大學出版社

内 容 提 要

线性代数是高等院校理工科和经济管理类专业的一门基础数学课程．本书依照国家教育部制定的高等院校线性代数教学基本要求而编写，体现了当前普通高等院校培养高素质应用型人才数学课程设置的发展趋势与教学理念．

本书内容包括行列式与克莱姆法则、矩阵、矩阵的秩与向量空间、线性方程组等内容．每章有实际应用问题、课程思政阅读材料、本章要求及一定数量的习题．此外，本书最后还增加了一章利用 Matlab 软件解决线性代数相应问题的内容，供读者参考学习．

本书可以作为普通高等院校理工科和经济管理类专业线性代数课程教材或教学参考书，对从事相关领域工作的工程技术人员或自学人员也有一定的参考作用．

图书在版编目(CIP)数据

线性代数及其应用/丁勇主编．--合肥：合肥工业大学出版社，2025. -- ISBN 978-7-5650-7246-8

Ⅰ. O151.2

中国国家版本馆 CIP 数据核字第 2025KH7483 号

线性代数及其应用

丁　勇　主编　　　　责任编辑　许璘琳

出　版	合肥工业大学出版社	版　次	2025 年 8 月第 1 版
地　址	合肥市屯溪路 193 号	印　次	2025 年 8 月第 1 次印刷
邮　编	230009	开　本	787 毫米×1092 毫米　1/16
电　话	职业教育出版中心：0551-62903120	印　张	11.75
	营销与储运管理中心：0551-62903198	字　数	264 千字
网　址	press.hfut.edu.cn	印　刷	安徽联众印刷有限公司
E-mail	hfutpress@163.com	发　行	全国新华书店

ISBN 978-7-5650-7246-8　　　　定价：38.00 元

前　言

线性代数是高等院校理工科和经济管理类学生必修的一门基础数学课程，广泛应用于自然科学、社会科学、工程技术及经济管理等各领域，对培养学生的数值计算能力、逻辑推理和抽象思维能力及综合运用知识分析解决实际问题的能力等方面起着重要作用，也为学生进一步学习后续课程打下良好数学基础．在我国普通高等院校中，线性代数教学学时偏少，这就对此课程的教学提出了更高的要求，因此，编写适用于应用型院校的线性代数教材，使其契合高等教育改革趋势，成为亟待解决的重要任务．

本书力求体现普通高等院校的教学特点，始终贯穿“以应用为目的，以必需够用为度”的原则，结构紧凑、简明清晰；少而精、通俗易懂．全书内容在编排上深入浅出，着重强调基本概念、基本技能、基本方法，并将抽象内容与具体实例相结合，对基本概念和定理的应用进行讲解，实用性较强．对于书中标有“*”和小写排印内容，教学时可根据实际需要酌情选学．

本书在编写过程中得到了武汉工程大学邮电与信息工程学院领导及相关部门的大力支持，在此表示衷心的感谢．同时，感谢胡端平教授对本书的指导与建议．由于编者水平有限，书中难免有疏漏、不妥及错误之处，敬请读者批评指正.

编　者

2024 年 9 月

目　　录

第 1 章　行列式与克莱姆法则 …………………………………………………… (001)

§1　二阶、三阶行列式 ………………………………………………………… (001)

§2　全排列与逆序数 …………………………………………………………… (008)

§3　n 阶行列式 ………………………………………………………………… (010)

§4　行列式的性质 ……………………………………………………………… (015)

§5　行列式按行(列)展开 ……………………………………………………… (023)

§6　克莱姆法则 ………………………………………………………………… (034)

阅读材料 ……………………………………………………………………… (040)

本章要求 ……………………………………………………………………… (041)

习题一 ………………………………………………………………………… (042)

第 2 章　矩阵 ……………………………………………………………………… (043)

§1　线性变换和矩阵的概念 …………………………………………………… (043)

§2　矩阵的代数运算 …………………………………………………………… (048)

§3　矩阵的转置与共轭运算 …………………………………………………… (060)

§4　逆矩阵 ……………………………………………………………………… (063)

§5　矩阵的分块 ………………………………………………………………… (072)

§6　初等变换与初等矩阵 ……………………………………………………… (077)

阅读材料 ……………………………………………………………………… (087)

本章要求 ……………………………………………………………………… (089)

习题二 ………………………………………………………………………… (089)

第 3 章　矩阵的秩与向量空间 …… (091)

§1　矩阵的秩 …… (091)

§2　n 维向量及运算 …… (094)

§3　向量组的线性相关与线性无关性 …… (100)

§4　向量组的秩 …… (108)

* §5　向量空间 …… (114)

§6　向量的内积和正交矩阵 …… (120)

阅读材料 …… (127)

本章要求 …… (128)

习题三 …… (129)

第 4 章　线性方程组 …… (131)

§1　线性方程组的消元法 …… (131)

§2　线性方程组有解的条件 …… (137)

§3　线性方程组解的结构 …… (144)

阅读材料 …… (153)

本章要求 …… (154)

习题四 …… (155)

第 5 章　线性代数的 Matlab 实验 …… (156)

§1　Matlab 软件简介 …… (156)

§2　行列式与 Matlab 实验 …… (156)

§3　矩阵与 Matlab 实验 …… (159)

§4　向量组与 Matlab 实验 …… (165)

§5　线性方程组与 Matlab 实验 …… (169)

阅读材料 …… (180)

参考文献 …… (182)

第1章　行列式与克莱姆法则

对线性方程组系数阵列的描述及对求解出公式化的研究使得行列式得以产生．莱布尼茨(Leibniz,德国人,1646－1716)在1693年使用了行列式描述线性方程组．1750年,克莱姆(Cramer,瑞士人,1704－1752)给出了行列式求解线性方程组的方法和公式,称之为克莱姆法则．在行列式出现一百多年后产生了矩阵,使得行列式的内容大大丰富起来.

行列式是一种特定的算式．它是研究线性代数的一个基本工具,同时它在数学的各个领域及其他各学科中也有着广泛的应用．本章主要介绍行列式的定义、性质及计算方法等内容．此外,还将介绍利用 n 阶行列式求解线性方程组的克莱姆法则．

§1　二阶、三阶行列式

一、二元、三元线性方程组解的表示

解方程是代数中一个基本的问题．行列式的概念源于解线性方程组,且是在求解方程个数与未知量个数相同的一次方程组时提出的．其最初是从二元与三元线性方程组求解公式引入的．

对于一个二元线性方程组

$$\begin{cases} a_{11}x_1 + a_{12}x_2 = b_1, \\ a_{21}x_1 + a_{22}x_2 = b_2, \end{cases} \tag{1.1}$$

利用消元法,当 $a_{11}a_{22} - a_{12}a_{21} \neq 0$ 时,方程组有唯一解

$$\begin{cases} x_1 = \dfrac{b_1a_{22} - a_{12}b_2}{a_{11}a_{22} - a_{12}a_{21}}, \\ x_2 = \dfrac{a_{11}b_2 - b_1a_{21}}{a_{11}a_{22} - a_{12}a_{21}}. \end{cases} \tag{1.2}$$

这是一般二元线性方程组的公式解,可以发现(1.2)式中的分母相同,只与方程组(1.1)的系数有关,分子与分母结构相同．

方程组的解(1.2)式并不好记,应用时也不方便．为了易于表达、方便记忆,引入新的符号,构造一种运算来表示这个结果,这就是行列式的起源．

如果记

$$D=\begin{vmatrix} a_{11} & a_{12} \\ a_{21} & a_{22} \end{vmatrix}=a_{11}a_{22}-a_{12}a_{21},$$

则

$$D_1=\begin{vmatrix} b_1 & a_{12} \\ b_2 & a_{22} \end{vmatrix}=b_1a_{22}-a_{12}b_2, D_2=\begin{vmatrix} a_{11} & b_1 \\ a_{21} & b_2 \end{vmatrix}=a_{11}b_2-b_1a_{21}.$$

当 $D\neq 0$ 时,线性方程组(1.1)的解(1.2)式可以表示为

$$x_1=\frac{D_1}{D}=\frac{\begin{vmatrix} b_1 & a_{12} \\ b_2 & a_{22} \end{vmatrix}}{\begin{vmatrix} a_{11} & a_{12} \\ a_{21} & a_{22} \end{vmatrix}}, x_2=\frac{D_2}{D}=\frac{\begin{vmatrix} a_{11} & b_1 \\ a_{21} & b_2 \end{vmatrix}}{\begin{vmatrix} a_{11} & a_{12} \\ a_{21} & a_{22} \end{vmatrix}}. \tag{1.3}$$

这个公式解能否在同样结构的三元线性乃至 n 元线性方程组实现呢?

对于三元线性方程组

$$\begin{cases} a_{11}x_1+a_{12}x_2+a_{13}x_3=b_1, \\ a_{21}x_1+a_{22}x_2+a_{23}x_3=b_2, \\ a_{31}x_1+a_{32}x_2+a_{33}x_3=b_3. \end{cases} \tag{1.4}$$

经计算,当 $D\neq 0$ 时,仍可得到三元线性方程组(1.4)有类似的公式解

$$x_1=\frac{D_1}{D}, x_2=\frac{D_2}{D}, x_3=\frac{D_3}{D}, \tag{1.5}$$

其中

$$D=\begin{vmatrix} a_{11} & a_{12} & a_{13} \\ a_{21} & a_{22} & a_{23} \\ a_{31} & a_{32} & a_{33} \end{vmatrix}=a_{11}a_{22}a_{33}+a_{12}a_{23}a_{31}+a_{13}a_{21}a_{32}-a_{11}a_{23}a_{32}-a_{12}a_{21}a_{33}-a_{13}a_{22}a_{31},$$

$$D_1=\begin{vmatrix} b_1 & a_{12} & a_{13} \\ b_2 & a_{22} & a_{23} \\ b_3 & a_{32} & a_{33} \end{vmatrix}, D_2=\begin{vmatrix} a_{11} & b_1 & a_{13} \\ a_{21} & b_2 & a_{23} \\ a_{31} & b_3 & a_{33} \end{vmatrix}, D_3=\begin{vmatrix} a_{11} & a_{12} & b_1 \\ a_{21} & a_{22} & b_2 \\ a_{31} & a_{32} & b_3 \end{vmatrix}.$$

二、二阶、三阶行列式的定义

定义 1.1 设 a_{ij} 为数(实数或复数),$1\leqslant i,j\leqslant 3$.

(1) 称

$$\begin{vmatrix} a_{11} & a_{12} \\ a_{21} & a_{22} \end{vmatrix}=a_{11}a_{22}-a_{12}a_{21} \tag{1.6}$$

为**二阶行列式**. 其中(a_{i1}, a_{i2})称为二阶行列式的第 i 行,$\begin{pmatrix} a_{1j} \\ a_{2j} \end{pmatrix}$为二阶行列式的第 j 列,a_{ij} 为二阶行列式的第 i 行第 j 列的元素,$1 \leqslant i,j \leqslant 2$.

上述二阶行列式的定义,可用如图 1-1 所示的二阶行列式对角线法则来记忆.

从左上角元素 a_{11} 到右下角元素 a_{22} 的实对角线称为**主对角线**,右上角元素 a_{12} 到左下角元素 a_{21} 的虚对角线称为**副对角线**. 二阶行列式的值便是主对角线上的两个元素的乘积减去副对角线上两个元素的乘积. 这种计算行列式的方法称为**对角线法则**.

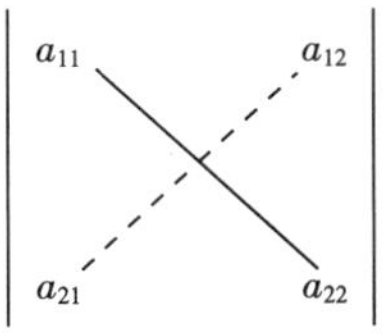

图 1-1　二阶行列式对角线法则

(2) 称

$$\begin{vmatrix} a_{11} & a_{12} & a_{13} \\ a_{21} & a_{22} & a_{23} \\ a_{31} & a_{32} & a_{33} \end{vmatrix}$$

$$= a_{11}a_{22}a_{33} + a_{12}a_{23}a_{31} + a_{13}a_{21}a_{32} - a_{11}a_{23}a_{32} - a_{12}a_{21}a_{33} - a_{13}a_{22}a_{31} \tag{1.7}$$

为**三阶行列式**. 称(a_{i1}, a_{i2}, a_{i3})为三阶行列式的第 i 行,$\begin{pmatrix} a_{1j} \\ a_{2j} \\ a_{3j} \end{pmatrix}$为三阶行列式的第 j 列,a_{ij} 为三阶行列式的第 i 行第 j 列的元素,$1 \leqslant i,j \leqslant 3$.

注意　① 三阶行列式含有三行三列. 横排的数构成行,纵排的数构成列. 行列式中的数称为行列式的**元素**,相等的行数和列数 3 称为**三阶行列式的阶**.

② 三阶行列式按规定的方法表示 9 个元素的运算结果,为 6 项的代数和,每项均为来自不同行不同列的三个元素之积. 其符号和运算规律可用如图 1-2 所示的三阶行列式对角线法则来记忆.

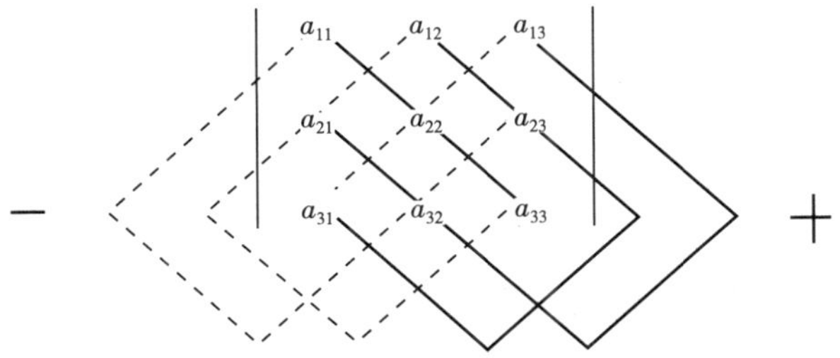

图 1-2　三阶行列式对角线法则

可见,三阶行列式是这样的 6 项的代数和,从左上角到右下角的每条实线连线上,来自不同行不同列的三个元素的乘积取正号;从右上角到左下角的每条虚线连线上,来自不同行不同列的三个元素的乘积取负号.

例 1.1 计算三阶行列式

$$D=\begin{vmatrix} 2 & 1 & 2 \\ -4 & 3 & 1 \\ 2 & 3 & 5 \end{vmatrix}.$$

解 按三阶行列式的对角线法则,有

$$\begin{aligned} D&=2\times 3\times 5+1\times 1\times 2+(-4)\times 3\times 2-2\times 3\times 2-1\times(-4)\times 5-2\times 3\times 1 \\ &=30+2-24-12+20-6=10. \end{aligned}$$

例 1.2 解方程组

$$\begin{vmatrix} 1 & 1 & 1 \\ 2 & 3 & x \\ 4 & 9 & x^2 \end{vmatrix}=0.$$

解 方程左端的三阶行列式按对角线法则,有

$$D=3x^2+4x+18-12-2x^2-9x=x^2-5x+6,$$

由 $x^2-5x+6=0$,解得 $x=2$ 或 $x=3$.

三、二阶、三阶行列式的性质

对于行列式 D,将它的行写成列,列写成行,得到一个新的行列式,记 D^T,称为行列式 D 的**转置行列式**.

记

$$D=\begin{vmatrix} a_{11} & a_{12} & a_{13} \\ a_{21} & a_{22} & a_{23} \\ a_{31} & a_{32} & a_{33} \end{vmatrix}, D^T=\begin{vmatrix} a_{11} & a_{12} & a_{13} \\ a_{21} & a_{22} & a_{23} \\ a_{31} & a_{32} & a_{33} \end{vmatrix}^T=\begin{vmatrix} a_{11} & a_{21} & a_{31} \\ a_{12} & a_{22} & a_{32} \\ a_{13} & a_{23} & a_{33} \end{vmatrix}. \quad (1.8)$$

设 D 为二阶或三阶行列式,则

(1) 行列式 D 与它的转置行列 D^T 式相等,即 $D^T=D$;

(2) 互换行列式 D 的两行(列) 成为 $D_{(1)}$,行列式变号,即 $D_{(1)}=-D$;

(3) 若行列式 D 的两行(列) 对应元素完全相同,则 $D=0$;

(4) 行列式某行(列) 各元素的公因数可以提到行列式的外面;

(5) 若行列式 D 的两行(列) 对应的元素成比例,则 $D=0$;

(6) 若行列式 D 的某行(列) 是两组数的和,则 $D=D_1+D_2$;其中行列式 D_1 的对应行(列)保留第一组数,而行列式 D_2 的对应行(列)保留第二组数,D_1,D_2 除该行(列)外的行和列与 D 完全相同.

例如,

$$D=\begin{vmatrix} a_{11} & a_{12} & a_{13} \\ a'_{21}+a''_{21} & a'_{22}+a''_{22} & a'_{23}+a''_{23} \\ a_{31} & a_{32} & a_{33} \end{vmatrix}$$

$$=\begin{vmatrix} a_{11} & a_{12} & a_{13} \\ a'_{21} & a'_{22} & a'_{23} \\ a_{31} & a_{32} & a_{33} \end{vmatrix}+\begin{vmatrix} a_{11} & a_{12} & a_{13} \\ a''_{21} & a''_{22} & a''_{23} \\ a_{31} & a_{32} & a_{33} \end{vmatrix}=D_1+D_2;$$

(7) 行列式的某一行(列)加上另外一行(列)的 k 倍,则行列式的值不变.

以上性质不难由二阶、三阶行列式的定义验证,下面用三阶行列式证明部分性质.

证明　(1)

$$D^T=\begin{vmatrix} a_{11} & a_{21} & a_{31} \\ a_{12} & a_{22} & a_{32} \\ a_{13} & a_{23} & a_{33} \end{vmatrix}=a_{11}a_{22}a_{33}+a_{21}a_{32}a_{13}+a_{31}a_{12}a_{23}$$

$$-a_{31}a_{22}a_{13}-a_{21}a_{12}a_{33}-a_{11}a_{23}a_{32}=D.$$

(2) 不妨设 D 的第 1,2 行互换成为 $D_{(1)}$,

$$D_{(1)}=\begin{vmatrix} a_{21} & a_{22} & a_{23} \\ a_{11} & a_{12} & a_{13} \\ a_{31} & a_{32} & a_{33} \end{vmatrix}=a_{21}a_{12}a_{33}+a_{22}a_{13}a_{31}+a_{23}a_{11}a_{32}$$

$$-a_{23}a_{12}a_{31}-a_{22}a_{11}a_{33}-a_{21}a_{13}a_{32}=-D.$$

(3) 不妨设 D 的第 1,2 行相等,将这两行互换后仍然不变. 由(2) 则 $D=-D$,可得 $D=0$.

(4) 不妨设行列式第 2 行有公因数 k,即

$$\begin{vmatrix} a_{11} & a_{12} & a_{13} \\ ka_{21} & ka_{22} & ka_{23} \\ a_{31} & a_{32} & a_{33} \end{vmatrix}=ka_{11}a_{22}a_{33}+ka_{12}a_{23}a_{31}+ka_{13}a_{21}a_{32}$$

$$-ka_{11}a_{23}a_{32}-ka_{12}a_{21}a_{33}-ka_{13}a_{22}a_{31}$$

$$=k\begin{vmatrix} a_{11} & a_{12} & a_{13} \\ a_{21} & a_{22} & a_{23} \\ a_{31} & a_{32} & a_{33} \end{vmatrix}.$$

(5) 可由(3) 和(4) 得到.

(6) 直接由三阶行列式的定义易得,请读者自行完成.

(7) 可由(5) 和(6) 得到.

行列式 D 的第 i,j 行(列) 互换,记作 $r_i \leftrightarrow r_j (c_i \leftrightarrow c_j)$;$D$ 的第 i 行(列) 乘以 k,记作 $kr_i(kc_i)$;D 的第 i 行(列) 加上第 j 行(列) 的 k 倍,记作 $r_i + kr_j (c_i + kc_j)$.

例 1.3 计算下面行列式.

(1)$D=\begin{vmatrix} x & y & x+y \\ y & x+y & x \\ x+y & x & y \end{vmatrix}$; (2)$D=\begin{vmatrix} a^2 & ab & b^2 \\ 2a & a+b & 2b \\ 1 & 1 & 1 \end{vmatrix}$.

解 (1)

$$D \xlongequal{r_1+r_2} \begin{vmatrix} x+y & x+2y & 2x+y \\ y & x+y & x \\ x+y & x & y \end{vmatrix} \xlongequal{r_1+r_3} \begin{vmatrix} 2(x+y) & 2(x+y) & 2(x+y) \\ y & x+y & x \\ x+y & x & y \end{vmatrix}$$

$$=2(x+y)\begin{vmatrix} 1 & 1 & 1 \\ y & x+y & x \\ x+y & x & y \end{vmatrix} \xlongequal[r_3-(x+y)r_1]{r_2-yr_1} 2(x+y)\begin{vmatrix} 1 & 1 & 1 \\ 0 & x & x-y \\ 0 & -y & -x \end{vmatrix}$$

$$=-2(x+y)\begin{vmatrix} 1 & 1 & 1 \\ 0 & x & x-y \\ 0 & y & x \end{vmatrix} \xlongequal[c_3-c_1]{c_2-c_1} -2(x+y)\begin{vmatrix} 1 & 0 & 0 \\ 0 & x & x-y \\ 0 & y & x \end{vmatrix}$$

$$=-2(x+y)(x^2-xy+y^2)=-2(x^3+y^3).$$

$$(2) D \xlongequal{r_1 \leftrightarrow r_3} -\begin{vmatrix} 1 & 1 & 1 \\ 2a & a+b & 2b \\ a^2 & ab & b^2 \end{vmatrix} \xlongequal[r_3-a^2r_1]{r_2-2ar_1} -\begin{vmatrix} 1 & 1 & 1 \\ 0 & b-a & 2(b-a) \\ 0 & a(b-a) & (b-a)(b+a) \end{vmatrix}$$

$$=-(b-a)^2\begin{vmatrix} 1 & 1 & 1 \\ 0 & 1 & 2 \\ 0 & a & b+a \end{vmatrix} \xlongequal[c_3-c_1]{c_2-c_1} -(b-a)^2\begin{vmatrix} 1 & 0 & 0 \\ 0 & 1 & 2 \\ 0 & a & b+a \end{vmatrix}$$

$$\xlongequal{r_3-ar_2} -(b-a)^2\begin{vmatrix} 1 & 0 & 0 \\ 0 & 1 & 2 \\ 0 & 0 & b-a \end{vmatrix} = -(b-a)^3=(a-b)^3.$$

由(1.3)和(1.5)式,能用二阶和三阶行列式求解二元和三元线性方程组(1.1)和(1.4).一个非常自然的问题,是否给出 n 阶行列式的定义,并能利用行列式求解 n 元线性方程组

$$\begin{cases} a_{11}x_1+a_{12}x_2+\cdots+a_{1n}x_n=b_1, \\ a_{21}x_1+a_{22}x_2+\cdots+a_{2n}x_n=b_2, \\ \cdots \quad \cdots \quad \cdots \quad \cdots \\ a_{n1}x_1+a_{n2}x_2+\cdots+a_{nn}x_n=b_n \end{cases} \tag{1.9}$$

也有如下的解呢?

$$x_i=\frac{D_i}{D} \quad (1\leqslant i\leqslant n), \tag{1.10}$$

其中

$$D=\begin{vmatrix} a_{11} & a_{12} & \cdots & a_{1n} \\ a_{21} & a_{22} & \cdots & a_{2n} \\ \cdots & \cdots & \cdots & \cdots \\ a_{n1} & a_{n2} & \cdots & a_{nn} \end{vmatrix}\neq 0. \tag{1.11}$$

$D_j(j=1,2,\cdots,n)$ 是 D 中第 j 列换成常数项 $b_1,b_2,\cdots,b_n$,其余各列不变而得到的行列式,即

$$D_j=\begin{vmatrix} a_{11} & \cdots & a_{1j-1} & b_1 & a_{1j+1} & \cdots & a_{1n} \\ a_{21} & \cdots & a_{2j-1} & b_2 & a_{2j+1} & \cdots & a_{2n} \\ \cdots & \cdots & \cdots & \cdots & \cdots & \cdots & \cdots \\ a_{n1} & \cdots & a_{nj-1} & b_n & a_{nj+1} & \cdots & a_{nn} \end{vmatrix}.$$

(1.11)式是否也遵循"对角线法则"呢?先考虑 $n=4$ 的情形,发现(1.11)式中的 D 有 24 项,而利用"对角线法则"时只有 8 项.因此,n 阶行列式的定义不能用二阶、三阶行列式所谓的"对角线法则"进行.那么,接下来必须寻求一种新的规则来定义 n 阶行列式,并且该定义式的规则对二阶、三阶行列式也成立.

仔细研究三阶行列式的定义(1.7)式,发现有以下规律:

(1) 每一项都是三个元素之积.这三个元素来自不同的行和不同的列,其形式是 $a_{1j_1}a_{2j_2}a_{3j_3}$,其中 $j_1j_2j_3$ 为 1,2,3 的一个全排列,故共有 3! =6 项.

(2) 各项前面有一个 1 或 -1,即有因数 $(-1)^k$,$a_{11}a_{22}a_{33}$,$a_{12}a_{23}a_{31}$,$a_{13}a_{21}a_{32}$,取"+"号,$j_1j_2j_3$ 的排列分别为 123,231,312. $a_{11}a_{23}a_{32}$,$a_{12}a_{21}a_{33}$,$a_{13}a_{22}a_{31}$,取"−"号,$j_1j_2j_3$ 的排列分别为 132,213,321.那么,$a_{1j_1}a_{2j_2}a_{3j_3}$ 前的正负号是否由 $j_1j_2j_3$ 决定呢?

对于 $j_1j_2j_3$ 为 1,2,3 的一个全排列(见第 2 节),如果有两个数大的在前,小的在后,则称

它们构成一个**逆序**，记$\tau(j_1j_2j_3)$为排列$j_1j_2j_3$的逆序总个数，容易得到$\tau(123)=0$，$\tau(231)=2$，$\tau(312)=2$，从而$(-1)^{\tau(123)}=(-1)^{\tau(231)}=(-1)^{\tau(312)}=1$. 而$\tau(132)=1$，$\tau(213)=1$，$\tau(321)=3$，从而$(-1)^{\tau(132)}=(-1)^{\tau(213)}=(-1)^{\tau(321)}=-1$. 因此 $a_{1j_1}a_{2j_2}a_{3j_3}$ 的符号为$(-1)^{\tau(j_1j_2j_3)}$.

对角线法则只适用于二阶与三阶行列式．为研究四阶及以上的高阶行列式，接下来先介绍有关全排列与逆序数知识．

§2　全排列与逆序数

一、逆序数

定义 2.1　由正整数$1,2,\cdots,n$组成的一个没有重复数字的n元有序数组$i_1,i_2,\cdots,i_n$，称为一个n**级排列**，简称**排列**．其中自然数i_k为$1,2,\cdots,n$中的某个数，称为**排列的第k个元素**，k表示这个数在n级排列中的位置．数字由小到大的n级排列$1234\cdots n$，称为**自然排列**或**标准次序排列**．由排列组合知识，可知n级排列共有$n!$个．

例如，1234是一个4级排列，3412也是一个4级排列，而52341是一个5级排列，但3231，1235不是排列．由数1，2，3组成的所有3级排列为123，132，213，231，312，321，共有$3!=6$个．

定义 2.2　在一个n级排列$i_1,i_2,\cdots,i_n$中，如果有较大的数i_t排在较小的数i_s的前面，则称i_t与i_s构成排列的一个**逆序**，一个n级排列$i_1,i_2,\cdots,i_n$中所有逆序的总数，称为这个排列的**逆序数**，记作$\tau(i_1,i_2,\cdots,i_n)$.

例如，53124是12345的一个5级排列．32构成一个逆序．从左到右以5在前构成的逆序有53，51，52，54共4个，以3在前构成的逆序有31，32共2个，以1或2或4在前的逆序不存在．从而$\tau(53124)=4+2+0+0+0=6$.

对于一个n级排列$i_1,i_2,\cdots,i_n$的逆序数求解一般采用下面的方法．计算以i_k在前构成的逆序的个数t_k，$1\leqslant k\leqslant n$，则

$$\tau(i_1,i_2,\cdots,i_n)=t=t_1+t_2+\cdots+t_n=\sum_{k=1}^{n}t_k. \tag{2.1}$$

逆序数的计算方法以53124为例，从第一个数依次查起，分别计算出排列中每个元素前面比它大的数的个数之和，即算出排列中每个元素的逆序数．这个排列每个元素的逆序数总和即为所求排列的逆序数．

例 2.1　求(1)$\tau(1,2,\cdots,n)$；(2)$\tau(n,n-1,\cdots,2,1)$.

解　(1)由于$i_k=k$，以k在前不构成任何逆序，即$t_k=0$，$1\leqslant k\leqslant n$. 故$\tau(1,2,\cdots,n)=0$. 容易看出，自然排列的逆序数为0.

(2)以n在前构成的逆序个数有$n-1$个(即在n的后面比n小的数的个数)，即$t_1=n-1$，以$n-1$在前构成的逆序个数有$n-2$个，即$t_2=n-2$，$\cdots$，以2在前构成的逆序个数有1个，即$t_{n-1}=1$. 故

$$\tau(n,n-1,\cdots,2,1)=(n-1)+(n-2)+\cdots+2+1=\frac{1}{2}n(n-1).$$

定义 2.3　如果排列 $i_1,i_2,\cdots,i_n$ 的逆序数 $\tau(i_1,i_2,\cdots,i_n)$ 是奇数，则称 $i_1,i_2,\cdots,i_n$ 为**奇排列**；如果排列 $i_1,i_2,\cdots,i_n$ 的逆序数 $\tau(i_1,i_2,\cdots,i_n)$ 是偶数，则称排列 $i_1,i_2,\cdots,i_n$ 为**偶排列**.

例如，排列 3412 是偶排列；排列 52341 是奇排列；自然排列 $123\cdots n$ 是偶排列．而三级排列共有 3！=6 个，其中奇排列有 132，213，321；偶排列有 123，231，312，奇、偶排列各占一半.

二、对换

定义 2.4　在排列中将其中任意两个元素对调位置，其余的元素位置不动，就得到另一个新的排列，这样的变换称为一个**对换**．将相邻两个元素对换，叫做**轮换**或**相邻对换**．

例如，在排列 3412 中，将 4 与 2 对换，得到新的排列 3214. 并且看到，偶排列 3412 经过 4 与 2 的对换后，变成了奇排列 3214；反之，也可以说奇排列 3214 经过 2 与 4 的对换后，变成了偶排列 3412.

一般地，有以下定理

定理 2.1　任一排列经过一次对换后，其奇偶性改变．

＊ **证明**　先讨论相邻对换的情形．

设该排列为 $a_1a_2\cdots a_lijb_1b_2\cdots b_mc_1c_2\cdots c_n$，将相邻两个数 i 与 j 作一次对换，则排列变为 $a_1a_2\cdots a_lji\,b_1b_2\cdots b_mc_1c_2\cdots c_n$，显然对数 $a_1,a_2,\cdots a_l,b_1,b_2,\cdots,b_m$ 和 $c_1,c_2,\cdots,c_n$ 来说，并不改变它们的逆序数．但当 $i<j$ 时，经过 i 与 j 的对换后，排列的逆序数增加 1 个；当 $i>j$ 时，经过 i 与 j 的对换后，排列的逆序数减少 1 个．故对换相邻两数后，排列改变了奇偶性．

再讨论一般对换情形．

设排列为 $a_1a_2\cdots a_l\ ib_1b_2\cdots b_mjc_1c_2\cdots c_n$，将 i 与 j 作一次对换，则排列变为 $a_1a_2\cdots a_l\ jb_1b_2\cdots b_mi\ c_1c_2\cdots c_n$，这就是对换不相邻的两元素的情形．但它可看成是先将 i 与 b_1 对换，再与 b_2 对换，…，最后与 b_m 的对换，即 i 与它后面的数先作 m 次相邻两数的对换变成排列 $a_1a_2\cdots a_lb_1b_2\cdots b_mijc_1\cdots c_n$，然后将数 j 与它前面的数 $i,b_m,\cdots,b_1$ 作 $m+1$ 次相邻两数的对换而成．而对换不相邻的数 i 与 j（中间有 m 个数），相当于作 $2m+1$ 次相邻两数的对换．由前面的证明知，排列的奇偶性改变了 $2m+1$ 次，而 $2m+1$ 为奇数，因此不相邻的两元素 i,j，经过对换后的排列与原排列的奇偶性不同．总之，对排列进行一次对换将改变其奇偶性．

推论　任意一个排列与标准排列都可经过一系列对换互换，并且所作对换的次数与这个排列的奇偶性相同．

证明　由定理 2.1 知，对换的次数就是排列奇偶性的变化次数，而标准排列是偶排列，因此结论成立．

上述推论说明，奇排列变成标准排列的对换次数为奇数，偶排列变成标准排列的对换次数为偶数．

定理 2.2　在所有的 n 级排列中（$n>1$），奇排列与偶排列的个数相等，各占一半．

＊ **证明**　设在 $n!$ 个 n 级排列中，奇排列共有 p 个，偶排列共有 q 个．对这 p 个奇排列

施以同一个对换，如都对换(1,2)，则由定理2.1知p个奇排列全部变为偶排列. 由于偶排列一共只有q个，所以$p\leqslant q$；同理将全部的偶排列施以同一对换(1,2)，则q个偶排列全部变为奇排列，于是又有$q\leqslant p$，所以$p=q$，即奇排列与偶排列的个数相等.

又由于n级排列共有$n!$个，所以$p+q=n!$，$p=q=\frac{n!}{2}$.

§3 n阶行列式

本节从观察二阶、三阶行列式的特征入手，引出n阶行列式的定义.

一、重提二阶和三阶行列式

已知二阶与三阶行列式分别为

$$\begin{vmatrix} a_{11} & a_{12} \\ a_{21} & a_{22} \end{vmatrix}=a_{11}a_{22}-a_{12}a_{21}=(-1)^{\tau(12)}a_{11}a_{22}+(-1)^{\tau(21)}a_{12}a_{21}, \tag{3.1}$$

$$\begin{aligned}\begin{vmatrix} a_{11} & a_{12} & a_{13} \\ a_{21} & a_{22} & a_{23} \\ a_{31} & a_{32} & a_{33} \end{vmatrix}&=a_{11}a_{22}a_{33}+a_{12}a_{23}a_{31}+a_{13}a_{21}a_{32}-a_{11}a_{23}a_{32}-a_{12}a_{21}a_{33}-a_{13}a_{22}a_{31}\\ &=(-1)^{\tau(123)}a_{11}a_{22}a_{33}+(-1)^{\tau(231)}a_{12}a_{23}a_{31}+(-1)^{\tau(312)}a_{13}a_{21}a_{32}+\\ &\quad(-1)^{\tau(132)}a_{11}a_{23}a_{32}+(-1)^{\tau(213)}a_{12}a_{21}a_{33}+(-1)^{\tau(321)}a_{13}a_{22}a_{31}.\end{aligned} \tag{3.2}$$

二阶行列式一般项为$(-1)^{\tau(j_1j_2)}a_{1j_1}a_{2j_2}$，$j_1j_2$为12的全排列，共有2! 个. 而三阶行列式一般项为$(-1)^{\tau(j_1j_2j_3)}a_{1j_1}a_{2j_2}a_{3j_3}$，$j_1j_2j_3$为123的全排列，共有3! 个不同的全排列.

其中元素a_{ij}的第一个下标i表示这个元素位于第i行，称为**行标**，第二个下标j表示此元素位于第j列，称为**列标**.

可以从中发现以下规律：

(1) 二阶行列式是2! 项的代数和，三阶行列式是3! 项的代数和.

(2) 二阶行列式中每一项是两个元素的乘积，分别取自不同的行和不同的列. 三阶行列式中的每一项是三个元素的乘积，也是取自不同的行和不同的列.

(3) 每一项的符号：当这一项中元素的行标按自然序排列时，如果元素的列标为偶排列，则取正号；为奇排列，则取负号.

作为二、三阶行列式的推广，下面给出n阶行列式的定义.

二、n阶行列式的定义

定义 3.1 由n行n列的n^2个元素$a_{ij}(1\leqslant i,j\leqslant n)$组成的符号

$$\begin{vmatrix} a_{11} & a_{12} & \cdots & a_{1n} \\ a_{21} & a_{22} & \cdots & a_{2n} \\ \cdots & \cdots & \cdots & \cdots \\ a_{n1} & a_{n2} & \cdots & a_{nn} \end{vmatrix},$$

称为 n **阶行列式**．它是 $n!$ 项的代数和，每一项是取自不同行和不同列的 n 个元素的乘积．各项的符号：每一项中各元素的行标排成自然序排列，如果列标的排列为偶排列，则取正号；为奇排列，则取负号．这一定义可写成

$$\begin{vmatrix} a_{11} & a_{12} & \cdots & a_{1n} \\ a_{21} & a_{22} & \cdots & a_{2n} \\ \cdots & \cdots & \cdots & \cdots \\ a_{n1} & a_{n2} & \cdots & a_{nn} \end{vmatrix} = \sum_{j_1 j_2 \cdots j_n} (-1)^{\tau(j_1 j_2 \cdots j_n)} a_{1j_1} a_{2j_2} \cdots a_{nj_n}. \qquad (3.3)$$

这里 $\sum\limits_{j_1 j_2 \cdots j_n}$ 表示对所有的 n 级排列 $j_1 j_2 \cdots j_n$ 求和．(3.3) 式称为 n 阶行列式**按行标自然顺序排列的展开式**；$(-1)^{\tau(j_1 j_2 \cdots j_n)} a_{1j_1} a_{2j_2} \cdots a_{nj_n}$ 称为**行列式的项**；称 $a_{i1} a_{i2} \cdots a_{in}$ 为**行列式的第 i 行**，$\begin{pmatrix} a_{1j} \\ a_{2j} \\ \vdots \\ a_{nj} \end{pmatrix}$ 为**行列式的第 j 列**；a_{ij} 为行列式**第 i 行第 j 列的元素**，简称 **(i,j) 元**；沿 $a_{11} a_{22} \cdots a_{nn}$ 的指向称为行列式的**主对角线**，简称**对角线**．

对于 n 阶行列式有时用 D 或 D_n，或其他大写字母表示，通常简记作 $\det(a_{ij})$.

当 $n=1$ 时，一阶行列为 $|a_{11}|=a_{11}$，注意不要与绝对值记号相混淆．当 $n=2,3$ 时，这样定义的二阶、三阶行列式与第 1 节中用对角线法则定义是一致的．

当 $n=4$ 时，四阶行列式 $\begin{vmatrix} a_{11} & a_{12} & a_{13} & a_{14} \\ a_{21} & a_{22} & a_{23} & a_{24} \\ a_{31} & a_{32} & a_{33} & a_{34} \\ a_{41} & a_{42} & a_{43} & a_{44} \end{vmatrix}$ 表示 $4!=24$ 项的代数和，因为取自不同行不同列 4 个元素的乘积恰为 $4!$ 项．根据 n 阶行列式的定义，四阶行列式为

$$\begin{vmatrix} a_{11} & a_{12} & a_{13} & a_{14} \\ a_{21} & a_{22} & a_{23} & a_{24} \\ a_{31} & a_{32} & a_{33} & a_{34} \\ a_{41} & a_{42} & a_{43} & a_{44} \end{vmatrix} = \sum_{j_1 j_2 \cdots j_4} (-1)^{\tau(j_1 j_2 j_3 j_4)} a_{1j_1} a_{2j_2} a_{3j_3} a_{4j_4}.$$

例如 $a_{14} a_{23} a_{31} a_{42}$ 行标排列为 1234，元素取自不同的行；列标排列为 4312，元素取自不同

的列，因为 $\tau(4312)=5$，所以该项取负号，即 $-a_{14}a_{23}a_{31}a_{42}$ 是上述行列式中的一项．

由 n 阶行列式定义，行列式中的每一项都是取自不同行不同列的 n 个元素的乘积，所以可得出，如果行列式有一行(列)的元素全为0，则该行列式等于0.

例 3.1 计算下列行列式

$$(1)\begin{vmatrix} a_{11} & a_{12} & a_{13} & a_{14} \\ 0 & a_{22} & a_{23} & a_{24} \\ 0 & 0 & a_{33} & a_{34} \\ 0 & 0 & 0 & a_{44} \end{vmatrix};\qquad (2)\begin{vmatrix} a_{11} & a_{12} & a_{13} & a_{14} \\ a_{21} & a_{22} & a_{23} & 0 \\ a_{31} & a_{32} & 0 & 0 \\ a_{41} & 0 & 0 & 0 \end{vmatrix}.$$

解 (1) 由行列式定义

$$D=\begin{vmatrix} a_{11} & a_{12} & a_{13} & a_{14} \\ 0 & a_{22} & a_{23} & a_{24} \\ 0 & 0 & a_{33} & a_{34} \\ 0 & 0 & 0 & a_{44} \end{vmatrix} \overset{(3.3)}{=} \sum_{j_1j_2j_3j_4} (-1)^{\tau(j_1j_2j_3j_4)} a_{1j_1}a_{2j_2}a_{3j_3}a_{4j_4}.$$

上式被加项共有 $4!=24$ 项，但有些项为0. 由于当 $i>j$ 时，$a_{ij}=0$. 故当 $k>j_k$ 时，$a_{1j_1}a_{2j_2}a_{3j_3}a_{4j_4}=0$，$k=1,2,3,4$. 从而 $j_1j_2j_3j_4$ 除1234外，一定存在 k，使 $k>j_k$，故当 $j_1j_2j_3j_4$ 不是1234时，$a_{1j_1}a_{2j_2}a_{3j_3}a_{4j_4}=0$. 从而

$$D=(-1)^{\tau(1234)}a_{11}a_{22}a_{33}a_{44}=a_{11}a_{22}a_{33}a_{44}.$$

也可根据定义，在考察行列式一般项 $(-1)^{\tau(j_1j_2j_3j_4)}a_{1j_1}a_{2j_2}a_{3j_3}a_{4j_4}$ 中不为零的项时，从第4行往第1行取，发现只有 $a_{11}a_{22}a_{33}a_{44}$ 这一项不为零，其他项均为零．

也就是说，a_{4j_4} 取自第4行，但只有 $a_{44}\neq 0$，故只能取 $j_4=4$；a_{3j_3} 取自第3行，但只有 $a_{33}\neq 0$，$a_{34}\neq 0$，由于 a_{44} 取自第4列，故 a_{3j_3} 不能取自第4列，所以 $j_3=3$；同理，$j_2=2$，$j_1=1$. 所以不为零的项只有 $(-1)^{\tau(1234)}a_{11}a_{22}a_{33}a_{44}=a_{11}a_{22}a_{33}a_{44}$.

同理有

$$\begin{vmatrix} a_{11} & a_{12} & \cdots & a_{1n} \\ 0 & a_{22} & \cdots & a_{2n} \\ \cdots & \cdots & \cdots & \cdots \\ 0 & 0 & \cdots & a_{nn} \end{vmatrix} = a_{11}a_{22}\cdots a_{nn}. \tag{3.4}$$

称形如(3.4)式主对角线以下的元素都为0的行列式为**(右)上三角形行列式**. 上三角形行列式的值等于主对角线上各元素的乘积．

$$\begin{vmatrix} a_{11} & 0 & \cdots & 0 \\ a_{21} & a_{22} & \cdots & 0 \\ \cdots & \cdots & \cdots & \cdots \\ a_{n1} & a_{n2} & \cdots & a_{nn} \end{vmatrix} = a_{11}a_{22}\cdots a_{nn}. \tag{3.5}$$

称形如(3.5)式主对角线以上的元素都为 0 的行列式为**(左)下三角形行列式**. 下三角形行列式的值等于主对角线上各元素的乘积.

特别地,

$$\begin{vmatrix} a_{11} & 0 & \cdots & 0 \\ 0 & a_{22} & \cdots & 0 \\ \cdots & \cdots & \cdots & \cdots \\ 0 & 0 & \cdots & a_{nn} \end{vmatrix} = a_{11}a_{22}\cdots a_{nn}. \tag{3.6}$$

称形如(3.6)式对角线以下和以上的元素都为 0 的行列式叫作**对角行列式**.

上(下)三角形行列式及对角行列式的值,均等于主对角线上元素的乘积.

(2) 由行列式定义

$$\begin{vmatrix} a_{11} & a_{12} & a_{13} & a_{14} \\ a_{21} & a_{22} & a_{23} & 0 \\ a_{31} & a_{32} & 0 & 0 \\ a_{41} & 0 & 0 & 0 \end{vmatrix} \overset{(3.3)}{=} \sum_{j_1j_2j_3j_4} (-1)^{\tau(j_1j_2j_3j_4)} a_{1j_1}a_{2j_2}a_{3j_3}a_{4j_4}.$$

上式被加项只有一项 $a_{14}a_{23}a_{32}a_{41}$ 可能不为零,其余各项均为零. 方法是依次讨论 $a_{11}a_{2j_2}a_{3j_3}a_{4j_4}$, $a_{12}a_{2j_2}a_{3j_3}a_{4j_4}$, $a_{13}a_{2j_2}a_{3j_3}a_{4j_4}$, $a_{14}a_{2j_2}a_{3j_3}a_{4j_4}$. 例如,讨论 $a_{11}a_{2j_2}a_{3j_3}a_{4j_4}$,由于这 4 个元素来自不同的行和列, 故 a_{4j_4} 为 a_{42}, 或 a_{43}, 或 a_{44}, 即 a_{4j_4} 只能为 0. 从而 $a_{11}a_{2j_2}a_{3j_3}a_{4j_4}=0$.

总之,

$$\begin{vmatrix} a_{11} & a_{12} & a_{13} & a_{14} \\ a_{21} & a_{22} & a_{23} & 0 \\ a_{31} & a_{32} & 0 & 0 \\ a_{41} & 0 & 0 & 0 \end{vmatrix} = \sum_{j_1j_2j_3j_4} (-1)^{\tau(j_1j_2j_3j_4)} a_{1j_1}a_{2j_2}a_{3j_3}a_{4j_4} = a_{14}a_{23}a_{32}a_{41}.$$

一般地,左上三角形行列式

$$\begin{vmatrix} a_{11} & a_{12} & \cdots & a_{1n-1} & a_{1n} \\ a_{21} & a_{22} & \cdots & a_{2n-1} & 0 \\ \cdots & \cdots & \cdots & \cdots & \cdots \\ a_{n-11} & a_{n-12} & \cdots & 0 & 0 \\ a_{n1} & 0 & \cdots & 0 & 0 \end{vmatrix} = (-1)^{\tau(n,n-1,\cdots,2,1)} a_{1n}a_{2n-1}\cdots a_{n-12}a_{n1}$$

$$= (-1)^{\frac{n(n-1)}{2}} a_{1n}a_{2n-1}\cdots a_{n-12}a_{n1}. \tag{3.7}$$

右下三角形行列式

$$\begin{vmatrix} 0 & 0 & \cdots & 0 & a_{1n} \\ 0 & 0 & \cdots & a_{2n-1} & a_{2n} \\ \cdots & \cdots & \cdots & \cdots & \cdots \\ 0 & a_{n-12} & \cdots & a_{n-1n-1} & a_{n-1n} \\ a_{n1} & a_{n2} & \cdots & a_{nn-1} & a_{nn} \end{vmatrix} = (-1)^{\tau(n,n-1,\cdots,2,1)} a_{1n}a_{2n-1}\cdots a_{n-12}a_{n1}$$

$$= (-1)^{\frac{n(n-1)}{2}} a_{1n}a_{2n-1}\cdots a_{n-12}a_{n1}. \tag{3.8}$$

例 3.2 求四阶行列式 $\begin{vmatrix} x & x & 1 & 2 \\ 2 & x & 0 & 1 \\ 3 & 2 & x & 6 \\ 1 & 4 & 5 & x \end{vmatrix}$ 展开式中 x^3 的系数.

解 行列式中5个 x 分别为(1,1),(1,2),(2,2),(3,3),(4,4). 由定义式可知,各项为来自不同行和不同列4个元素之积. ax^3 为取三个 x 和一个非 x 元. 若 x 取(1,1)元,则另两个 x 取(2,2),(3,3),(4,4) 中的两个;但若取了其中两个,则必取另一个,故不能取(1,1). 同理三个 x 不能同时取(2,2),(3,3),(4,4),故 x^3 项中必有(1,2) 元,则另外两个 x 只能取(3,3),(4,4) 元,而非(2,2) 元,从而 $ax^3=(-1)^{\tau(2134)}2xxx=-2x^3$,即 x^3 的系数为 -2.

三、n 阶行列式定义的另外形式

在 n 阶行列式中,为了决定每一项的正负号,把 n 个元素的行标排成自然序排列,即 $a_{1j_1}a_{2j_2}\cdots a_{nj_n}$. 事实上,数的乘法是满足交换律的,因而这 n 个元素的次序是可以任意写的. 一般地,n 阶行列式的项可以写成

$$a_{i_1j_1}a_{i_2j_2}\cdots a_{i_nj_n}. \tag{3.9}$$

其中 $i_1i_2\cdots i_n, j_1j_2\cdots j_n$ 是两个 n 阶排列. 它的符号由下面定理决定.

定理 3.1 n 阶行列式的一般项可以写成 $(-1)^{\tau(i_1i_2\cdots i_n)+\tau(j_1j_2\cdots j_n)}a_{i_1j_1}a_{i_2j_2}\cdots a_{i_nj_n}$,其中 $i_1i_2\cdots i_n, j_1j_2\cdots j_n$ 都是 n 级排列.

* **证明** 若根据 n 阶行列式的定义来决定(3.9) 的符号

$$(-1)^{\tau(i_1i_2\cdots i_n)+\tau(j_1j_2\cdots j_n)}. \tag{3.10}$$

就要把这 n 个元素重新排一下,使得它们的行标成自然顺序,也就是排成

$$a_{1j_1'}a_{2j_2'}\cdots a_{nj_n'}. \tag{3.11}$$

于是,它的符号是

$$(-1)^{\tau(j_1'j_2'\cdots j_n')}. \tag{3.12}$$

现在来证明(3.10) 与(3.12) 是一致的. 从(3.9) 变到(3.11) 可经过一系列元素的对换来实现. 每作一次对换,元素的行标与列标所组成的排列 $i_1i_2\cdots i_n, j_1j_2\cdots j_n$ 就同时作一次对

换，也就是 $\tau(i_1 i_2 \cdots i_n)$ 与 $\tau(j_1 j_2 \cdots j_n)$ 同时改变奇偶性，因而它的和 $\tau(i_1 i_2 \cdots i_n)+\tau(j_1 j_2 \cdots j_n)$ 的奇偶性不改变．即对(3.9) 作一次元素的对换不改变(3.10) 的值，因此在一系列对换之后有

$$(-1)^{\tau(i_1 i_2 \cdots i_n)+\tau(j_1 j_2 \cdots j_n)}=(-1)^{\tau(12 \cdots n)+\tau(j_1' j_2' \cdots j_n')}=(-1)^{\tau(j_1' j_2' \cdots j_n')}$$

这就证明了(3.10) 与(3.12) 是一致的．

例如 $a_{21}a_{32}a_{14}a_{43}$ 是四阶行列式中一项，它的符号应$(-1)^{\tau(2314)+\tau(1243)}=(-1)^{2+1}=-1$. 如按行标排成自然顺序，就是 $a_{14}a_{21}a_{32}a_{43}$，因而它的符号是$(-1)^{\tau(4123)}=(-1)^3=-1$. 从而 n 阶行列式又可定义为

$$\begin{vmatrix} a_{11} & a_{12} & \cdots & a_{1n} \\ a_{21} & a_{22} & \cdots & a_{2n} \\ \cdots & \cdots & \cdots & \cdots \\ a_{n1} & a_{n2} & \cdots & a_{nn} \end{vmatrix}=\sum (-1)^{\tau(i_1 i_2 \cdots i_n)+\tau(j_1 j_2 \cdots j_n)} a_{i_1 j_1} a_{i_2 j_2} \cdots a_{i_n j_n}.$$

同样，由数的乘法的交换律，也可把行列式的一般项 $a_{1j_1}a_{2j_2}\cdots a_{nj_n}$ 中元素的列标排成自然顺序 $123\cdots n$，而此时相应的行标的 n 级排列为 $i_1 i_2 \cdots i_n$，则行列式又可定义为

$$\begin{vmatrix} a_{11} & a_{12} & \cdots & a_{1n} \\ a_{21} & a_{22} & \cdots & a_{2n} \\ \cdots & \cdots & \cdots & \cdots \\ a_{n1} & a_{n2} & \cdots & a_{nn} \end{vmatrix}=\sum_{i_1 i_2 \cdots i_n} (-1)^{\tau(i_1 i_2 \cdots i_n)} a_{i_1 1} a_{i_2 2} \cdots a_{i_n n}.$$

§4　行列式的性质

本章第 1 节介绍了二阶和三阶行列式的性质，n 阶行列式是否具有相同性质呢？回答是肯定的．

此外，当行列式的阶数较高时，直接根据定义计算 n 阶行列式是困难的．本节将介绍行列式的性质，以便用这些性质把复杂的行列式转化为较简单的行列式（如上三角形行列式等）来计算．

一、行列式的初等变换

以下三种变换称为**行列式行或列的初等变换**．

(1) 行列式的两行(列) 互换．以 $r_i \leftrightarrow r_j$ $(c_i \leftrightarrow c_j)$ 为行列式的第 i 行(列) 与第 j 行(列) 互换.

(2) 行列式的某一行(列) 加上另一行(列) 的 k 倍．以 r_i+kr_j (c_i+kc_j) 表示行列式的第 i 行(列) 加上第 j 行(列) 的 k 倍，指第 i 行(列) 的各元素加上第 j 行(列) 对应元素的 k 倍．

(3) 行列式的某行(列) 乘以一个非零常数．以 kr_i (kc_i) 表示以 k 乘以行列式的第 i 行

(列),是指 k 乘以行列式的第 i 行(列) 的所有元素 .

二、行列式的性质

将行列式 D 的行列互换后得到的行列式称为**行列式 D 的转置行列式**,记作 D^T,即若

$$D=\begin{vmatrix} a_{11} & a_{12} & \cdots & a_{1n} \\ a_{21} & a_{22} & \cdots & a_{2n} \\ \cdots & \cdots & \cdots & \cdots \\ a_{n1} & a_{n2} & \cdots & a_{nn} \end{vmatrix},$$

则

$$D^T=\begin{vmatrix} a_{11} & a_{21} & \cdots & a_{n1} \\ a_{12} & a_{22} & \cdots & a_{n2} \\ \cdots & \cdots & \cdots & \cdots \\ a_{1n} & a_{2n} & \cdots & a_{nn} \end{vmatrix}.$$

反之,行列式 D 也是行列式 D^T 的转置行列式,即行列式 D 与行列式 D^T 互为转置行列式.

性质 1 行列式 D 与它的转置行列式 D^T 相等 .

* **证明** 行列式 D 中的元素 $a_{ij}(i,j=1,2,\cdots,n)$ 在 D^T 中位于第 j 行第 i 列上,令

$$D^T=\begin{vmatrix} b_{11} & b_{12} & \cdots & b_{1n} \\ b_{21} & b_{22} & \cdots & b_{2n} \\ \cdots & \cdots & \cdots & \cdots \\ b_{n1} & b_{n2} & \cdots & b_{nn} \end{vmatrix},$$

即 $b_{ij}=a_{ji}$,由行列式定义 3.1,有

$$D^T=\begin{vmatrix} b_{11} & b_{12} & \cdots & b_{1n} \\ b_{21} & b_{22} & \cdots & b_{2n} \\ \cdots & \cdots & \cdots & \cdots \\ b_{n1} & b_{n2} & \cdots & b_{nn} \end{vmatrix}=\sum_{j_1j_2\cdots j_n}(-1)^{\tau(j_1j_2\cdots j_n)}b_{1j_1}b_{2j_2}\cdots b_{nj_n}$$

$$=\sum_{j_1j_2\cdots j_n}(-1)^{\tau(j_1j_2\cdots j_n)}a_{j_11}a_{j_22}\cdots a_{j_nn}=D.$$

行列式行列互换,行列式的值不变,即 $D=D^T$. 这一性质表明,行列式中的行与列具有

同等的地位．即凡是对行成立的性质，对列也同样成立；反之亦然．

性质 2　对换行列式的两行（列），行列式变号．

* **证明**　不妨设将行列式 D 中的第 i 行与第 s 行互换，如

$$D=\begin{vmatrix} a_{11} & a_{12} & \cdots & a_{1n} \\ \cdots & \cdots & \cdots & \cdots \\ a_{i1} & a_{i2} & \cdots & a_{in} \\ \cdots & \cdots & \cdots & \cdots \\ a_{s1} & a_{s2} & \cdots & a_{sn} \\ \cdots & \cdots & \cdots & \cdots \\ a_{n1} & a_{n2} & \cdots & a_{nn} \end{vmatrix} \begin{matrix} \\ \\ (i\text{ 行}) \\ \\ (s\text{ 行}) \\ \\ \\ \end{matrix}$$

将第 i 行与第 s 行（$1\leqslant i<s\leqslant n$）互换后，得到行列式 D_1

$$\begin{aligned} D_1 &= \begin{vmatrix} a_{11} & a_{12} & \cdots & a_{1n} \\ \cdots & \cdots & \cdots & \cdots \\ a_{s1} & a_{s2} & \cdots & a_{sn} \\ \cdots & \cdots & \cdots & \cdots \\ a_{i1} & a_{i2} & \cdots & a_{in} \\ \cdots & \cdots & \cdots & \cdots \\ a_{n1} & a_{n2} & \cdots & a_{nn} \end{vmatrix} \begin{matrix} \\ \\ (i\text{ 行}) \\ \\ (s\text{ 行}) \\ \\ \\ \end{matrix} \\ &= \sum_{j_1\cdots j_s\cdots j_i\cdots j_n}(-1)^{\tau(j_1\cdots j_s\cdots j_i\cdots j_n)}a_{1j_1}\cdots a_{sj_s}\cdots a_{ij_i}\cdots a_{nj_n} \\ &= -\sum_{j_1\cdots j_i\cdots j_s\cdots j_n}(-1)^{\tau(j_1\cdots j_i\cdots j_s\cdots j_n)}a_{1j_1}\cdots a_{ij_i}\cdots a_{sj_s}\cdots a_{nj_n} \\ &= -D. \end{aligned}$$

推论　若行列式有两行（列）的对应元素相同，则此行列式的值等于零．

证明　将行列式 D 中对应元素相同的两行互换，结果仍是 D. 但由性质 2 有 $D=-D$，所以 $D=0$.

性质 3　行列式某一行（列）所有元素的公因子可以提到行列式符号的外面．

即

$$\begin{vmatrix} a_{11} & a_{12} & \cdots & a_{1n} \\ \cdots & \cdots & \cdots & \cdots \\ ka_{i1} & ka_{i1} & \cdots & ka_{in} \\ \cdots & \cdots & \cdots & \cdots \\ a_{n1} & a_{n2} & \cdots & a_{nn} \end{vmatrix} = k\begin{vmatrix} a_{11} & a_{12} & \cdots & a_{1n} \\ \cdots & \cdots & \cdots & \cdots \\ a_{i1} & a_{i1} & \cdots & a_{in} \\ \cdots & \cdots & \cdots & \cdots \\ a_{n1} & a_{n2} & \cdots & a_{nn} \end{vmatrix}.$$

证明　由行列式的定义有

$$\text{左端}=\sum_{j_1j_2\cdots j_n}(-1)^{\tau(j_1j_2\cdots j_n)}a_{1j_1}\cdots(ka_{ij_i})\cdots a_{nj_n}$$

$$=k\sum_{j_1j_2\cdots j_n}(-1)^{\tau(j_1j_2\cdots j_n)}a_{1j_1}\cdots a_{ij_i}\cdots a_{nj_n}=\text{右端}.$$

此性质也可表述为用数 k 乘行列式的某一行(列)的所有元素，等于用数 k 乘此行列式.

推论　若行列式中有两行(列)的对应元素成比例，则此行列式的值等于零.

证明　由性质 3 和性质 2 的推论即可得到.

性质 4　若行列式的某一行(列)是两组数的和，则此行列式等于相应的两个行列式的和，其中第一个行列式的对应行保留第一组数(其他行的对应元素不变)，而第二个行列式的对应行保留第二组数(其他行的对应元素不变)，即

$$\begin{vmatrix} a_{11} & a_{12} & \cdots & a_{1n} \\ \cdots & \cdots & \cdots & \cdots \\ b_{i1}+c_{i1} & b_{i2}+c_{i2} & \cdots & b_{in}+c_{in} \\ \cdots & \cdots & \cdots & \cdots \\ a_{n1} & a_{n2} & \cdots & a_{nn} \end{vmatrix}=\begin{vmatrix} a_{11} & a_{12} & \cdots & a_{1n} \\ \cdots & \cdots & \cdots & \cdots \\ b_{i1} & b_{i2} & \cdots & b_{in} \\ \cdots & \cdots & \cdots & \cdots \\ a_{n1} & a_{n2} & \cdots & a_{nn} \end{vmatrix}+\begin{vmatrix} a_{11} & a_{12} & \cdots & a_{1n} \\ \cdots & \cdots & \cdots & \cdots \\ c_{i1} & c_{i2} & \cdots & c_{in} \\ \cdots & \cdots & \cdots & \cdots \\ a_{n1} & a_{n2} & \cdots & a_{nn} \end{vmatrix}.$$

证明　$\text{左端}=\sum_{j_1j_2\cdots j_n}(-1)^{\tau(j_1j_2\cdots j_n)}a_{1j_1}a_{2j_2}\cdots(b_{ij_i}+c_{ij_i})\cdots a_{nj_n}$

$$=\sum_{j_1j_2\cdots j_n}(-1)^{\tau(j_1j_2\cdots j_n)}a_{1j_1}a_{2j_2}\cdots b_{ij_i}\cdots a_{nj_n}$$

$$+\sum_{j_1j_2\cdots j_n}(-1)^{\tau(j_1j_2\cdots j_n)}a_{1j_1}a_{2j_2}\cdots c_{ij_i}\cdots a_{nj_n}$$

$$=\begin{vmatrix} a_{11} & a_{12} & \cdots & a_{1n} \\ \cdots & \cdots & \cdots & \cdots \\ b_{i1} & b_{i2} & \cdots & b_{in} \\ \cdots & \cdots & \cdots & \cdots \\ a_{n1} & a_{n2} & \cdots & a_{nn} \end{vmatrix}+\begin{vmatrix} a_{11} & a_{12} & \cdots & a_{1n} \\ \cdots & \cdots & \cdots & \cdots \\ c_{i1} & c_{i2} & \cdots & c_{in} \\ \cdots & \cdots & \cdots & \cdots \\ a_{n1} & a_{n2} & \cdots & a_{nn} \end{vmatrix}=\text{右端}.$$

性质 5　把行列式的某一行(列)的所有元素乘以数 k 加到另一行(列)的相应元素上，行列式的值不变.

即

$$D=\begin{vmatrix} a_{11} & a_{12} & \cdots & a_{1n} \\ \cdots & \cdots & \cdots & \cdots \\ a_{i1} & a_{i2} & \cdots & a_{in} \\ \cdots & \cdots & \cdots & \cdots \\ a_{s1} & a_{s2} & \cdots & a_{sn} \\ \cdots & \cdots & \cdots & \cdots \\ a_{n1} & a_{n2} & \cdots & a_{nn} \end{vmatrix} \xlongequal{r_s+kr_i} \begin{vmatrix} a_{11} & a_{12} & \cdots & a_{1n} \\ \cdots & \cdots & \cdots & \cdots \\ a_{i1} & a_{i2} & \cdots & a_{in} \\ \cdots & \cdots & \cdots & \cdots \\ ka_{i1}+a_{s1} & ka_{i2}+a_{s2} & \cdots & ka_{in}+a_{sn} \\ \cdots & \cdots & \cdots & \cdots \\ a_{n1} & a_{n2} & \cdots & a_{nn} \end{vmatrix}.$$

证明　由性质 4

$$\text{右端}=\begin{vmatrix} a_{11} & a_{12} & \cdots & a_{1n} \\ \cdots & \cdots & \cdots & \cdots \\ a_{i1} & a_{i2} & \cdots & a_{in} \\ \cdots & \cdots & \cdots & \cdots \\ ka_{i1} & ka_{i2} & \cdots & ka_{in} \\ \cdots & \cdots & \cdots & \cdots \\ a_{n1} & a_{n2} & \cdots & a_{nn} \end{vmatrix}+\begin{vmatrix} a_{11} & a_{12} & \cdots & a_{1n} \\ \cdots & \cdots & \cdots & \cdots \\ a_{i1} & a_{i2} & \cdots & a_{in} \\ \cdots & \cdots & \cdots & \cdots \\ a_{s1} & a_{s2} & \cdots & a_{sn} \\ \cdots & \cdots & \cdots & \cdots \\ a_{n1} & a_{n2} & \cdots & a_{nn} \end{vmatrix}=k\cdot 0+\begin{vmatrix} a_{11} & a_{12} & \cdots & a_{1n} \\ \cdots & \cdots & \cdots & \cdots \\ a_{i1} & a_{i2} & \cdots & a_{in} \\ \cdots & \cdots & \cdots & \cdots \\ a_{s1} & a_{s2} & \cdots & a_{sn} \\ \cdots & \cdots & \cdots & \cdots \\ a_{n1} & a_{n2} & \cdots & a_{nn} \end{vmatrix}$$

$=$左端．

作为行列式性质的应用，下面看几个例子．

例 4.1　计算下列行列式．

$$(1)D=\begin{vmatrix} 0 & -1 & -1 & 2 \\ 1 & -1 & 0 & 2 \\ -1 & 2 & -1 & 0 \\ 2 & 1 & 1 & 0 \end{vmatrix};\qquad (2)D=\begin{vmatrix} a & b & c & d \\ a & a+b & b+c & c+d \\ a & 2a+b & 3b+c & 4c+d \\ a & 3a+b & 6b+c & 8c+d \end{vmatrix}.$$

解　$(1)D=\begin{vmatrix} 0 & -1 & -1 & 2 \\ 1 & -1 & 0 & 2 \\ -1 & 2 & -1 & 0 \\ 2 & 1 & 1 & 0 \end{vmatrix} \xlongequal{r_1\leftrightarrow r_2} -\begin{vmatrix} 1 & -1 & 0 & 2 \\ 0 & -1 & -1 & 2 \\ -1 & 2 & -1 & 0 \\ 2 & 1 & 1 & 0 \end{vmatrix} \xlongequal[r_4+(-2)r_1]{r_3+r_1}$

$$-\begin{vmatrix}1&-1&0&2\\0&-1&-1&2\\0&1&-1&2\\0&3&1&-4\end{vmatrix}\xlongequal[r_4+3r_2]{r_3+r_2}-\begin{vmatrix}1&-1&0&2\\0&-1&-1&2\\0&0&-2&4\\0&0&-2&2\end{vmatrix}\xlongequal{r_4-r_3}-\begin{vmatrix}1&-1&0&2\\0&-1&-1&2\\0&0&-2&4\\0&0&0&-2\end{vmatrix}$$

$$=-1\times(-1)\times(-2)\times(-2)=4.$$

$$(2)D=\begin{vmatrix}a&b&c&d\\a&a+b&b+c&c+d\\a&2a+b&3b+c&4c+d\\a&3a+b&6b+c&8c+d\end{vmatrix}\xlongequal[\substack{r_3-r_2\\r_2-r_1}]{r_4-r_3}\begin{vmatrix}a&b&c&d\\0&a&b&c\\0&a&2b&3c\\0&a&3b&4c\end{vmatrix}$$

$$\xlongequal[r_3-r_2]{r_4-r_3}\begin{vmatrix}a&b&c&d\\0&a&b&c\\0&0&b&2c\\0&0&b&c\end{vmatrix}\xlongequal{r_4-r_3}\begin{vmatrix}a&b&c&d\\0&a&b&c\\0&0&b&2c\\0&0&0&-c\end{vmatrix}=-a^2bc.$$

上例中，用行列式的性质可先将行列式转化为上三角形行列式，然后用上三角形行列式的计算结论完成行列式的计算．此法具有一般性．用数学归纳法证明利用行列式的性质可以将 n 阶行列式转化为上三角形行列式．

注意 化为上三角形行列式的步骤：若第一行第一个元素为0，先将第一行与其他行交换，使得第一行第一个元素不为0；然后把第一行分别乘以适当的数加到其他各行，使得第一列除第一个元素外其余元素全为0；再用同样的方法处理除去第一行和第一列后余下的低一阶行列式…如此继续下去，直至使它成为上三角形行列式．这时主对角线上元素的乘积就是所求行列式的值．

例 4.2 计算行列式

$$D=\begin{vmatrix}3&1&1&1\\1&3&1&1\\1&1&3&1\\1&1&1&3\end{vmatrix}.$$

解 这个行列式的特点是各行(列)4个数的和都是6，先将第2、3、4各行同时加到第1行，把公因子提出，然后把第1行×(−1)加到第2、3、4行上就成为上三角形行列式．计算如下：

$$D=\begin{vmatrix}6&6&6&6\\1&3&1&1\\1&1&3&1\\1&1&1&3\end{vmatrix}=6\begin{vmatrix}1&1&1&1\\1&3&1&1\\1&1&3&1\\1&1&1&3\end{vmatrix}=6\begin{vmatrix}1&1&1&1\\0&2&0&0\\0&0&2&0\\0&0&0&2\end{vmatrix}=6\times 2^3=48.$$

同理，也可以将从第二列起的各列都加到第一列，效果相同．

例 4.3　计算 $n+1$ 阶对称行列式 $D=\begin{vmatrix}x&a_1&a_2&\cdots&a_n\\a_1&x&a_2&\cdots&a_n\\a_1&a_2&x&\cdots&a_n\\\cdots&\cdots&\cdots&\cdots&\cdots\\a_1&a_2&a_3&\cdots&x\end{vmatrix}$.

解　先将 D 的第 2 列、第 3 列、…、第 $n+1$ 列全加到第 1 列上，然后从第 1 列提取公因子 $x+\sum\limits_{i=1}^{n}a_i$，得

$$D\xlongequal{c_1+c_2+\cdots+c_n}(x+\sum_{i=1}^{n}a_i)\begin{vmatrix}1&a_1&a_2&\cdots&a_n\\1&x&a_2&\cdots&a_n\\1&a_2&x&\cdots&a_n\\\cdots&\cdots&\cdots&\cdots&\cdots\\1&a_2&a_3&\cdots&x\end{vmatrix}$$

$$\xlongequal[\substack{c_3-a_2c_1\\ \vdots\\ c_n-a_nc_1}]{c_2-a_1c_1}(x+\sum_{i=1}^{n}a_i)\begin{vmatrix}1&0&0&\cdots&0\\1&x-a_1&0&\cdots&0\\1&a_2-a_1&x-a_2&\cdots&0\\\cdots&\cdots&\cdots&\cdots&\cdots\\1&a_2-a_1&a_3-a_2&\cdots&x-a_n\end{vmatrix}$$

$$=(x+\sum_{i=1}^{n}a_i)(x-a_1)(x-a_2)\cdots(x-a_n).$$

例 4.4　证明奇数阶反对称行列式 $D=\begin{vmatrix}0&a_{12}&\cdots&a_{1n}\\-a_{12}&0&\cdots&a_{2n}\\\cdots&\cdots&\cdots&\cdots\\-a_{1n}&-a_{2n}&\cdots&0\end{vmatrix}=0$.

证明　D 的转置行列式为

$$D^T=\begin{vmatrix} 0 & -a_{12} & \cdots & -a_{1n} \\ a_{12} & 0 & \cdots & -a_{2n} \\ \cdots & \cdots & \cdots & \cdots \\ a_{1n} & a_{2n} & \cdots & 0 \end{vmatrix},$$

从 D^T 中每一行提出一个公因子(－1)，于是

$$D^T=(-1)^n\begin{vmatrix} 0 & a_{12} & \cdots & a_{1n} \\ -a_{12} & 0 & \cdots & a_{2n} \\ \cdots & \cdots & \cdots & \cdots \\ -a_{1n} & -a_{2n} & \cdots & 0 \end{vmatrix}=(-1)^nD.$$

由行列式性质1，知 $D^T=D$，故 $D=(-1)^nD$；又由 n 为奇数，所以有 $D=-D$，即 $2D=0$，因此 $D=0$.

例 4.5 证明行列式 $D=\begin{vmatrix} a_{11} & a_{12} & \cdots & a_{1r} & 0 & 0 & \cdots & 0 \\ a_{21} & a_{22} & \cdots & a_{2r} & 0 & 0 & \cdots & 0 \\ \cdots & \cdots & \cdots & \cdots & \cdots & \cdots & \cdots & \cdots \\ a_{r1} & a_{r2} & \cdots & a_{rr} & 0 & 0 & \cdots & 0 \\ c_{11} & c_{12} & \cdots & c_{1r} & b_{11} & b_{12} & \cdots & b_{1k} \\ c_{21} & c_{22} & \cdots & c_{2r} & b_{21} & b_{22} & \cdots & b_{2k} \\ \cdots & \cdots & \cdots & \cdots & \cdots & \cdots & \cdots & \cdots \\ c_{k1} & c_{k2} & \cdots & c_{kr} & b_{k1} & b_{k2} & \cdots & b_{kk} \end{vmatrix}=D_1\cdot D_2$.

其中

$$D_1=\begin{vmatrix} a_{11} & a_{12} & \cdots & a_{1r} \\ a_{21} & a_{22} & \cdots & a_{2r} \\ \cdots & \cdots & \cdots & \cdots \\ a_{r1} & a_{r2} & \cdots & a_{rr} \end{vmatrix},D_2=\begin{vmatrix} b_{11} & b_{12} & \cdots & b_{1k} \\ b_{11} & b_{12} & \cdots & b_{2k} \\ \cdots & \cdots & \cdots & \cdots \\ b_{k1} & b_{k2} & \cdots & b_{kk} \end{vmatrix}.$$

证明 先对 D 的前 r 行采用 r_i+kr_j 变换，使得

$$D_1=\begin{vmatrix} p_{11} & 0 & \cdots & 0 \\ p_{21} & p_{22} & \cdots & 0 \\ \cdots & \cdots & \cdots & \cdots \\ p_{r1} & p_{r2} & \cdots & p_{rr} \end{vmatrix}=p_{11}p_{22}\cdots p_{rr}.$$

再对 D 的后 k 列采用 c_i+kc_j 变换，使得

$$D_2=\begin{vmatrix} q_{11} & 0 & \cdots & 0 \\ q_{21} & q_{22} & \cdots & 0 \\ \cdots & \cdots & \cdots & \cdots \\ q_{k1} & q_{k2} & \cdots & q_{kk} \end{vmatrix}=q_{11}q_{22}\cdots q_{kk}.$$

从而

$$D=\begin{vmatrix} p_{11} & 0 & \cdots & 0 & 0 & 0 & \cdots & 0 \\ p_{21} & p_{22} & \cdots & 0 & 0 & 0 & \cdots & 0 \\ \cdots & \cdots & \cdots & \cdots & \cdots & \cdots & \cdots & \cdots \\ p_{r1} & p_{r2} & \cdots & p_{rr} & 0 & 0 & \cdots & 0 \\ c_{11} & c_{12} & \cdots & c_{1r} & q_{11} & 0 & \cdots & 0 \\ c_{21} & c_{22} & \cdots & c_{2r} & q_{21} & q_{22} & \cdots & 0 \\ \cdots & \cdots & \cdots & \cdots & \cdots & \cdots & \cdots & \cdots \\ c_{k1} & c_{k2} & \cdots & c_{kr} & q_{k1} & q_{k2} & \cdots & q_{kk} \end{vmatrix}=(p_{11}p_{22}\cdots p_{rr})\cdot(q_{11}q_{22}\cdots q_{kk})=D_1\cdot D_2.$$

§5　行列式按行(列)展开

n 阶行列式的计算很容易显得繁杂。在上一节中,介绍了应用行列式的性质将行列式转化为较简单的三角形行列式的方法,使计算更为简便．本节研究如何把较高阶的行列式转化为较低阶行列式的问题,从而得到计算行列式的另一种基本方法——降阶法．

不难将三阶行列式写成下面形式：

$$\begin{vmatrix} a_{11} & a_{12} & a_{13} \\ a_{21} & a_{22} & a_{23} \\ a_{31} & a_{32} & a_{33} \end{vmatrix}=a_{11}a_{22}a_{33}+a_{12}a_{23}a_{31}+a_{13}a_{21}a_{32}-a_{11}a_{23}a_{32}-a_{12}a_{21}a_{33}-a_{13}a_{22}a_{31}$$

$$=a_{11}\begin{vmatrix} a_{22} & a_{23} \\ a_{32} & a_{33} \end{vmatrix}-a_{12}\begin{vmatrix} a_{21} & a_{23} \\ a_{31} & a_{33} \end{vmatrix}+a_{13}\begin{vmatrix} a_{21} & a_{22} \\ a_{31} & a_{32} \end{vmatrix}. \tag{5.1}$$

一个 n 阶行列式是否可以转化为若干个 $n-1$ 阶行列式来计算？对于高阶行列式是否都可用较低阶的行列式表示呢？为了回答这些问题,先介绍行列式的余子式和代数余子式的概念．

一、余子式和代数余子式

定义 5.1　在 n 阶行列式中,划去 (i,j) 元 a_{ij} 所在的第 i 行和第 j 列后,余下的元素按原

来的位置构成一个 $n-1$ 阶行列式，称为元素 a_{ij} 的**余子式**，记作 M_{ij}；元素 a_{ij} 的余子式 M_{ij} 前面添上符号 $(-1)^{i+j}$，称为元素 a_{ij} 的**代数余子式**，记作 A_{ij}. 即 $A_{ij}=(-1)^{i+j}M_{ij}$.

例如，四阶行列式

$$D=\begin{vmatrix} a_{11} & a_{12} & a_{13} & a_{14} \\ a_{21} & a_{22} & a_{23} & a_{24} \\ a_{31} & a_{32} & a_{33} & a_{34} \\ a_{41} & a_{42} & a_{43} & a_{44} \end{vmatrix}$$

中(2,3)元 a_{23} 的余子式是

$$M_{23}=\begin{vmatrix} a_{11} & a_{12} & a_{14} \\ a_{31} & a_{32} & a_{34} \\ a_{41} & a_{42} & a_{44} \end{vmatrix},$$

而 $A_{23}=(-1)^{2+3}M_{23}=-\begin{vmatrix} a_{11} & a_{12} & a_{14} \\ a_{31} & a_{32} & a_{34} \\ a_{41} & a_{42} & a_{44} \end{vmatrix}$ 是元素 a_{23} 的代数余子式.

注意 由定义可知，元素 a_{ij} 的余子式与代数余子式仅与元素 a_{ij} 所在的位置有关，而与元素 a_{ij} 等于多少无关.

二、行列式按行(列)展开定理

有了代数余子式的概念后，三阶行列式的展开式(5.1)可以写成

$$D=a_{11}A_{11}+a_{12}A_{12}+a_{13}A_{13}. \tag{5.2}$$

对于 n 阶行列式，有同样的结论.

引理 一个 n 阶行列式，如果其中第 i 行所有的元素除 (i,j) 元 a_{ij} 外都为零，那么此行列式等于 a_{ij} 与它的代数余子式的乘积，即

$$D=a_{ij}A_{ij}.$$

证明 先证 $(i,j)=(1,1)$ 的情形，此时按行列式的定义

$$D=\begin{vmatrix} a_{11} & 0 & \cdots & 0 \\ a_{21} & a_{22} & \cdots & a_{2n} \\ \vdots & \vdots & & \vdots \\ a_{n1} & a_{n2} & \cdots & a_{nn} \end{vmatrix}=\sum_{j_1j_2\cdots j_n}(-1)^{\tau(j_2j_3\cdots j_n)}a_{1j_1}a_{2j_2}\cdots a_{nj_n}$$

$$=a_{11}\sum_{j_2\cdots j_n}(-1)^{\tau(j_2j_3\cdots j_n)}a_{2j_2}\cdots a_{nj_n}=a_{11}M_{11}=a_{11}(-1)^{1+1}M_{11}=a_{11}A_{11}.$$

同样这也是本章第4节例4.5中，当 $r=1$ 时的特殊情形.

再证一般情形，此时

$$D=\begin{vmatrix} a_{11} & \cdots & a_{1j} & \cdots & a_{1n} \\ \vdots & & \vdots & & \vdots \\ 0 & \cdots & a_{ij} & \cdots & 0 \\ \vdots & & \vdots & & \vdots \\ a_{n1} & \cdots & a_{nj} & \cdots & a_{nn} \end{vmatrix}.$$

为了利用前面的结果，把 D 的行列作如下调换：先把 D 的第 i 行依次与第 $i-1$ 行、第 $i-2$ 行、…、第 1 行对换，这样数 a_{ij} 就换成 $(1,j)$ 元，对换的次数为 $i-1$；再把第 j 列依次与第 $j-1$ 列、第 $j-2$ 列、…、第 1 列对换，这样数 a_{ij} 就换成 $(1,1)$ 元，对换的次数为 $j-1$. 总之，经 $i+j-2$ 次对换，把数 a_{ij} 换成 $(1,1)$ 元，所得的行列式 $D_1=(-1)^{i+j-2}D=(-1)^{i+j}D$，而 D_1 中 $(1,1)$ 元的余子式就是 D 中 (i,j) 元的余子式 M_{ij}.

由于 D_1 的 $(1,1)$ 元为 a_{ij}，第 1 行其余元素都为 0，利用前面的结果，有

$$D_1=a_{ij}M_{ij},\quad D=(-1)^{i+j}D_1=(-1)^{i+j}a_{ij}M_{ij}=a_{ij}A_{ij}.$$

定理 5.1　n 阶行列式 D 等于它的任意一行（列）的元素与其对应的代数余子式的乘积之和，即

$$D=a_{i1}A_{i1}+a_{i2}A_{i2}+\cdots+a_{in}A_{in}\ (i=1,2,\cdots,n),$$

或

$$D=a_{1j}A_{1j}+a_{2j}A_{2j}+\cdots+a_{nj}A_{nj}\ (j=1,2,\cdots,n).$$

证明　只需证明按行展开的情形，按列展开的情形同理可证．

$$D=\begin{vmatrix} a_{11} & a_{12} & \cdots & a_{1n} \\ \vdots & \vdots & & \vdots \\ a_{i1}+0+\cdots+0 & 0+a_{i2}+\cdots+0 & \cdots & 0+\cdots+0+a_{in} \\ \vdots & \vdots & & \vdots \\ a_{n1} & a_{n2} & \cdots & a_{nn} \end{vmatrix}$$

$$=\begin{vmatrix} a_{11} & a_{12} & \cdots & a_{1n} \\ \vdots & \vdots & & \vdots \\ a_{i1} & 0 & \cdots & 0 \\ \vdots & \vdots & & \vdots \\ a_{n1} & a_{n2} & \cdots & a_{nn} \end{vmatrix}+\begin{vmatrix} a_{11} & a_{12} & \cdots & a_{1n} \\ \vdots & \vdots & & \vdots \\ 0 & a_{i2} & \cdots & 0 \\ \vdots & \vdots & & \vdots \\ a_{n1} & a_{n2} & \cdots & a_{nn} \end{vmatrix}+\cdots+\begin{vmatrix} a_{11} & a_{12} & \cdots & a_{1n} \\ \vdots & \vdots & & \vdots \\ 0 & 0 & \cdots & a_{in} \\ \vdots & \vdots & & \vdots \\ a_{n1} & a_{n2} & \cdots & a_{nn} \end{vmatrix}.$$

根据引理，即得

$$D=a_{i1}A_{i1}+a_{i2}A_{i2}+\cdots+a_{in}A_{in}\quad (i=1,2,\cdots,n).$$

类似地，若按列证明，可得

$$D=a_{1j}A_{1j}+a_{2j}A_{2j}+\cdots+a_{nj}A_{nj}\quad (j=1,2,\cdots,n).$$

这个定理叫做**行列式按行(列)展开定理**．由此还可以得到下面结论．

定理 5.2 n 阶行列式 D 中某一行(列)的各元素与另一行(列)对应元素的代数余子式的乘积之和等于零．即

$$a_{i1}A_{s1}+a_{i2}A_{s2}+\cdots+a_{in}A_{sn}=0\quad (i\neq s),$$

或

$$a_{1j}A_{1t}+a_{2j}A_{2t}+\cdots+a_{nj}A_{nt}=0\quad (j\neq t).$$

证明 只证行的情形，列的情形同理可证．考虑辅助行列式

$$D_1=\begin{vmatrix} a_{11} & a_{12} & \cdots & a_{1n} \\ \vdots & \vdots & & \vdots \\ a_{i1} & a_{i2} & \cdots & a_{in} \\ \vdots & \vdots & & \vdots \\ a_{i1} & a_{i2} & \cdots & a_{in} \\ \vdots & \vdots & & \vdots \\ a_{n1} & a_{n2} & \cdots & a_{nn} \end{vmatrix}\begin{matrix} \\ \\ (i\text{ 行}) \\ \\ (s\text{ 行}) \\ \\ \\ \end{matrix}$$

这个行列式的第 i 行与第 s 行的对应元素相同，它的值应等于零．由定理 5.1 将 D_1 按第 s 行展开，有

$$D_1=a_{i1}A_{s1}+a_{i2}A_{s2}+\cdots+a_{in}A_{sn}=0\quad (i\neq s).$$

定理 5.1 和定理 5.2 可以合并写成

$$a_{i1}A_{s1}+a_{i2}A_{s2}+\cdots+a_{in}A_{sn}=\begin{cases} D, \text{当 } i=s, \\ 0, \text{当 } i\neq s. \end{cases}\tag{5.3}$$

或

$$a_{1j}A_{1t}+a_{2j}A_{2t}+\cdots+a_{jn}A_{nt}=\begin{cases} D, \text{当 } j=t, \\ 0, \text{当 } j\neq t. \end{cases}\tag{5.4}$$

定理 5.1 行列式的降阶展开定理表明，n 阶行列式可以用 $n-1$ 阶行列式来表示．利用它并结合行列式的性质，可以大大简化行列式的计算．计算行列式时，一般利用性质先将某一行(列)尽可能化简为含零较多或仅有一个非零元素，再按定理 5.1 展开，变为低一阶行列式 … 如此继续下去，直到将行列式化为三阶或二阶行列式．这在行列式的计算中是一种常用的方法．

例 5.1 计算行列式 $D=\begin{vmatrix} 2 & 1 & -3 & -1 \\ 3 & 1 & 0 & 7 \\ -1 & 2 & 4 & -2 \\ 1 & 0 & -1 & 5 \end{vmatrix}$.

解　D 的第 4 行已有一个元素是零，利用行列式性质 5，有

$$D=\begin{vmatrix}2&1&-3&-1\\3&1&0&7\\-1&2&4&-2\\1&0&-1&5\end{vmatrix}\xlongequal[c_4-5c_1]{c_3+c_1}\begin{vmatrix}2&1&-1&-11\\3&1&3&-8\\-1&2&3&3\\1&0&0&0\end{vmatrix}=(-1)^{4+1}\begin{vmatrix}1&-1&-11\\1&3&-8\\2&3&3\end{vmatrix}$$

$$\xlongequal[r_3-2r_1]{r_2-r_1}-\begin{vmatrix}1&-1&-11\\0&4&3\\0&5&25\end{vmatrix}=-(-1)^{1+1}\begin{vmatrix}4&3\\5&25\end{vmatrix}=-85.$$

例 5.2　设四阶行列式 $D=\begin{vmatrix}1&-2&0&3\\0&1&-1&2\\-5&0&3&1\\3&3&3&3\end{vmatrix}$.

(1) 求 D 的第 3 行各元素代数余子式之和；

(2) 求 D 的第 3 行各元素余子式之和 .

解　(1)D 的第 3 行各元素代数余子式之和 $A_{31}+A_{32}+A_{33}+A_{34}$ 等于用 1，1，1，1 代替 D 的第 3 行所得的行列式，即

$$A_{31}+A_{32}+A_{33}+A_{34}=1\times A_{31}+1\times A_{32}+1\times A_{33}+1\times A_{34}=\begin{vmatrix}1&-2&0&3\\0&1&-1&2\\1&1&1&1\\3&3&3&3\end{vmatrix}=0.$$

在计算熟练情况下，行列式计算不必写出初等变换的标记符号 .

(2) 由于 $M_{31}=A_{31}$，$M_{32}=-A_{32}$，$M_{33}=A_{33}$，$M_{34}=-A_{34}$，所以

$$M_{31}+M_{32}+M_{33}+M_{34}=A_{31}-A_{32}+A_{33}-A_{34}$$

$$=\begin{vmatrix}1&-2&0&3\\0&1&-1&2\\1&-1&1&-1\\3&3&3&3\end{vmatrix}=\begin{vmatrix}1&-2&0&3\\0&1&-1&2\\0&1&1&-4\\0&9&3&-6\end{vmatrix}=3\begin{vmatrix}1&-2&0&3\\0&1&-1&2\\0&0&2&-6\\0&0&4&-8\end{vmatrix}$$

$$=24\begin{vmatrix}1&-2&0&3\\0&1&-1&2\\0&0&1&-3\\0&0&1&-2\end{vmatrix}=24\begin{vmatrix}1&-2&0&3\\0&1&-1&2\\0&0&1&-3\\0&0&0&1\end{vmatrix}=24.$$

例 5.3 证明 $\begin{vmatrix} a_{11} & a_{12} & 0 & 0 \\ a_{21} & a_{22} & 0 & 0 \\ c_{11} & c_{12} & b_{11} & b_{12} \\ c_{21} & c_{22} & b_{21} & b_{22} \end{vmatrix} = \begin{vmatrix} a_{11} & a_{12} \\ a_{21} & a_{22} \end{vmatrix} \cdot \begin{vmatrix} b_{11} & b_{12} \\ b_{21} & b_{22} \end{vmatrix}$.

证明 将上面等式左端的行列式按第一行展开,得

$$\begin{vmatrix} a_{11} & a_{12} & 0 & 0 \\ a_{21} & a_{22} & 0 & 0 \\ c_{11} & c_{12} & b_{11} & b_{12} \\ c_{21} & c_{22} & b_{21} & b_{22} \end{vmatrix} = a_{11} \begin{vmatrix} a_{22} & 0 & 0 \\ c_{12} & b_{11} & b_{12} \\ c_{22} & b_{21} & b_{22} \end{vmatrix} - a_{12} \begin{vmatrix} a_{21} & 0 & 0 \\ c_{11} & b_{11} & b_{12} \\ c_{21} & b_{21} & b_{22} \end{vmatrix}$$

$$= a_{11}a_{22} \begin{vmatrix} b_{11} & b_{12} \\ b_{21} & b_{22} \end{vmatrix} - a_{12}a_{21} \begin{vmatrix} b_{11} & b_{12} \\ b_{21} & b_{22} \end{vmatrix}$$

$$= (a_{11}a_{22} - a_{12}a_{21}) \begin{vmatrix} b_{11} & b_{12} \\ b_{21} & b_{22} \end{vmatrix} = \begin{vmatrix} a_{11} & a_{12} \\ a_{21} & a_{22} \end{vmatrix} \cdot \begin{vmatrix} b_{11} & b_{12} \\ b_{21} & b_{22} \end{vmatrix}.$$

本例题的结论对一般情况也是成立的,即上节例题 4.5.

三、行列式的基本计算方法

(1) 化为三角形行列式

例 5.4 计算 n 阶行列式 $D_n = \begin{vmatrix} x & a & \cdots & a \\ a & x & \cdots & a \\ \vdots & & \vdots & \vdots \\ a & a & \cdots & x \end{vmatrix}$.

解 先将行列式各列都加到第一列,提取第一列公因式后,再将各行减去第一行.

$$D_n = \begin{vmatrix} x+(n-1)a & a & \cdots & a \\ x+(n-1)a & x & \cdots & a \\ \vdots & \vdots & & \vdots \\ x+(n-1)a & a & \cdots & x \end{vmatrix} = [x+(n-1)a] \begin{vmatrix} 1 & a & \cdots & a \\ 1 & x & \cdots & a \\ \vdots & & \vdots & \vdots \\ 1 & a & \cdots & x \end{vmatrix}$$

$$= [x+(n-1)a] \begin{vmatrix} 1 & a & \cdots & a \\ 0 & x-a & \cdots & 0 \\ \vdots & \vdots & & \vdots \\ 0 & 0 & \cdots & x-a \end{vmatrix} = [x+(n-1)a](x-a)^{n-1}.$$

(2) 归纳法

例 5.5　试证

$$D_n=\begin{vmatrix}1 & 1 & 1 & \cdots & 1\\ a_1 & a_2 & a_3 & \cdots & a_n\\ a_1^2 & a_2^2 & a_3^2 & \cdots & a_n^2\\ \vdots & \vdots & \vdots & & \vdots\\ a_1^{n-1} & a_2^{n-1} & a_3^{n-1} & \cdots & a_n^{n-1}\end{vmatrix}=\prod_{1\leqslant j<i\leqslant n}(a_i-a_j) \tag{5.5}$$

式(5.5)中左端叫**范德蒙德行列式**．其中，记号“$\prod$”表示全体同类因子的乘积．结论说明，n 阶范德蒙德行列式之值等于 $a_1,a_2,\cdots,a_n$ 这 n 个数的所有可能的差 $a_i-a_j(1\leqslant j<i\leqslant n)$ 的乘积．

证明　用数学归纳法．

当 $n=2$ 时，计算二阶范德蒙德行列式的值．

$D_2=\begin{vmatrix}1 & 1\\ a_1 & a_2\end{vmatrix}=a_2-a_1$．可见 $n=2$ 时，结论成立．

假设对于 $n-1$ 阶范德蒙德行列式结论成立，来看 n 阶范德蒙德行列式．先把第 $n-1$ 行的 $(-a_1)$ 倍加到第 n 行，再把第 $n-2$ 行的 $(-a_1)$ 倍加到第 $n-1$ 行 $\cdots$ 如此继续，最后把第 1 行的 $(-a_1)$ 倍加到第 2 行，即从第 n 行开始，后一行减去前一行的 a_1 倍，得到

$$D_n=\begin{vmatrix}1 & 1 & 1 & \cdots & 1\\ a_1 & a_2 & a_3 & \cdots & a_n\\ a_1^2 & a_2^2 & a_3^2 & \cdots & a_n^2\\ \vdots & \vdots & \vdots & & \vdots\\ a_1^{n-2} & a_2^{n-2} & a_3^{n-2} & \cdots & a_n^{n-2}\\ a_1^{n-1} & a_2^{n-1} & a_3^{n-1} & \cdots & a_n^{n-1}\end{vmatrix}$$

$$=\begin{vmatrix}1 & 1 & 1 & \cdots & 1\\ 0 & a_2-a_1 & a_3-a_1 & \cdots & a_n-a_1\\ 0 & a_2^2-a_1a_2 & a_3^2-a_1a_3 & \cdots & a_n^2-a_1a_n\\ \vdots & \vdots & \vdots & & \vdots\\ 0 & a_2^{n-1}-a_1a_2^{n-2} & a_3^{n-1}-a_1a_3^{n-2} & \cdots & a_n^{n-1}-a_1a_n^{n-2}\end{vmatrix}$$

$$=\begin{vmatrix} a_2-a_1 & a_3-a_1 & \cdots & a_n-a_1 \\ a_2(a_2-a_1) & a_3(a_3-a_1) & \cdots & a_n(a_n-a_1) \\ \vdots & \vdots & & \vdots \\ a_2^{n-2}(a_2-a_1) & a_3^{n-2}(a_3-a_1) & \cdots & a_n^{n-2}(a_n-a_1) \end{vmatrix}$$

$$=(a_2-a_1)(a_3-a_1)\cdots(a_n-a_1)\begin{vmatrix} 1 & 1 & \cdots & 1 \\ a_2 & a_3 & \cdots & a_n \\ \vdots & \vdots & & \vdots \\ a_2^{n-2} & a_3^{n-2} & \cdots & a_n^{n-2} \end{vmatrix}.$$

后面行列式是 $n-1$ 阶范德蒙德行列式，由归纳假设，可得

$$\begin{vmatrix} 1 & 1 & \cdots & 1 \\ a_2 & a_3 & \cdots & a_n \\ \vdots & \vdots & & \vdots \\ a_2^{n-2} & a_3^{n-2} & \cdots & a_n^{n-2} \end{vmatrix}=\prod_{2\leqslant j<i\leqslant n}(a_i-a_j).$$

于是，上述 n 阶范德蒙德行列式等于

$$D_n=(a_2-a_1)(a_3-a_1)\cdots(a_n-a_1)\prod_{2\leqslant j<i\leqslant n}(a_i-a_j)=\prod_{1\leqslant j<i\leqslant n}(a_i-a_j).$$

根据数学归纳法原理，对一切 $n\geqslant 2$，(5.5) 式成立．

范德蒙德行列式是研究函数组之间的相关性和线性微分方程的重要工具．有的行列式也可以转化成范德蒙德行列式来计算．

例如，

$$\begin{vmatrix} a & b & c \\ a^2 & b^2 & c^2 \\ b+c & a+c & a+b \end{vmatrix}=\begin{vmatrix} a & b & c \\ a^2 & b^2 & c^2 \\ a+b+c & a+b+c & a+b+c \end{vmatrix}$$

$$=(a+b+c)\begin{vmatrix} a & b & c \\ a^2 & b^2 & c^2 \\ 1 & 1 & 1 \end{vmatrix}=(a+b+c)\begin{vmatrix} 1 & 1 & 1 \\ a & b & c \\ a^2 & b^2 & c^2 \end{vmatrix}$$

$$=(a+b+c)(b-a)(c-a)(c-b).$$

(3) 降阶法

降阶法就是利用行列式按行(列) 展开定理将高阶行列式转化为低阶行列式．

例 5.6　计算 n 阶行列式 $D_n=\begin{vmatrix} a & b & 0 & \cdots & 0 & 0 \\ 0 & a & b & \cdots & 0 & 0 \\ 0 & 0 & a & \cdots & 0 & 0 \\ \vdots & \vdots & \vdots & & \vdots & \vdots \\ 0 & 0 & 0 & \cdots & a & b \\ b & 0 & 0 & \cdots & 0 & a \end{vmatrix}$.

解　按第一列展开得

$$D_n=(-1)^{1+1}a\begin{vmatrix} a & b & \cdots & 0 & 0 \\ 0 & a & \cdots & 0 & 0 \\ \vdots & \vdots & & \vdots & \vdots \\ 0 & 0 & \cdots & a & b \\ 0 & 0 & \cdots & 0 & a \end{vmatrix}_{n-1}+(-1)^{n+1}b\begin{vmatrix} b & 0 & \cdots & 0 & 0 \\ a & b & \cdots & 0 & 0 \\ \vdots & \vdots & & \vdots & \vdots \\ 0 & 0 & \cdots & b & 0 \\ 0 & 0 & \cdots & a & b \end{vmatrix}_{n-1}$$

$$=aa^{n-1}+(-1)^{n+1}bb^{n-1}=a^n+(-1)^{n+1}b^n.$$

例 5.7　计算 n 阶行列式 $D_n=\begin{vmatrix} 2 & 1 & 0 & \cdots & 0 & 0 & 0 \\ 1 & 2 & 1 & \cdots & 0 & 0 & 0 \\ 0 & 1 & 2 & \cdots & 0 & 0 & 0 \\ \vdots & \vdots & \vdots & & \vdots & \vdots & \vdots \\ 0 & 0 & 0 & \cdots & 1 & 2 & 1 \\ 0 & 0 & 0 & \cdots & 0 & 1 & 2 \end{vmatrix}$.

解　将 D_n 按第一列展开，在展开式的后一个行列式中又按第一行展开

$$D_n=2\begin{vmatrix} 2 & 1 & 0 & \cdots & 0 & 0 & 0 \\ 1 & 2 & 1 & \cdots & 0 & 0 & 0 \\ 0 & 1 & 2 & \cdots & 0 & 0 & 0 \\ \vdots & \vdots & \vdots & & \vdots & \vdots & \vdots \\ 0 & 0 & 0 & \cdots & 1 & 2 & 1 \\ 0 & 0 & 0 & \cdots & 0 & 1 & 2 \end{vmatrix}_{n-1}-\begin{vmatrix} 1 & 0 & 0 & \cdots & 0 & 0 & 0 \\ 1 & 2 & 1 & \cdots & 0 & 0 & 0 \\ 0 & 1 & 2 & \cdots & 0 & 0 & 0 \\ \vdots & \vdots & \vdots & & \vdots & \vdots & \vdots \\ 0 & 0 & 0 & \cdots & 1 & 2 & 1 \\ 0 & 0 & 0 & \cdots & 0 & 1 & 2 \end{vmatrix}_{n-1}$$

$$=2D_{n-1}-\begin{vmatrix} 2 & 1 & 0 & \cdots & 0 & 0 & 0 \\ 1 & 2 & 1 & \cdots & 0 & 0 & 0 \\ 0 & 1 & 2 & \cdots & 0 & 0 & 0 \\ \vdots & \vdots & \vdots & & \vdots & \vdots & \vdots \\ 0 & 0 & 0 & \cdots & 1 & 2 & 1 \\ 0 & 0 & 0 & \cdots & 0 & 1 & 2 \end{vmatrix}_{n-2}=2D_{n-1}-D_{n-2}.$$

从而得到递推方程 $D_n = 2D_{n-1} - D_{n-2}$，即 $D_n - D_{n-1} = D_{n-1} - D_{n-2}$. 反复使用上式，则 $D_n - D_{n-1} = D_{n-1} - D_{n-2} = D_{n-2} - D_{n-3} = \cdots = D_3 - D_2 = \begin{vmatrix} 2 & 1 & 0 \\ 1 & 2 & 1 \\ 0 & 1 & 2 \end{vmatrix} - \begin{vmatrix} 2 & 1 \\ 1 & 2 \end{vmatrix} = 1$. 由此有 $D_n = D_{n-1} + 1$. 再反复使用上式，又有 $D_n = D_{n-1} + 1 = D_{n-2} + 2 = \cdots = D_2 + (n-2) = n+1$.

注意　利用降阶法即行列式按行(列)展开定理构造 D_n 的递推方程是常见方法.

(4) 拆项法

例 5.8　计算行列式 $D = \begin{vmatrix} 1+x & 1 & 1 & 1 \\ 1 & 1-x & 1 & 1 \\ 1 & 1 & 1+y & 1 \\ 1 & 1 & 1 & 1-y \end{vmatrix}$，其中 $xy \neq 0$.

解　
$$D = \begin{vmatrix} 1 & 1 & 1 & 1 \\ 1 & 1-x & 1 & 1 \\ 1 & 1 & 1+y & 1 \\ 1 & 1 & 1 & 1-y \end{vmatrix} + \begin{vmatrix} x & 1 & 1 & 1 \\ 0 & 1-x & 1 & 1 \\ 0 & 1 & 1+y & 1 \\ 0 & 1 & 1 & 1-y \end{vmatrix}$$

$$= \begin{vmatrix} 1 & 1 & 1 & 1 \\ 1 & 1 & 1 & 1 \\ 1 & 1 & 1+y & 1 \\ 1 & 1 & 1 & 1-y \end{vmatrix} + \begin{vmatrix} 1 & 0 & 1 & 1 \\ 1 & -x & 1 & 1 \\ 1 & 0 & 1+y & 1 \\ 1 & 0 & 1 & 1-y \end{vmatrix} + \begin{vmatrix} x & 1 & 1 & 1 \\ 0 & 1-x & 1 & 1 \\ 0 & 1 & 1+y & 1 \\ 0 & 1 & 1 & 1-y \end{vmatrix}$$

$$= 0 - x\begin{vmatrix} 1 & 1 & 1 \\ 1 & 1+y & 1 \\ 1 & 1 & 1-y \end{vmatrix} + x\begin{vmatrix} 1-x & 1 & 1 \\ 1 & 1+y & 1 \\ 1 & 1 & 1-y \end{vmatrix}$$

$$= -x\begin{vmatrix} 1 & 1 & 1 \\ 1 & 1+y & 1 \\ 1 & 1 & 1-y \end{vmatrix} + x\left(\begin{vmatrix} 1 & 1 & 1 \\ 1 & 1+y & 1 \\ 1 & 1 & 1-y \end{vmatrix} + \begin{vmatrix} -x & 1 & 1 \\ 0 & 1+y & 1 \\ 0 & 1 & 1-y \end{vmatrix}\right)$$

$$= x\begin{vmatrix} -x & 1 & 1 \\ 0 & 1+y & 1 \\ 0 & 1 & 1-y \end{vmatrix} = x(-x)\begin{vmatrix} 1+y & 1 \\ 1 & 1-y \end{vmatrix} = x^2y^2.$$

此题还可以采用下面的升阶法求解.

(5) 升阶法(加边法)

例 5.9　计算行列式 $D=\begin{vmatrix}1+x & 1 & 1 & 1\\ 1 & 1-x & 1 & 1\\ 1 & 1 & 1+y & 1\\ 1 & 1 & 1 & 1-y\end{vmatrix}$,其中 $xy\neq 0$.

解　采取如下的加在边上的行和列成为 $n+1$ 阶行列式. 即根据定理 5.1,先把行列式适当地加 1 行 1 列,然后利用行列式性质 5,把行列式第 1 行的 -1 倍加到其余各行,则

$$D=\begin{vmatrix}1 & 1 & 1 & 1 & 1\\ 0 & 1+x & 1 & 1 & 1\\ 0 & 1 & 1-x & 1 & 1\\ 0 & 1 & 1 & 1+y & 1\\ 0 & 1 & 1 & 1 & 1-y\end{vmatrix}=\begin{vmatrix}1 & 1 & 1 & 1 & 1\\ -1 & x & 0 & 0 & 0\\ -1 & 0 & -x & 0 & 0\\ -1 & 0 & 0 & y & 0\\ -1 & 0 & 0 & 0 & -y\end{vmatrix}.$$

第 2 列提出因子 x,第 3 列提出 $-x$,第 4 列提出 y,第 5 列提出 $-y$,将各列均加到第 1 列,得

$$D=x(-x)y(-y)\begin{vmatrix}1 & \frac{1}{x} & -\frac{1}{x} & \frac{1}{y} & -\frac{1}{y}\\ -1 & 1 & 0 & 0 & 0\\ -1 & 0 & 1 & 0 & 0\\ -1 & 0 & 0 & 1 & 0\\ -1 & 0 & 0 & 0 & 1\end{vmatrix}=x^2y^2\begin{vmatrix}1 & \frac{1}{x} & -\frac{1}{x} & \frac{1}{y} & -\frac{1}{y}\\ 0 & 1 & 0 & 0 & 0\\ 0 & 0 & 1 & 0 & 0\\ 0 & 0 & 0 & 1 & 0\\ 0 & 0 & 0 & 0 & 1\end{vmatrix}=x^2y^2.$$

行列式的计算较烦琐,各种方法要灵活、联合使用,才能收到较好的效果.

例 5.10　计算 n 阶行列式 $D_n=\begin{vmatrix}a_1 & -1 & 0 & 0 & \cdots & 0 & 0\\ a_2 & x & -1 & 0 & \cdots & 0 & 0\\ a_3 & 0 & x & -1 & \cdots & 0 & 0\\ \vdots & \vdots & \vdots & \vdots & & \vdots & \vdots\\ a_{n-1} & 0 & 0 & 0 & \cdots & x & -1\\ a_n & 0 & 0 & 0 & \cdots & 0 & x\end{vmatrix}$.

解　先把第 1 行乘以 x 加到第 2 行,然后把所得到的第 2 行乘以 x 加到第 3 行…这样继续进行下去,直到第 n 行,得到

$$D_n=\begin{vmatrix} a_1 & -1 & 0 & 0 & \cdots & 0 & 0 \\ a_1x+a_2 & 0 & -1 & 0 & \cdots & 0 & 0 \\ a_1x^2+a_2x+a_3 & 0 & 0 & -1 & \cdots & 0 & 0 \\ \vdots & \vdots & \vdots & \vdots & & \vdots & \vdots \\ \sum\limits_{i=1}^{n-1}a_ix^{n-i-1} & 0 & 0 & 0 & \cdots & 0 & -1 \\ \sum\limits_{i=1}^{n}a_ix^{n-i} & 0 & 0 & 0 & \cdots & 0 & 0 \end{vmatrix}$$

$$=(-1)^{n+1}\sum_{i=1}^{n}a_ix^{n-i}\begin{vmatrix} -1 & 0 & \cdots & 0 \\ 0 & -1 & \cdots & 0 \\ \vdots & \vdots & & \vdots \\ 0 & 0 & \cdots & -1 \end{vmatrix}$$

$$=(-1)^{n+1}\sum_{i=1}^{n}a_ix^{n-i}(-1)^{n-1}=(-1)^{2n}\sum_{i=1}^{n}a_ix^{n-i}$$

$$=a_1x^{n-1}+a_2x^{n-2}+\cdots+a_{n-1}x+a_n.$$

§6　克莱姆法则

前面已经介绍了 n 阶行列式的定义和计算方法．作为行列式的应用，本节介绍利用行列式解 n 元线性方程组的方法——克莱姆法则．它是本章第 1 节中二、三元线性方程组求解公式的推广．

一、克莱姆法则

设含有 n 个未知量 n 个方程的线性方程组为

$$\begin{cases} a_{11}x_1+a_{12}x_2+\cdots+a_{1n}x_n=b_1, \\ a_{21}x_1+a_{22}x_2+\cdots+a_{2n}x_n=b_2, \\ \qquad\vdots \\ a_{n1}x_1+a_{n2}x_2+\cdots+a_{nn}x_n=b_n. \end{cases} \tag{6.1}$$

它的系数 a_{ij} 构成的行列式

$$D=\begin{vmatrix} a_{11} & a_{12} & \cdots & a_{1n} \\ a_{21} & a_{22} & \cdots & a_{2n} \\ \cdots & \cdots & \cdots & \cdots \\ a_{n1} & a_{n2} & \cdots & a_{nn} \end{vmatrix},$$

称为线性方程组(6.1)的**系数行列式**.

定理 6.1(克莱姆法则)　如果线性方程组(6.1)的系数行列式 $D \neq 0$,则方程组(6.1)有唯一解

$$x_1=\frac{D_1}{D}, x_2=\frac{D_2}{D}, \cdots, x_n=\frac{D_n}{D}, \tag{6.2}$$

其中 $D_j(j=1,2,\cdots,n)$ 是 D 中第 j 列换成常数项 $b_1,b_2,\cdots,b_n$,其余各列不变而得到的行列式.

这个法则包含着两个结论:方程组(6.1)有解;解唯一.下面分两步来证明.

第一步:在 $D \neq 0$ 的条件下,方程组(6.1)有解;我们将验证由(6.2)式给出的数组 $\frac{D_1}{D}$, $\frac{D_2}{D},\cdots,\frac{D_n}{D}$ 确实是方程组(6.1)的解.

第二步:若方程组有解,必由(6.2)式给出,从而解是唯一的.

证明　首先,将 $x_1=\frac{D_1}{D}, x_2=\frac{D_2}{D}, \cdots x_n=\frac{D_n}{D}$,代入(6.1)的第 i 个方程有

$$\text{左端}=a_{i1}\frac{D_1}{D}+a_{i2}\frac{D_2}{D}+\cdots+a_{in}\frac{D_n}{D}=\frac{1}{D}(a_{i1}D_1+a_{i2}D_1+\cdots+a_{in}D_n).$$

先把 D_1 按第 1 列展开,D_2 按第 2 列展开,$\cdots$,D_n 按第 n 列展开,然后代入上式有

$$\begin{aligned}\text{左端}=&\frac{1}{D}[a_{i1}(b_1A_{11}+b_2A_{21}+\cdots+b_iA_{i1}+\cdots+b_nA_{n1})\\ &+a_{i2}(b_1A_{12}+b_2A_{22}+\cdots+b_iA_{i2}+\cdots+b_nA_{n2})+\cdots+a_{in}(b_1A_{1n}+b_2A_{2n}+\cdots\\ &+b_iA_{in}+\cdots+b_nA_{nn})]\\ =&\frac{1}{D}[b_1(a_{i1}A_{11}+a_{i2}A_{12}+\cdots+a_{in}A_{1n})+b_2(a_{i1}A_{21}+a_{i2}A_{22}+\cdots+a_{in}A_{2n})\\ &+\cdots+b_i(a_{i1}A_{i1}+a_{i2}A_{i2}+\cdots+a_{in}A_{in})+\cdots+b_n(a_{i1}A_{n1}+a_{i2}A_{n2}+\cdots+a_{in}A_{nn})]\\ =&\frac{1}{D}[b_1\cdot 0+b_2\cdot 0+\cdots+b_i\cdot D+\cdots+b_n\cdot 0]=\frac{1}{D}b_i\cdot D=b_i=\text{右端}.\end{aligned}$$

这样证明了 $\frac{D_1}{D},\frac{D_2}{D},\cdots,\frac{D_n}{D}$ 是(6.1)的解.

其次,证明方程组若有解,其解必由(6.2)式给出,即解是唯一的.即假设 $x_1=k_1, x_2=$

$k_2,\cdots,x_n=k_n$ 是方程组(6.1)的一个解,证明必有下式

$$k_1=\frac{D_1}{D},k_2=\frac{D_2}{D},\cdots,k_n=\frac{D_n}{D}.$$

因 $x_1=k_1,x_2=k_2,\cdots,x_n=k_n$ 是(6.1)的解,把它代入(6.1)有

$$\begin{cases}a_{11}k_1+a_{12}k_2+\cdots+a_{1n}k_n=b_1\\a_{21}k_1+a_{22}k_2+\cdots+a_{2n}k_n=b_2\\\quad\vdots\\a_{n1}k_1+a_{n2}k_2+\cdots+a_{nn}k_n=b_n.\end{cases}$$

将系数行列式 D 的 j 列的代数余子式 $A_{1j},A_{2j},\cdots,A_{nj}$ 乘等式两边,得

$$a_{11}A_{1j}k_1+\cdots+a_{1j}A_{1j}k_j+\cdots+a_{1n}A_{1j}k_n=b_1A_{1j},$$
$$a_{21}A_{2j}k_1+\cdots+a_{2j}A_{2j}k_j+\cdots+a_{2n}A_{2j}k_n=b_2A_{2j},$$
$$\vdots$$
$$a_{n1}A_{nj}k_1+\cdots+a_{nj}A_{nj}k_j+\cdots+a_{nn}A_{nj}k_n=b_nA_{nj}.$$

把这 n 个等式相加,并利用行列式按一列展开定理,得

$$0\cdot k_1+\cdots+D\cdot k_j+\cdots+0\cdot k_n=D_j,$$

即

$$D\cdot k_j=D_j.$$

因为 $D\neq 0$,所以 $k_j=\frac{D_j}{D}$. 由于在上述证明过程中 j 可取遍 $1,2,\cdots,n$,于是有

$$k_1=\frac{D_1}{D},k_2=\frac{D_2}{D},\cdots,k_n=\frac{D_n}{D},$$

所以方程组的解是唯一的.

例 6.1 用克莱姆法则解线性方程组

$$\begin{cases}x_1+3x_2-2x_3+x_4=1,\\2x_1+5x_2-3x_3+2x_4=3,\\-3x_1+4x_2+8x_3-2x_4=4,\\6x_1-x_2-6x_3+4x_4=2.\end{cases}$$

解 因为

$$D=\begin{vmatrix}1&3&-2&1\\2&5&-3&2\\-3&4&8&-2\\6&-1&-6&4\end{vmatrix}=\begin{vmatrix}1&3&-2&1\\0&-1&1&0\\0&13&2&1\\0&-19&6&-2\end{vmatrix}=\begin{vmatrix}1&3&-2&1\\0&-1&1&0\\0&0&15&1\\0&0&-13&-2\end{vmatrix}=17\neq 0,$$

所以方程组有唯一解,又

$$D_1=\begin{vmatrix}1&3&-2&1\\3&5&-3&2\\4&4&8&-2\\2&-1&-6&4\end{vmatrix}=-34,\quad D_2=\begin{vmatrix}1&1&-2&1\\2&3&-3&2\\-3&4&8&-2\\6&2&-6&4\end{vmatrix}=0,$$

$$D_3=\begin{vmatrix}1&3&1&1\\2&5&3&2\\-3&4&4&-2\\6&-1&2&4\end{vmatrix}=17,\quad D_4=\begin{vmatrix}1&3&-2&1\\2&5&-3&3\\-3&4&8&4\\6&-1&-6&2\end{vmatrix}=85.$$

得唯一解

$$x_1=-\frac{34}{17}=-2,x_2=\frac{0}{17}=0,x_3=\frac{17}{17}=1,x_4=\frac{85}{17}=5.$$

注意　用克莱姆法则解线性方程组时,必须满足两个条件:一是方程的个数与未知量的个数相等;二是系数行列式的值不等于零.

当方程组(6.1)中的常数项都等于0时,称为齐次线性方程组.

即

$$\begin{cases}a_{11}x_1+a_{12}x_2+\cdots+a_{1n}x_n=0,\\a_{21}x_1+a_{22}x_2+\cdots+a_{2n}x_n=0,\\\quad\vdots\\a_{n1}x_1+a_{n2}x_2+\cdots+a_{nn}x_n=0\end{cases}\tag{6.3}$$

称为**齐次线性方程组**.当方程组(6.1)中的常数项不全为0时,称为**非齐次线性方程组**.

显然,齐次线性方程组(6.3)总是有解的.因为 $x_1=0,x_2=0,\cdots,x_n=0$ 必定满足(6.3),这组解称为零解.也就是说,齐次线性方程组必有零解.在解 $x_1=k_1,x_2=k_2,\cdots,x_n=k_n$ 不全为零时,称这组解为方程组(6.3)的非零解.

定理 6.2　如果齐次线性方程组(6.3)的系数行列式 $D\neq 0$,则它只有零解.

证明　由于 $D\neq 0$,故方程组(6.3)有唯一解,又因为(6.3)已有零解,所以(6.3)只有零解.

定理的逆否命题如下

推论 如果齐次线性方程组(6.3)有非零解，那么它的系数行列式 $D=0$.

例 6.2 若齐次线性方程组$\begin{cases}a_1x_1+x_2+x_3=0,\\ x_1+bx_2+x_3=0,\\ x_1+2bx_2+x_3=0\end{cases}$只有零解，则 a、b 应取何值?

解 由定理 6.2 知，当系数行列式 $D\neq 0$ 时，方程组只有零解，

$$D=\begin{vmatrix}a & 1 & 1\\ 1 & b & 1\\ 1 & 2b & 1\end{vmatrix}=b(1-a).$$

所以，当 $a\neq 1$ 且 $b\neq 0$ 时，方程组只有零解.

例 6.3 下列齐次线性方程组中的参数 λ 为何值时，方程组有非零解?

$$\begin{cases}(1-\lambda)x_1-2x_2+4x_3=0,\\ 2x_1+(3-\lambda)x_2+x_3=0,\\ x_1+x_2+(1-\lambda)x_3=0.\end{cases}$$

解 设系数行列式

$$D=\begin{vmatrix}1-\lambda & -2 & 4\\ 2 & 3-\lambda & 1\\ 1 & 1 & 1-\lambda\end{vmatrix}=\begin{vmatrix}1-\lambda & -3+\lambda & 4\\ 2 & 1-\lambda & 1\\ 1 & 0 & 1-\lambda\end{vmatrix}$$

$$=(1-\lambda)^3+(\lambda-3)-4(1-\lambda)-2(1-\lambda)(-3+\lambda)$$

$$=(1-\lambda)^3+2(1-\lambda)^2+\lambda-3$$

$$=\lambda(2-\lambda)(\lambda-3).$$

因齐次线性方程组有非零解，则 $D=0$. 所以，当 $\lambda=0$，$\lambda=2$ 或 $\lambda=3$ 时，齐次线性方程组有非零解.

例 6.4 设 $f(x)=c_0+c_1x+\cdots+c_nx^n$，用克莱姆法则证明，若 $f(x)$ 有 $n+1$ 个不同的根，则 $f(x)$ 是一个零多项式.

证明 设 $a_1,a_2,\cdots,a_n,a_{n+1}$ 是 $f(x)$ 的 $n+1$ 个不同的根，即

$$\begin{cases}c_0+c_1a_1+c_2a_1^2+\cdots+c_na_1^n=0,\\ c_0+c_1a_2+c_2a_2^2+\cdots+c_na_2^n=0,\\ \qquad\vdots\\ c_0+c_1a_{n+1}+c_2a_{n+1}^2+\cdots+c_na_{n+1}^n=0.\end{cases}$$

这是以 $c_0, c_1, c_2, \cdots, c_n$ 为未知数的齐次线性方程组，其系数行列式为

$$D=\begin{vmatrix} 1 & a_1 & a_1^2 & \cdots & a_1^n \\ 1 & a_2 & a_2^2 & \cdots & a_2^n \\ 1 & a_3 & a_3^2 & \cdots & a_3^n \\ \cdots & \cdots & \cdots & \cdots & \cdots \\ 1 & a_{n+1} & a_{n+1}^2 & \cdots & a_{n+1}^n \end{vmatrix}=\begin{vmatrix} 1 & 1 & \cdots & 1 \\ a_1 & a_2 & \cdots & a_{n+1} \\ a_1^2 & a_2^2 & \cdots & a_{n+1}^2 \\ \cdots & \cdots & \cdots & \cdots \\ a_1^n & a_2^n & \cdots & a_{n+1}^n \end{vmatrix}.$$

此行列式为范德蒙德行列式，由于 $a_i \neq a_j (i \neq j)$，所以 $D=\prod\limits_{1 \leqslant j<i \leqslant n+1}(a_i-a_j) \neq 0$.

根据定理6.2知，方程组只有唯一零解，即 $c_0=c_1=c_2=\cdots=c_n=0$. 故 $f(x)$ 是一个零多项式.

二、实际应用问题

某一日，一位天文学家要确定一颗小行星绕太阳运行的轨道. 他在轨道平面内建立一个以太阳为原点的直角坐标系，在两个坐标轴上取天文测量单位(1 天文单位为地球到太阳的平均距离，即 1.5×10^8 km). 他在5个不同时间内对小行星作5次观测，得到轨道上的5个点坐标分别为(5.764,0648)，(6.286,1.202)，(6.759,1.823)，(7.168,2.562) 与(7.408,3.360)，由开普勒第一定律知小行星轨道为一椭圆，试建立它的方程.

解　平面上圆锥曲线(椭圆、双曲线、抛物线) 的一般方程为

$$a_1x^2+a_2xy+a_3y^2+a_4x+a_5y+a_6=0.$$

这个方程含有 6 个选定系数，用它们之中不为零的任意一个系数去除其他系数，实际上此方程只有 5 个独立的待定系数.

设所求椭圆通过 5 个不同点 (x_i, y_i)，$i=1,2,3,4,5$. 对于曲线上任一点 (x, y)，则 6 个点均满足曲线的一般方程，且这 6 个方程所构成的线性方程组有非零解，从而可得

$$\begin{vmatrix} x^2 & xy & y^2 & x & y & 1 \\ x_1^2 & x_1y_1 & y_1^2 & x_1 & y_1 & 1 \\ x_2^2 & x_2y_2 & y_2^2 & x_2 & y_2 & 1 \\ x_3^2 & x_3y_3 & y_3^2 & x_3 & y_3 & 1 \\ x_4^2 & x_4y_4 & y_4^2 & x_4 & y_4 & 1 \\ x_5^2 & x_5y_5 & y_5^2 & x_5 & y_5 & 1 \end{vmatrix}=0,$$

即

$$
\begin{vmatrix}
x^2 & xy & y^2 & x & y & 1 \\
33.324 & 3.735 & 0.420 & 5.764 & 0.648 & 1 \\
39.514 & 7.556 & 1.445 & 6.286 & 1.202 & 1 \\
45.684 & 12.322 & 3.323 & 6.759 & 1.823 & 1 \\
51.380 & 18.106 & 6.381 & 7.168 & 2.562 & 1 \\
55.950 & 25.133 & 11.290 & 7.408 & 3.360 & 1
\end{vmatrix} = 0,
$$

展开并化简后得所求椭圆方程为 $x^2 - 1.04xy + 1.30y^2 - 3.90x - 2.93y - 5.49 = 0.$

阅读材料

一、行列式简史

行列式(determinant)最早是一种速记的表达式，是伴随着线性方程组的求解而发展起来的，现在已经是数学中一种非常有用的工具．行列式的概念最早是由17世纪日本数学家关孝和(Seki Takakazu，1642—1708)提出来的．他在1683年写了一部名为《解伏题之法》的著作，标题的意思是“解行列式问题的方法”．书里对行列式的概念和它的展开进行了清楚的叙述．1693年4月，莱布尼茨(Leibniz，1646—1716)在写给洛必达(L'Hospital，1661—1704)的一封信中使用并给出了行列式的概念，并给出方程组的系数行列式为零的条件．

1750年，瑞士数学家克莱姆(Cramer，1704—1752)在其著作《线性代数分析导引》中，对行列式的定义和展开法则给出了比较完整、明确的阐述，还给出了现在我们所称的解线性方程组的克莱姆法则．后来，数学家贝祖(Bezout，1730—1783)将确定行列式每一项符号的方法进行了系统化，利用系数行列式概念指出了如何判断一个齐次线性方程组有非零解．在很长一段时间内，行列式只是作为解线性方程组的一种工具使用．

在行列式的发展史上，第一个对行列式理论作出连贯、逻辑阐述，即把行列式理论与线性方程组求解相分离的人，是法国数学家范德蒙德(Vandermonde，1735—1796)．他给出了用二阶子式和它们的余子式来展开行列式的法则．从行列式理论构建的角度来说，他是这门理论的奠基人．1772年，拉普拉斯(Laplace，1749—1827)在一篇论文中证明了范德蒙德提出的一些规则，并推广了他的展开行列式的方法．

继范德蒙德之后，在行列式的理论方面，又一位作出突出贡献的人就是另一位法国大数学家柯西(Cauchy，1789—1857)．1815年，柯西在一篇论文中给出了行列式的第一个系统的、近乎近代化的处理方法．其中主要结果之一是行列式的乘法定理．另外，他的成就还包括首次把行列式的元素排成方阵，采用双足标记法，引进了行列式特征方程的术语，给出了相似行列式概念，改进了拉普拉斯的行列式展开定理并给出了一个证明等．19世纪的半个多世纪中，始终坚持行列式理论研究的人之一是詹姆士·西尔维斯特(J. Sylvester，1814—1894)．他的重要成就之一是改进了从一个 n 次和一个 m 次的多项式中消去 x 的方法，称之为配析法，给出形成的行列式为零时这两个多项式方程有公共根充分必要条件这一结果，但没给出证明．

继柯西之后，在行列式理论方面最多产的人就是德国数学家雅可比(Jacobi，1804—1851)．他引进了函数行列式，即“雅可比行列式”，指出函数行列式在多重积分的变量替换中的作用，给出了函数行列式的导数公式．雅可比的著名论文《论行列式的形成和性质》的发表，标志着行列式系统理论的形成．

由于行列式在数学分析、几何学、线性方程组理论、二次型理论等多方面的应用，促使行列式理论在 19 世纪也得到了很大发展．整个 19 世纪，行列式研究领域不断涌现新成果．除了一般行列式的大量定理之外，还有许多有关特殊行列式的其他定理都相继得以证明．

二、数学家介绍

克莱姆(Cramer，1704—1752)，瑞士数学家，1704 年 7 月 31 日生于日内瓦．他早年在日内瓦读书，1724 年起在日内瓦加尔文学院任教，1734 年成为几何学教授，1750 年任哲学教授．自 1727 年起，克莱姆进行了为期两年的旅行访学．他在巴塞尔与约翰·伯努利、欧拉等人学习交流，并与他们结为挚友；后又到英国、荷兰、法国等地拜见许多数学名家，回国后在与他们的长期通信中，加强了数学家之间的联系，也为数学宝库留下大量有价值的文献．他一生未婚，专心治学，平易近人且德高望重，先后当选为伦敦皇家学会、柏林研究院和法国、意大利等学会的成员．

克莱姆的主要著作是《代数曲线的分析引论》。在这部著作中，他里首先定义了正则、非正则、超越曲线和无理曲线等概念，第一次正式引入坐标系的纵轴(Y 轴)，讨论曲线变换，并依据曲线方程的阶数将曲线进行分类．为了确定经过 5 个点的一般二次曲线的系数，他应用了著名的“克莱姆法则”，即由线性方程组的系数确定方程组解的表达式．该法则于 1729 年由英国数学家马克劳林(Maclaurin，1698—1746)推导得出，1748 年发表，但克莱姆的优越符号使之流传．

本章要求

行列式理论是人们从解线性方程组的需要中建立和发展起来的，在线性代数及其他数学分支上都有着广泛的应用．本章主要讨论下面几个问题：

(1) 行列式的定义；

(2) 行列式的基本性质与计算方法；

(3) 利用行列式求解线性方程组(克莱姆法则)．

本章的重点是行列式的计算，要求在理解 n 阶行列式的概念以及掌握行列式性质的基础上，熟练正确地计算三阶、四阶及简单的 n 阶行列式．

计算行列式的基本思路：按行(列)展开公式，通过降阶来计算．但在展开之前往往先利用行列式性质通过对行列式的恒等变形，使行列式中出现较多的零和公因式，从而简化计算．常用的行列式计算方法和技巧有直接利用定义法、化三角形法、降阶法、升阶法、递推法、数学归纳法，或利用已知行列式的值进行求解．

行列式在本章的应用是求解线性方程组，要掌握克莱姆法则并注意克莱姆法则使用的条件．

本章重点 行列式的定义;行列式的性质;行列式的计算.

本章难点 行列式性质;高阶行列式的计算;克莱姆法则.

习题一

1. 填空题

(1) 排列 52341 的逆序数是________,它是________排列.

(2)1～9 这 9 个数的排列 $1274i56j9$ 为偶排列,则 $i=$________,$j=$________.

(3) 四阶行列式中含有因子 $a_{11}a_{23}$ 的项有________和________.

2. 计算行列式的值.

(1) $\begin{vmatrix} -3 & -5 & 3 \\ 0 & -1 & 0 \\ 7 & 7 & 2 \end{vmatrix}$;　(2) $\begin{vmatrix} -2 & 3 & 2 & 4 \\ 1 & -2 & 3 & 2 \\ 3 & 2 & 3 & 4 \\ 0 & 4 & -2 & 5 \end{vmatrix}$;

(3) $\begin{vmatrix} 3 & 1 & 1 & 1 \\ 1 & 3 & 1 & 1 \\ 1 & 1 & 3 & 1 \\ 1 & 1 & 1 & 3 \end{vmatrix}$;　(4) $\begin{vmatrix} 5 & 3 & -1 & 2 & 0 \\ 1 & 7 & 2 & 5 & 2 \\ 0 & -2 & 3 & 1 & 0 \\ 0 & -4 & -1 & 4 & 0 \\ 0 & 2 & 3 & 5 & 0 \end{vmatrix}$.

3. 已知四阶行列式 $D=\begin{vmatrix} 1 & 1 & 7 & -1 \\ 3 & 1 & 8 & 0 \\ -2 & 1 & 4 & 3 \\ 5 & 1 & 2 & 5 \end{vmatrix}$,求 $A_{14}+A_{24}+A_{34}+A_{44}$ 及 $A_{11}+2A_{12}+3A_{13}$ 的值,其中 A_{ij} 是 a_{ij} 的代数余子式.

4. 设四阶行列式的第 1 行元素依次为 $2,m,k,3$,第 1 行元素的余子式依次为 $1,-1,1,-1$,第 3 行元素的代数余子式依次为 $3,1,4,2$,行列式的值为 1,求 m,k 的值.

5. 用克莱姆法则求解线性方程组

$$\begin{cases} 2x_1+x_2-5x_3+x_4=8, \\ x_1-3x_2-6x_4=9, \\ 2x_2-x_3+2x_4=-5, \\ x_1+4x_2-7x_3+6x_4=0. \end{cases}$$

6. λ 取何值时,齐次线性方程组 $\begin{cases} (1-\lambda)x_1-2x_2+4x_3=0, \\ 2x_1+(3-\lambda)x_2+x_3=0, \\ x_1+x_2+(1-\lambda)x_3=0 \end{cases}$ 有非零解?

7. 平面上不共线的 3 个点可确定一个圆,设一个圆通过点(1,0),(0,1),(2,1). 求此圆的方程.

第2章　矩　　阵

矩阵的产生源于行列式的研究和线性变换的描述需求．这一领域的代表人物是西尔维斯特(J. Sylvester，英国人，1814 — 1897) 和凯莱在矩阵运算规则等方面(Cayley，英国人，1821 — 1895)．凯莱在矩阵运算规则等方面的工作，使他被誉为矩阵的创造者．矩阵现已发展成为一个完整的体系．

矩阵是线性代数的一个主要研究对象，是数学各分支不可缺少的工具，也是处理实际问题时的有力工具．矩阵是数量关系的一种表现形式，凡涉及多个方面相互关联的多元数量关系，往往可用矩阵来进行整体描述和处理．本章的目的是引入矩阵的概念及运算，并讨论它们的一些基本性质．这些内容是学习后续各章的基础．

§1　线性变换和矩阵的概念

尽管解析几何的创始人笛卡尔(Descares，法国人，1596 — 1650) 将曲线分为二次曲线、三次曲线等，但他对二次曲线的分类和识别没有完成．后来人们利用对坐标系(曲线) 进行平移或旋转能得到二次曲线的标准型．

如图 2-1、图 2-2 所示，椭圆在坐标系 xoy 下的方程是一个较复杂的方程，而在将坐标系旋转 α 角度后，可形成新坐标系 $x'oy'$ 下的方程是标准的椭圆方程$\frac{x'^2}{a^2}+\frac{y'^2}{b^2}=1$，这就需要研究同一曲线上的点 M 在两个不同坐标系下坐标之间的关系．

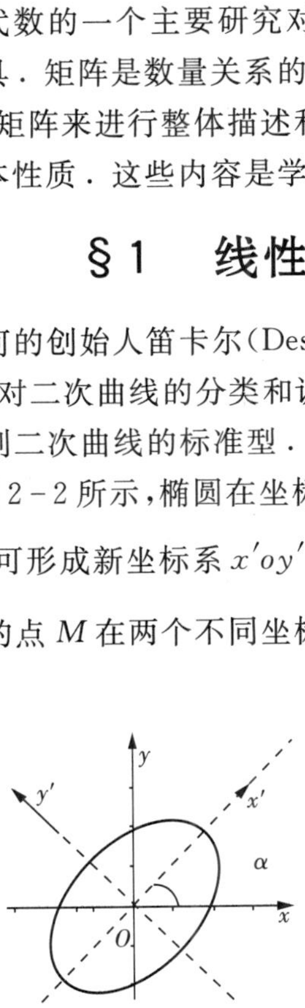

图 2-1　椭圆曲线旋转图

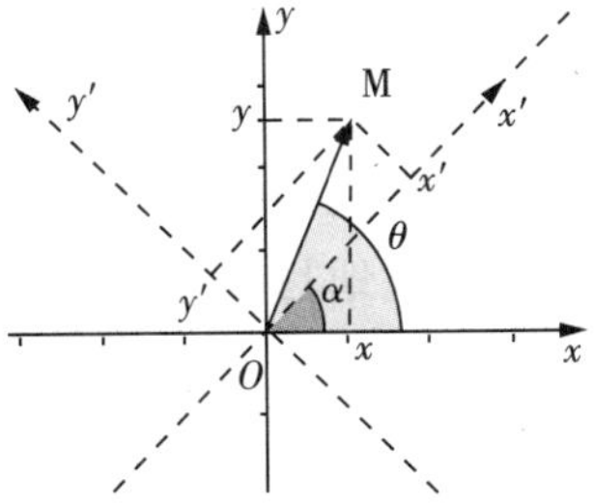

图 2-2　坐标系旋转图

一、线性变换

设直角坐标系 xoy，将坐标系绕原点旋转 α 角度后形成坐标系 $x'oy'$．平面上任一点 M，$|\overrightarrow{OM}|=r$，点 M 在坐标系 xoy 下的坐标

$$\begin{cases}x=r\cos\theta,\\ y=r\sin\theta.\end{cases}\tag{1.1}$$

则在新的坐标系 $x'oy'$ 下的坐标为

$$\begin{cases} x' = r\cos(\theta - \alpha) = r\cos\theta\cos\alpha + r\sin\theta\sin\alpha = x\cos\alpha + y\sin\alpha, \\ y' = r\sin(\theta - \alpha) = r\sin\theta\cos\alpha - r\cos\theta\sin\alpha = -x\sin\alpha + y\cos\alpha. \end{cases} \tag{1.2}$$

(1.2) 式就是平面解析几何的坐标系旋转公式，α 是一个确定的旋转角．

定义 1.1 称

$$\begin{cases} y_1 = b_{11}x_1 + b_{12}x_2, \\ y_2 = b_{21}x_1 + b_{22}x_2. \end{cases} \tag{1.3}$$

为(由平面 x_1ox_2 到平面 y_1oy_2) **线性变换**．其中 $b_{11}, b_{12}, b_{21}, b_{22}$ 为常数．(1.3) 实际是定义了两个平面 $\pi_1: x_1ox_2$ 到 $\pi_2: y_1oy_2$ 的映射 $L_1: \pi_1 \to \pi_2, (x_1, x_2) \to (y_1, y_2)$．

如果还有线性变换

$$\begin{cases} z_1 = a_{11}y_1 + a_{12}y_2, \\ z_2 = a_{21}y_1 + a_{22}y_2. \end{cases} \tag{1.4}$$

将(1.3) 代入(1.4)，则 (z_1, z_2) 与 (x_1, x_2) 之间有关系

$$\begin{cases} z_1 = (a_{11}b_{11} + a_{12}b_{21})x_1 + (a_{11}b_{12} + a_{12}b_{22})x_2 = c_{11}x_1 + c_{12}x_2 \\ z_2 = (a_{21}b_{11} + a_{22}b_{21})x_1 + (a_{21}b_{12} + a_{22}b_{22})x_2 = c_{21}x_1 + c_{22}x_2 \end{cases} \tag{1.5}$$

(1.5) 为线性变换(1.3) 与(1.4) 的复合线性变换．

这里存在两个问题，一是线性变换从形式上能否表示间接些？二是在线性变换简单形式下的复合运算有什么规律？

将线性变换(1.3) 从形式上简单化可模仿

$$y = bx. \tag{1.6}$$

事实上，(1.6) 式是直线(一维空间) 到直线(一维空间) 的线性映射；而(1.3) 是平面(二维空间) 到平面(二维空间) 的线性映射，本质上是相同的．

将线性变换(1.3) 形式地写成

$$\begin{pmatrix} y_1 \\ y_2 \end{pmatrix} = \begin{pmatrix} b_{11} & b_{12} \\ b_{21} & b_{22} \end{pmatrix} \begin{pmatrix} x_1 \\ x_2 \end{pmatrix}. \tag{1.7}$$

更简单地写成

$$Y = BX. \tag{1.8}$$

这里有记号

$$Y = \begin{pmatrix} y_1 \\ y_2 \end{pmatrix}, B = \begin{pmatrix} b_{11} & b_{12} \\ b_{21} & b_{22} \end{pmatrix}, X = \begin{pmatrix} x_1 \\ x_2 \end{pmatrix}.$$

同理将线性变换(1.4) 可写成下列形式

$$Z=AY. \tag{1.9}$$

由线性变换(1.3) 与(1.4) 的复合线性变换(1.5) 的形式为

$$Z=AY=A(BX)=(AB)X=CX. \tag{1.10}$$

从形式上应该有

$$C=\begin{pmatrix} c_{11} & c_{12} \\ c_{21} & c_{22} \end{pmatrix}=AB=\begin{pmatrix} a_{11} & a_{12} \\ a_{21} & a_{22} \end{pmatrix}\begin{pmatrix} b_{11} & b_{12} \\ b_{21} & b_{22} \end{pmatrix}.$$

并由(1.5) 式有

$$c_{11}=a_{11}b_{11}+a_{12}b_{21}\overset{\triangle}{=}(a_{11}a_{12})\begin{pmatrix} b_{11} \\ b_{21} \end{pmatrix},c_{12}=a_{11}b_{12}+a_{12}b_{22}\overset{\triangle}{=}(a_{11}a_{12})\begin{pmatrix} b_{12} \\ b_{22} \end{pmatrix},$$

$$c_{21}=a_{21}b_{11}+a_{22}b_{21}\overset{\triangle}{=}(a_{21}a_{22})\begin{pmatrix} b_{11} \\ b_{21} \end{pmatrix},c_{22}=a_{21}b_{12}+a_{22}b_{22}\overset{\triangle}{=}(a_{21}a_{22})\begin{pmatrix} b_{12} \\ b_{22} \end{pmatrix}. \tag{1.11}$$

由此可见,线性变换可以用简单的形式表示,其方法是将很多数按一定规则排在一起,并以一个字母表示．在这种简单形式下的线性复合运算规律是(1.11) 式所给出的"行乘列".

二、矩阵的概念

定义 1.2　称由 $m\times n$ 个数 $a_{ij}(i=1,2,\cdots,m;j=1,2,\cdots,n)$ 排成 m 行 n 列,并加上一个括弧,这样所形成的矩形数表

$$A=\begin{pmatrix} a_{11} & a_{12} & \cdots & a_{1n} \\ a_{21} & a_{22} & \cdots & a_{2n} \\ \vdots & \vdots & \vdots & \vdots \\ a_{m1} & a_{m2} & \cdots & a_{mn} \end{pmatrix} \tag{1.12}$$

称为 ***m* 行 *n* 列矩阵**,简称 $m\times n$ **阶矩阵**,通常记为 A 或 $A_{m\times n}$. 有时也记作 $A=(a_{ij})$ 或 $A=(a_{ij})_{m\times n}$,其中 a_{ij} 称为矩阵 A 的第 i 行第 j 列的**元素**,称为矩阵 A 的 (i,j) **元**.

元素是实数的矩阵称为**实矩阵**,元素是复数的矩阵称为**复矩阵**．本书中的矩阵除特别说明外,均为实矩阵.

当 $m=n$,矩阵行数与列数都等于 n 的矩阵称为 n **阶矩阵**或 n **阶方阵**,记作 A 或 A_n. 方阵中从左上角元素 a_{11} 到右下角元素 a_{nn} 的这条对角线称为方阵的**主对角线**,从右上角元素 a_{1n} 到左下角元素 a_{n1} 的这条对角线称为方阵的**副(次)对角线**.

$$A=\begin{pmatrix} a_{11} & a_{12} & \cdots & a_{1n} \\ a_{21} & a_{22} & \cdots & a_{2n} \\ \vdots & \vdots & \vdots & \vdots \\ a_{n1} & a_{n2} & \cdots & a_{nn} \end{pmatrix}$$

需要特别指出的是，要严格区分 n 阶方阵与 n 阶行列式，前者是一个数表，后者是一个数．它们有着本质的区别．

一行一列的矩阵等同于一个数，即 $A=(a)=a$.

只有一行的矩阵称为**行矩阵**，或**行向量**，记作 $A=(a_1,a_2,\cdots,a_n)$.

只有一列的矩阵称为**列矩阵**，或**列向量**，记作 $B=\begin{pmatrix} b_1 \\ b_2 \\ \vdots \\ b_m \end{pmatrix}$.

两个矩阵的行数相等、列数相等时，称为**同型矩阵**．当且仅当 $A=(a_{ij})$，$B=(b_{ij})$ 是同型矩阵，并且它们所有元素也对应相等，即 $a_{ij}=b_{ij}(i=1,2,\cdots,m;j=1,2,\cdots,n)$ 时，则称矩阵 A 与矩阵 B **相等**，记作 $A=B$.

矩阵

$$A=\begin{pmatrix} a_{11} & a_{12} & \cdots & a_{1n} \\ a_{21} & a_{22} & \cdots & a_{2n} \\ \vdots & \vdots & & \vdots \\ a_{m1} & a_{m2} & \cdots & a_{mn} \end{pmatrix}$$

的每一行

$$(a_{i1} \quad a_{i2} \quad \cdots \quad a_{in}) \quad (i=1,2,\cdots,m)$$

都是 n 维行向量；A 的每一列

$$\begin{pmatrix} a_{1j} \\ a_{2j} \\ \vdots \\ a_{mj} \end{pmatrix} \quad (j=1,2,\cdots,n)$$

都是 m 维列向量．

线性方程组 $\begin{cases} x_1-x_2-x_3+3x_5=-1, \\ 2x_1-2x_2-x_3+2x_4+4x_5=-2, \\ 3x_1-2x_2-x_3+4x_4+5x_5=-3, \\ x_1-x_2+x_3+x_4+8x_5=2. \end{cases}$

其系数可组成一个 4×5 矩阵 $A=\begin{pmatrix}1 & -1 & -1 & 0 & 3\\ 2 & -2 & -1 & 2 & 4\\ 3 & -2 & -1 & 4 & 5\\ 1 & -1 & 1 & 1 & 8\end{pmatrix}$，

称为该线性方程组的**系数矩阵**.

在 A 的基础上再添上线性方程组的一列常数，得一个 4×6 矩阵

$$B=\begin{pmatrix}1 & -1 & -1 & 0 & 3 & -1\\ 2 & -2 & -1 & 2 & 4 & -2\\ 3 & -3 & -1 & 4 & 5 & -3\\ 1 & -1 & 1 & 1 & 8 & 2\end{pmatrix},$$

称为该线性方程组的**增广矩阵**.

三、几种特殊矩阵

零矩阵　$m\times n$ 个元素全为零的矩阵

$$O=\begin{pmatrix}0 & 0 & \cdots & 0\\ 0 & 0 & \cdots & 0\\ \vdots & \vdots & & \vdots\\ 0 & 0 & \cdots & 0\end{pmatrix}_{m\times n},$$

称为**零矩阵**，记为 $O_{m\times n}$ 或 O. 显然两个零矩阵当且仅当同型时才相等.

上三角形矩阵　主对角线以下元素全为零的 n 阶方阵，即 $i>j$ 时 $a_{ij}=0$，

$$A=\begin{pmatrix}a_{11} & a_{12} & \cdots & a_{1n}\\ & a_{22} & \cdots & a_{2n}\\ & & \ddots & \vdots\\ & & & a_{nn}\end{pmatrix},$$

则称 A 为 n 阶**上三角形矩阵**.

下三角形矩阵　主对角线以上元素全为零的 n 阶方阵，即 $i<j$ 时 $a_{ij}=0$，

$$A=\begin{pmatrix}a_{11} & & & \\ a_{21} & a_{22} & & \\ \vdots & \vdots & \ddots & \\ a_{n1} & a_{n2} & \cdots & a_{nn}\end{pmatrix},$$

则称 A 为 n 阶**下三角形矩阵**.

对角矩阵 主对角线以外元素全为零的 n 阶方阵,即 $i \neq j$ 时 $a_{ij}=0$,

$$A=\begin{pmatrix} a_{11} & & \\ & \ddots & \\ & & a_{nn} \end{pmatrix},$$

则称它为**对角矩阵**. 它既是上三角形矩阵,也是下三角形矩阵,可以记作 $A=\operatorname{diag}(a_{11},\cdots,a_{nn})$.

数量矩阵 若 Λ 为 n 阶对角矩阵,且主对角元素全相等,即

$$\Lambda=\begin{pmatrix} \lambda & & \\ & \ddots & \\ & & \lambda \end{pmatrix},$$

则称 Λ 为 n 阶**数量矩阵**.

单位矩阵 当 n 阶数量矩阵 $\lambda=1$,也就是 n 阶矩阵的主对角线上的元素都是 1,而其他元素都是零时,即 $E=\begin{pmatrix} 1 & & \\ & \ddots & \\ & & 1 \end{pmatrix}$,则称 E 为 n 阶**单位矩阵**,记为 E 或 E_n.

§2 矩阵的代数运算

一、矩阵的乘法

1.1 矩阵乘法的定义

由上一节的讨论可知,两个线性变换的复合可视为两个矩阵的乘积,其规则是所谓"行乘列".

定义 2.1 设 $A=(a_{ij})_{m\times s}$,$B=(b_{ij})_{s\times n}$,则规定矩阵 A 和矩阵 B 的**乘积 $C=AB$** 构成一个 $m\times n$ 矩阵 $C=(c_{ij})_{m\times n}$,其中元素

$$c_{ij}=a_{i1}b_{1j}+a_{i2}b_{2j}+\cdots+a_{is}b_{sj}=\sum_{k=1}^{s}a_{ik}b_{kj} \quad (i=1,2,\cdots,m;j=1,2\cdots,n).$$

上述定义表明,应注意矩阵乘法有以下三个特点:

(1) 矩阵 A 与 B 的乘积 C 的第 i 行第 j 列元素 c_{ij} 等于左矩阵 A 的第 i 行的 s 个元素与 B 的第 j 列的 s 个元素对应相乘的乘积之和.

(2) 当左矩阵 A 的列数必须等于右矩阵 B 的行数时,矩阵 A 与 B 才可以相乘,AB 才有意义;否则 AB 没有意义. 称 $C=AB$ 为 A 左乘 B,或 B 右乘 A.

(3) 在上述条件下,矩阵 $A_{m\times s}$ 与 $B_{s\times m}$ 相乘所得的矩阵 $C=AB$ 的行数等于左矩阵 A 的行数 m,列数等于右矩阵 B 的列数 n,即 $A_{m\times s}B_{s\times n}=C_{m\times n}$.

例 2.1 设 $A=\begin{pmatrix} 1 & 2 & 0 \\ 2 & 1 & 3 \end{pmatrix}$,$B=\begin{pmatrix} 2 & 3 & 0 \\ 1 & -2 & -1 \\ 3 & 1 & 1 \end{pmatrix}$,求 AB.

解 因为 A 的列数与 B 的行数均为 3，所以 AB 有意义，且 AB 为 2×3 矩阵．

$$A=\begin{pmatrix}1 & 2 & 0\\ 2 & 1 & 3\end{pmatrix}\begin{pmatrix}2 & 3 & 0\\ 1 & -2 & -1\\ 3 & 1 & 1\end{pmatrix}$$

$$=\begin{pmatrix}1\times 2+2\times 1+0\times 3 & 1\times 3+2\times(-2)+0\times 1 & 1\times 0+2\times(-1)+0\times 1\\ 2\times 2+1\times 1+3\times 3 & 2\times 3+1\times(-2)+3\times 1 & 2\times 0+1\times(-1)+3\times 1\end{pmatrix}$$

$$=\begin{pmatrix}4 & -1 & -2\\ 14 & 7 & 2\end{pmatrix}.$$

如果将矩阵 B 作为左矩阵，A 作为右矩阵相乘，则没有意义，即 BA 没意义．因为 B 的列数为 3，而 A 的行数为 2．此例说明，任意两个矩阵未必可乘，只有当左边矩阵的列数与右边矩阵的行数相等时，两个矩阵相乘才有意义．

例 2.2 设 $A=\begin{pmatrix}a_1\\ a_2\\ \vdots\\ a_n\end{pmatrix}_{n\times 1}$，$B=(b_1,b_2,\cdots b_n)_{1\times n}$，求 AB 和 BA．

解
$$AB=\begin{pmatrix}a_1\\ a_2\\ \vdots\\ a_n\end{pmatrix}(b_1,b_2,\cdots b_n)=\begin{pmatrix}a_1b_1 & a_1b_2 & \cdots & a_1b_n\\ a_2b_1 & a_2b_2 & \cdots & a_2b_n\\ \cdots & \cdots & \cdots & \cdots\\ a_nb_1 & a_nb_2 & \cdots & a_nb_n\end{pmatrix}_{n\times n},$$

$$BA=(b_1,b_2,\cdots b_n)\begin{pmatrix}a_1\\ a_2\\ \vdots\\ a_n\end{pmatrix}=(b_1a_1+b_2a_2+\cdots+b_na_n)=b_1a_1+b_2a_2+\cdots+b_na_n.$$

在运算结果中，我们可以将一阶矩阵看成一个数．此例说明，即使 AB 和 BA 都有意义，AB 和 BA 的行数及列数也不一定相同．

例 2.3 设 $A=\begin{pmatrix}1 & 9 & 7 & 6\\ 0 & 9 & 0 & 5\end{pmatrix}$，$B=\begin{pmatrix}0 & 0\\ 3 & 6\\ 5 & 3\\ 7 & 6\end{pmatrix}$，求 AB 和 BA．

解

$$AB=\begin{pmatrix}1&9&7&6\\0&9&0&5\end{pmatrix}\begin{pmatrix}0&0\\3&6\\5&3\\7&6\end{pmatrix}=\begin{pmatrix}104&111\\62&84\end{pmatrix},$$

$$BA=\begin{pmatrix}0&0\\3&6\\5&3\\7&6\end{pmatrix}\begin{pmatrix}1&9&7&6\\0&9&0&5\end{pmatrix}=\begin{pmatrix}0&0&0&0\\3&81&21&48\\5&72&35&45\\7&117&49&72\end{pmatrix}.$$

从此例可看出，一般来说 $AB\neq BA$. 即使是同阶矩阵相乘，交换律一般也不成立.

例 2.4 设 $A=\begin{pmatrix}2&4\\-3&-6\end{pmatrix}$，$B=\begin{pmatrix}-2&4\\1&-2\end{pmatrix}$，求 BA 和 AB.

解

$$BA=\begin{pmatrix}-2&4\\1&-2\end{pmatrix}\begin{pmatrix}2&4\\-3&-6\end{pmatrix}=\begin{pmatrix}-16&-32\\8&16\end{pmatrix},$$

$$AB=\begin{pmatrix}2&4\\-3&-6\end{pmatrix}\begin{pmatrix}-2&4\\1&-2\end{pmatrix}=\begin{pmatrix}0&0\\0&0\end{pmatrix}.$$

此例说明，即使 AB 和 BA 都有意义且它们的行列数相同，AB 与 BA 也不相等. 另外，还说明两个非零矩阵的乘积可以是零矩阵，即由 $AB=O$，不能断定 $A=O$ 或 $B=O$.

例 2.5 设 $A=\begin{pmatrix}1&1\\1&1\end{pmatrix}$，$B=\begin{pmatrix}1&1\\2&1\end{pmatrix}$，$C=\begin{pmatrix}2&0\\1&2\end{pmatrix}$，求 AB 和 AC.

解

$$AB=\begin{pmatrix}1&1\\1&1\end{pmatrix}\begin{pmatrix}1&1\\2&1\end{pmatrix}=\begin{pmatrix}3&2\\3&2\end{pmatrix},\quad AC=\begin{pmatrix}1&1\\1&1\end{pmatrix}\begin{pmatrix}2&0\\1&2\end{pmatrix}=\begin{pmatrix}3&2\\3&2\end{pmatrix}.$$

此时 $AB=AC$，但 $B\neq C$. 此例说明，在矩阵运算中，消去律一般不成立，即若 $AB=AC$，不一定有 $B=C$.

例 2.6 设 $E=\begin{pmatrix}1&0&\cdots&0\\0&1&\cdots&0\\\vdots&\vdots&&\vdots\\0&0&\cdots&1\end{pmatrix}$，$A=\begin{pmatrix}a_{11}&a_{12}&\cdots&a_{1n}\\a_{21}&a_{22}&\cdots&a_{2n}\\\vdots&\vdots&\vdots&\vdots\\a_{m1}&a_{m2}&\cdots&a_{mn}\end{pmatrix}$，求 E_mA 和 AE_n.

解　$$E_mA=\begin{pmatrix}1&0&\cdots&0\\0&1&\cdots&0\\\vdots&\vdots&&\vdots\\0&0&\cdots&1\end{pmatrix}\begin{pmatrix}a_{11}&a_{12}&\cdots&a_{1n}\\a_{21}&a_{22}&\cdots&a_{2n}\\\vdots&\vdots&\vdots&\vdots\\a_{m1}&a_{m2}&\cdots&a_{mn}\end{pmatrix}=\begin{pmatrix}a_{11}&a_{12}&\cdots&a_{1n}\\a_{21}&a_{22}&\cdots&a_{2n}\\\vdots&\vdots&\vdots&\vdots\\a_{m1}&a_{m2}&\cdots&a_{mn}\end{pmatrix},$$

同理，$AE_n=A$.

E_m,E_n 为单位矩阵，对任意矩阵 $A_{m\times n}$ 有 $E_mA_{m\times n}=A_{m\times n},A_{m\times n}E_n=A_{m\times n}$. 特别地，若 A 是 n 阶矩阵，则有 $EA=AE=A$，即单位矩阵 E 在矩阵乘法运算中作用类似于数的乘法运算中"1"的作用.

以上几个例子说明了数的乘法的运算律不一定都适合矩阵的乘法. 对矩阵乘法请注意下述问题.

(1) 矩阵乘法不满足交换律，一般来讲 $AB\neq BA$.

(2) 矩阵乘法不满足消去律. 一般来说，当 $AB=AC$ 或 $BA=CA$ 且 $A\neq 0$ 时，不一定有 $B=C$.

(3) 两个非零矩阵的乘积，可能是零矩阵. 因此，一般不能由 $AB=O$ 推出 $A=O$ 或 $B=O$.

若矩阵 A 与 B 满足 $AB=BA$，则称矩阵 A 与 B **可交换**.

1.2　线性变换与线性方程组的矩阵表示

(1) 线性变换的矩阵表示

定义 2.2　称

$$\begin{cases}y_1=a_{11}x_1+a_{12}x_2+\cdots+a_{1n}x_n,\\y_2=a_{21}x_1+a_{22}x_2+\cdots+a_{2n}x_n,\\\quad\vdots\\y_n=a_{n1}x_1+a_{n2}x_2+\cdots+a_{nn}x_n\end{cases}\tag{2.1}$$

为**线性变换**.

设

$$y=\begin{pmatrix}y_1\\y_2\\\vdots\\y_n\end{pmatrix},A=\begin{pmatrix}a_{11}&a_{12}&\cdots&a_{1n}\\a_{21}&a_{22}&\cdots&a_{2n}\\\vdots&\vdots&\vdots&\vdots\\a_{m1}&a_{m2}&\cdots&a_{mn}\end{pmatrix},x=\begin{pmatrix}x_1\\x_2\\\vdots\\x_n\end{pmatrix}.$$

则(2.1)可以写成

$$y=Ax.\tag{2.2}$$

也称(2.2)为线性变换.

如果两个线性变换 $y=Ax,z=By$，则它们的复合为 $z=By=B(Ax)=(BA)x$，

这里用到矩阵乘法的结合律,后证之.

(2) 线性方程组的矩阵表示

定义 2.3 称

$$\begin{cases} a_{11}x_1+a_{12}x_2+\cdots+a_{1n}x_n=b_1, \\ a_{21}x_1+a_{22}x_2+\cdots+a_{2n}x_n=b_2, \\ \qquad\vdots \\ a_{m1}x_1+a_{m2}x_2+\cdots+a_{mn}x_n=b_m \end{cases} \tag{2.3}$$

为 ***n* 元线性方程组**,其中 a_{ij},b_i 为常数,$i=1,2,\cdots,m;j=1,2,\cdots,n$.

记线性方程组系数矩阵为

$$A=\begin{pmatrix} a_{11} & a_{12} & \cdots & a_{1n} \\ a_{21} & a_{22} & \cdots & a_{2n} \\ \vdots & \vdots & & \vdots \\ a_{m1} & a_{m2} & \cdots & a_{mn} \end{pmatrix},$$

并记未知量和常数项矩阵分别为

$$x=\begin{pmatrix} x_1 \\ x_2 \\ \vdots \\ x_n \end{pmatrix}, b=\begin{pmatrix} b_1 \\ b_2 \\ \vdots \\ b_m \end{pmatrix},$$

则有

$$Ax=\begin{pmatrix} a_{11} & a_{12} & \cdots & a_{1n} \\ a_{21} & a_{22} & \cdots & a_{2n} \\ \vdots & \vdots & & \vdots \\ a_{m1} & a_{m2} & \cdots & a_{mn} \end{pmatrix}\begin{pmatrix} x_1 \\ x_2 \\ \vdots \\ x_n \end{pmatrix}=\begin{pmatrix} a_{11}x_1+a_{12}x_2+\cdots+a_{1n}x_n \\ a_{21}x_1+a_{22}x_2+\cdots+a_{2n}x_n \\ \vdots \\ a_{m1}x_1+a_{m2}x_2+\cdots+a_{mn}x_n \end{pmatrix}.$$

所以上面的方程组可以简记为矩阵形式

$$Ax=b. \tag{2.4}$$

二、矩阵的数乘和加法

2.1 数与矩阵相乘(数乘矩阵)

定义 2.4 数 λ(实数或复数)与矩阵 $A=(a_{ij})_{m\times n}$ 的乘积,记为 λA 或 $A\lambda$.

规定

$$\lambda A = A\lambda = (\lambda a_{ij})_{m\times n} = \begin{pmatrix} \lambda a_{11} & \lambda a_{12} & \cdots & \lambda a_{1n} \\ \lambda a_{21} & \lambda a_{22} & \cdots & \lambda a_{2n} \\ \vdots & \vdots & & \vdots \\ \lambda a_{m1} & \lambda a_{m2} & \cdots & \lambda a_{mn} \end{pmatrix}. \tag{2.5}$$

换句话说,数 λ 乘矩阵就是把矩阵的每一个元素都乘以 λ.

注意 用数乘一个矩阵,就是把矩阵的每个元素都乘以 λ,而不是用 λ 乘矩阵的某一行(列).

例 2.7 设 $A=\begin{pmatrix} 6 & 1 & 2 \\ 0 & -1 & 1 \end{pmatrix}$,求 $2A,(-1)A,0A$.

解 $$2A = 2\times\begin{pmatrix} 6 & 1 & 2 \\ 0 & -1 & 1 \end{pmatrix} = \begin{pmatrix} 2\times 6 & 2\times 1 & 2\times 2 \\ 2\times 0 & 2\times(-1) & 2\times 1 \end{pmatrix} = \begin{pmatrix} 12 & 2 & 4 \\ 0 & -2 & 2 \end{pmatrix},$$

$$(-1)A = (-1)\times\begin{pmatrix} 6 & 1 & 2 \\ 0 & -1 & 1 \end{pmatrix}$$

$$= \begin{pmatrix} -1\times 6 & -1\times 1 & -1\times 2 \\ -1\times 0 & -1\times(-1) & -1\times 1 \end{pmatrix} = \begin{pmatrix} -6 & -1 & -2 \\ 0 & 1 & -1 \end{pmatrix},$$

$$0A = 0\times\begin{pmatrix} 6 & 1 & 2 \\ 0 & -1 & 1 \end{pmatrix} = \begin{pmatrix} 0\times 6 & 0\times 1 & 0\times 2 \\ 0\times 0 & 0\times(-1) & 0\times 1 \end{pmatrix} = \begin{pmatrix} 0 & 0 & 0 \\ 0 & 0 & 0 \end{pmatrix}.$$

由于数量矩阵

$$\Lambda_n = \begin{pmatrix} \lambda & & & \\ & \lambda & & \\ & & \ddots & \\ & & & \lambda \end{pmatrix} = \lambda\begin{pmatrix} 1 & & & \\ & 1 & & \\ & & \ddots & \\ & & & 1 \end{pmatrix} = \lambda E_n,$$

故当它乘 n 阶方阵 A 时,便有 $\Lambda_n A=\lambda E_n A=\lambda A$ 和 $A\Lambda_n=A\lambda E_n=\lambda A E_n=\lambda A$,即数量矩阵 $\Lambda=\lambda E$ 与任何同阶方阵可交换.

2.2 矩阵的加法运算

定义 2.5 设有两个同型矩阵 $A=(a_{ij})_{m\times n}$,$B=(b_{ij})_{m\times n}$,则矩阵 A 与 B 可加,规定其和为 $A+B=(a_{ij}+b_{ij})$.

若

$$A=\begin{pmatrix} a_{11} & a_{12} & \cdots & a_{1n} \\ a_{21} & a_{22} & \cdots & a_{2n} \\ \vdots & \vdots & & \vdots \\ a_{m1} & a_{m2} & \cdots & a_{mn} \end{pmatrix}, B=\begin{pmatrix} b_{11} & b_{12} & \cdots & b_{1n} \\ b_{21} & b_{22} & \cdots & b_{2n} \\ \vdots & \vdots & & \vdots \\ b_{m1} & b_{m2} & \cdots & b_{mn} \end{pmatrix}$$

是两个 $m\times n$ 的同型矩阵，则矩阵

$$C=A+B=\begin{pmatrix} a_{11}+b_{11} & a_{12}+b_{12} & \cdots & a_{1n}+b_{1n} \\ a_{21}+b_{21} & a_{22}+b_{22} & \cdots & a_{2n}+b_{2n} \\ \vdots & \vdots & & \vdots \\ a_{m1}+b_{m1} & a_{m2}+b_{m2} & \cdots & a_{mn}+b_{mn} \end{pmatrix},$$

称为矩阵 **A 与 B 的和**，记为 $C=A+B$.

注意　只有两个矩阵是具有相同的行数和列数的同型矩阵时才能相加．两个矩阵相加就是对应元素相加．

若矩阵 $A=(a_{ij})_{m\times n}$，则存在矩阵 $-A=(-a_{ij})_{m\times n}$，满足 $A+(-A)=O$，称 $-A$ 为 A 的**负矩阵**．

由矩阵的加法和负矩阵的定义，可以定义矩阵的减法 $A-B=A+(-B)$，称为矩阵 A 与 B 的**差**．

只有两个矩阵是具有相同的行数和列数的同型矩阵时才能进行加、减运算．两个矩阵相加减就是对应元素相加减．

定义 2.6　同型矩阵的加法和数乘两种运算结合起来，统一定义为 $\mu A+\lambda B=(\mu a_{ij}+\lambda b_{ij})_{m\times n}$，称为矩阵的**线性运算**．

显然，矩阵的加法、减法、数乘都是它的特例．

例 2.8　设 $A=\begin{pmatrix} 1 & 0 & 1 \\ 2 & -1 & 3 \end{pmatrix}, B=\begin{pmatrix} 2 & -1 & 0 \\ 3 & 2 & 5 \end{pmatrix}$，求 $A+B, 2A-3B$.

解　$A+B=\begin{pmatrix} 1+2 & 0+(-1) & 1+0 \\ 2+3 & -1+2 & 3+5 \end{pmatrix}=\begin{pmatrix} 3 & -1 & 1 \\ 5 & 1 & 8 \end{pmatrix}$,

$2A=\begin{pmatrix} 2 & 0 & 2 \\ 4 & -2 & 6 \end{pmatrix}, 3B=\begin{pmatrix} 6 & -3 & 0 \\ 9 & 6 & 15 \end{pmatrix}$，故

$$2A-3B=\begin{pmatrix} 2 & 0 & 2 \\ 4 & -2 & 6 \end{pmatrix}-\begin{pmatrix} 6 & -3 & 0 \\ 9 & 6 & 15 \end{pmatrix}=\begin{pmatrix} -4 & 3 & 2 \\ -5 & -8 & -9 \end{pmatrix}.$$

三、矩阵代数运算的性质

3.1 矩阵加法运算的性质

根据定义容易验证,矩阵的加法满足下列运算性质.

设 A,B,C,O 都是同型矩阵 $m\times n$ 矩阵,则有

(1) 交换律 $A+B=B+A$;

(2) 结合律 $(A+B)+C=A+(B+C)$;

(3) $A+O=O+A=A$.

3.2 矩阵数乘运算的性质

不难验证,矩阵的数量乘法具有以下性质.

设 A,B 为同型矩阵 $m\times n$ 矩阵,λ,μ 为数,则有

(1) 交换律 $\lambda A=A\lambda$;

(2) 结合律 $(\lambda\mu)A=\lambda(\mu A)=\mu(\lambda A)$;

(3) 分配律 $\lambda(A+B)=\lambda A+\lambda B$;$(\lambda+\mu)A=\lambda A+\mu A$;

(4) $0\cdot A=O,1\cdot A=A$.

3.3 矩阵乘法运算的性质

根据矩阵乘法定义,还可以验证下列性质(假设运算都可行):

(1) 结合律 $(AB)C=A(BC),\lambda(AB)=(\lambda A)B=A(\lambda B)$,$\lambda$ 为数;

(2) 左分配律 $A(B+C)=AB+AC$,右分配律 $(B+C)A=BA+CA$.

* **证明** 下面证明(1) 和(2) 的第一式.

(1) 设 $A=(a_{ij})_{m\times n},B=(b_{ij})_{n\times r},C=(c_{ij})_{r\times s},AB=D=(d_{ij})_{m\times r}$,$BC=H=(h_{ij})_{n\times s}$. 则

$$d_{ij}=\sum_{k=1}^{n}a_{ik}b_{kj},\quad h_{ij}=\sum_{k=1}^{r}b_{ik}c_{kj},$$

从而

$$\begin{aligned}(AB)C&=\Big(\sum_{p=1}^{r}d_{ip}c_{pj}\Big)_{m\times s}=\Big(\sum_{p=1}^{r}\sum_{k=1}^{n}a_{ik}b_{kp}c_{pj}\Big)_{m\times s}\\&=\Big(\sum_{k=1}^{n}a_{ik}\sum_{p=1}^{r}b_{kp}c_{pj}\Big)_{m\times s}=\Big(\sum_{k=1}^{n}a_{ik}h_{kj}\Big)_{m\times s}=AH=A(BC).\end{aligned}$$

(2) 设 $A=(a_{ij})_{m\times n},B=(b_{ij})_{n\times r},C=(c_{ij})_{n\times r},B+C=D=(d_{ij})_{n\times r},d_{ij}=b_{ij}+c_{ij}$. 则

$$\begin{aligned}A(B+C)=AD&=\Big(\sum_{k=1}^{n}a_{ik}d_{kj}\Big)_{m\times r}=\Big(\sum_{k=1}^{n}a_{ik}(b_{kj}+c_{kj})\Big)_{m\times r}=\Big(\sum_{k=1}^{n}a_{ik}b_{kj}+\sum_{k=1}^{n}a_{ik}c_{kj}\Big)_{m\times r}\\&=\Big(\sum_{k=1}^{n}a_{ik}b_{kj}\Big)_{m\times r}+\Big(\sum_{k=1}^{n}a_{ik}c_{kj}\Big)_{m\times r}=AB+AC.\end{aligned}$$

以上性质均可以推广到有限个矩阵相加、相乘的情形.

例 2.9 求矩阵 X 使 $2A+3X=2B$,其中

$$A=\begin{pmatrix}2&0&5\\-6&1&0\end{pmatrix},B=\begin{pmatrix}1&3&-1\\0&-2&1\end{pmatrix}.$$

解 由 $2A+3X=2B$ 得 $3X=2B-2A=2(B-A)$,于是

$$X=\frac{2}{3}(B-A),$$

即

$$X=\frac{2}{3}\left[\begin{pmatrix}1&3&-1\\0&-2&1\end{pmatrix}-\begin{pmatrix}2&0&5\\-6&1&0\end{pmatrix}\right]=\frac{2}{3}\begin{pmatrix}-1&3&-6\\6&-3&1\end{pmatrix}=\begin{pmatrix}-\frac{2}{3}&2&-4\\4&-2&\frac{2}{3}\end{pmatrix}.$$

例 2.10 若 A,B,C 都为同阶的对角矩阵

$$A=\begin{pmatrix}a_{11}&&\\&\ddots&\\&&a_{nn}\end{pmatrix},B=\begin{pmatrix}b_{11}&&\\&\ddots&\\&&b_{nn}\end{pmatrix},C=\begin{pmatrix}c_{11}&&\\&\ddots&\\&&c_{nn}\end{pmatrix}.$$

容易验证 ABC 仍为对角矩阵,且

$$ABC=\begin{pmatrix}a_{11}b_{11}c_{11}&&\\&\ddots&\\&&a_{nn}b_{nn}c_{nn}\end{pmatrix}.$$

推广之,有限个同阶对角矩阵的乘积还是对角矩阵,其主对角元就是各个对角矩阵对应的主对角元相乘的积. 还可以证明,同阶上(下)三角形矩阵之积还是上(下)三角形矩阵.

四、方阵的幂与矩阵多项式

4.1 方阵的幂

有了矩阵的乘法,可以定义 n 阶方阵的幂.

定义 2.6 设 A 是 n 阶方阵,当 k 为正整数时,A 的**幂**(方幂)运算规定为

$$A^1=A,A^2=AA,\cdots,A^{k+1}=A^kA.$$

从定义知,A^k 就是 k 个 A 的连乘,显然只有方阵才有幂. 当 $A\neq O$ 时,规定 $A^0=E$.

由于矩阵乘法满足结合律,所以方阵的幂满足(其中 k,l 为正整数)

$$A^kA^l=A^{k+l},(A^k)^l=A^{kl}.$$

又因为矩阵乘法一般不可交换,所以对两个 n 阶方阵 A,B 来说,一般 $(AB)^k\neq A^kB^k$. 因此,一些熟知的乘法公式一般不再成立.

例如，

$$(A+B)^2 \neq A^2+2AB+B^2, (A+B)(A-B) \neq A^2-B^2,$$

等．但只要 A 与 B 可交换，则这些公式就成立了．

此外，若 $A^k=O$，也不一定有 $A=O$.

例如，

$$A=\begin{pmatrix}1 & 1\\ -1 & -1\end{pmatrix} \neq O, \text{但 } A^2=\begin{pmatrix}1 & 1\\ -1 & -1\end{pmatrix}\begin{pmatrix}1 & 1\\ -1 & -1\end{pmatrix}=\begin{pmatrix}0 & 0\\ 0 & 0\end{pmatrix}.$$

例 2.10 设 A 为方阵，求 A^n.

(1) $A=\begin{pmatrix}1 & \lambda\\ 0 & 1\end{pmatrix}$； (2) $A=\begin{pmatrix}\lambda & 1 & 0\\ 0 & \lambda & 1\\ 0 & 0 & \lambda\end{pmatrix}$.

解 (1) $A^2=\begin{pmatrix}1 & \lambda\\ 0 & 1\end{pmatrix}\begin{pmatrix}1 & \lambda\\ 0 & 1\end{pmatrix}=\begin{pmatrix}1 & 2\lambda\\ 0 & 1\end{pmatrix}, A^3=\begin{pmatrix}1 & \lambda\\ 0 & 1\end{pmatrix}\begin{pmatrix}1 & 2\lambda\\ 0 & 1\end{pmatrix}=\begin{pmatrix}1 & 3\lambda\\ 0 & 1\end{pmatrix}$，

由不完全归纳得到

$$A^n=\begin{pmatrix}1 & n\lambda\\ 0 & 1\end{pmatrix}.$$

不难用数学归纳法证得结果是正确的．

$$(2)\ A^2=\begin{pmatrix}\lambda & 1 & 0\\ 0 & \lambda & 1\\ 0 & 0 & \lambda\end{pmatrix}\begin{pmatrix}\lambda & 1 & 0\\ 0 & \lambda & 1\\ 0 & 0 & \lambda\end{pmatrix}=\begin{pmatrix}\lambda^2 & 2\lambda & 1\\ 0 & \lambda^2 & 2\lambda\\ 0 & 0 & \lambda^2\end{pmatrix},$$

$$A^3=\begin{pmatrix}\lambda & 1 & 0\\ 0 & \lambda & 1\\ 0 & 0 & \lambda\end{pmatrix}\begin{pmatrix}\lambda^2 & 2\lambda & 1\\ 0 & \lambda^2 & 2\lambda\\ 0 & 0 & \lambda^2\end{pmatrix}=\begin{pmatrix}\lambda^3 & 3\lambda^2 & 3\lambda\\ 0 & \lambda^3 & 3\lambda^2\\ 0 & 0 & \lambda^3\end{pmatrix}.$$

除(1,3)元的规律没有呈现外，其余元素的规律已清晰．我们主要寻找 A^n 的(1,3)元 $a_{13}^{(n)}$ 的表达式．

$n=1$ 时，$a_{13}^{(1)}=0$；$n=2$ 时，$a_{13}^{(2)}=1$；$n=3$ 时，$a_{13}^{(3)}=3\lambda$；$n=4$ 时，$a_{13}^{(4)}=(\lambda,1,0)\begin{pmatrix}3\lambda\\ 3\lambda^2\\ \lambda^3\end{pmatrix}=$ $6\lambda^2$. A^n 的(1,3)元 $a_{13}^{(n)}$ 的系数分别是 0,1,3,6⋯，恰为$\dfrac{n(n-1)}{2}$.

而 λ 的次数为 λ^{n-2}，故 $a_{13}^{(n)}=\dfrac{n(n-1)}{2}\lambda^{n-2}$. 从而由不完全归纳得到

$$A^n = \begin{pmatrix} \lambda^n & n\lambda^{n-1} & \frac{n(n-1)}{2}\lambda^{n-2} \\ 0 & \lambda^n & n\lambda^{n-1} \\ 0 & 0 & \lambda^n \end{pmatrix}.$$

再用数学归纳法证此等式.

例 2.11 设 A 为方阵,求 A^n.

(1) $A = \begin{pmatrix} 1 & 1 & 1 \\ 3 & 3 & 3 \\ 5 & 5 & 5 \end{pmatrix}$; (2) $A = \mathrm{diag}(a_1, a_2, \cdots, a_m)$.

解 (1) 由于 $A = \begin{pmatrix} 1 & 1 & 1 \\ 3 & 3 & 3 \\ 5 & 5 & 5 \end{pmatrix} = \begin{pmatrix} 1 \\ 3 \\ 5 \end{pmatrix}(1,1,1)$,

$$A^2 = \begin{pmatrix} 1 \\ 3 \\ 5 \end{pmatrix}(1,1,1)\begin{pmatrix} 1 \\ 3 \\ 5 \end{pmatrix}(1,1,1) = \begin{pmatrix} 1 \\ 3 \\ 5 \end{pmatrix}9(1,1,1) = 9\begin{pmatrix} 1 \\ 3 \\ 5 \end{pmatrix}(1,1,1),$$

$$A^3 = 9\begin{pmatrix} 1 \\ 3 \\ 5 \end{pmatrix}(1,1,1)\begin{pmatrix} 1 \\ 3 \\ 5 \end{pmatrix}(1,1,1) = 9^2\begin{pmatrix} 1 \\ 3 \\ 5 \end{pmatrix}(1,1,1), \cdots$$

$$A^n = 9^{n-1}\begin{pmatrix} 1 \\ 3 \\ 5 \end{pmatrix}(1,1,1) = 9^{n-1}A.$$

(2) $$A^2 = \begin{pmatrix} a_1 & & & \\ & a_2 & & \\ & & \ddots & \\ & & & a_m \end{pmatrix}\begin{pmatrix} a_1 & & & \\ & a_2 & & \\ & & \ddots & \\ & & & a_m \end{pmatrix} = \begin{pmatrix} a_1^2 & & & \\ & a_2^2 & & \\ & & \ddots & \\ & & & a_m^2 \end{pmatrix},$$

则

$$A^n = \begin{pmatrix} a_1^n & & & \\ & a_2^n & & \\ & & \ddots & \\ & & & a_m^n \end{pmatrix} = \mathrm{diag}(a_1^n, a_2^n, \cdots, a_m^n).$$

4.2　矩阵多项式

结合方幂和线性运算,可定义方阵的多项式.

设有 n 阶方阵 A 和关于 x 的 k 次多项式 $f(x)=c_kx^k+c_{k-1}x^{k-1}+\cdots+c_1x+c_0$,定义矩阵的 k 次多项式为 $f(A)=c_kA^k+c_{k-1}A^{k-1}+\cdots+c_1A+c_0E$,易见 $f(A)$ 仍是一个 n 阶方阵.

例 2.12　设 $A=\begin{pmatrix}1&0\\2&1\end{pmatrix}$,$f(x)=2x^2+x+3$,求 $f(A)$.

解

$$f(A)=2A^2+A+3E=2\begin{pmatrix}1&0\\2&1\end{pmatrix}^2+\begin{pmatrix}1&0\\2&1\end{pmatrix}+3\begin{pmatrix}1&0\\0&1\end{pmatrix}$$

$$=2\begin{pmatrix}1&0\\4&1\end{pmatrix}+\begin{pmatrix}1&0\\2&1\end{pmatrix}+\begin{pmatrix}3&0\\0&3\end{pmatrix}=\begin{pmatrix}6&0\\10&6\end{pmatrix}.$$

例 2.13　设 $A=\begin{pmatrix}\lambda&1&0\\0&\lambda&1\\0&0&\lambda\end{pmatrix}$,求 A^n.

解　$A=\lambda E+B$,$B=\begin{pmatrix}0&1&0\\0&0&1\\0&0&0\end{pmatrix}$,且$(\lambda E)B=B(\lambda E)=\lambda B$. 即 λE 与 B 关于乘法可交换,则

$$A^n=(\lambda E+B)^n=\sum_{k=0}^{n}C_n^kB^k(\lambda E)^{n-k}=\lambda^nB^0+C_n^1\lambda^{n-1}B$$

$$+C_n^2\lambda^{n-2}B^2+C_n^3\lambda^{n-3}B^3+\cdots+C_n^n\lambda^0B^n.$$

而 $B^2=\begin{pmatrix}0&0&1\\0&0&0\\0&0&0\end{pmatrix}$,$B^3=\begin{pmatrix}0&0&0\\0&0&0\\0&0&0\end{pmatrix}$,故

$$A^n=\lambda^nE+n\lambda^{n-1}\begin{pmatrix}0&1&0\\0&0&1\\0&0&0\end{pmatrix}+\frac{n(n-1)}{2}\lambda^{n-2}\begin{pmatrix}0&0&1\\0&0&0\\0&0&0\end{pmatrix}=\begin{pmatrix}\lambda^n&n\lambda^{n-1}&\frac{n(n-1)}{2}\lambda^{n-2}\\0&\lambda^n&n\lambda^{n-1}\\0&0&\lambda^n\end{pmatrix}.$$

注意　关于求 A^n,只当 A 较特殊时,结果的表示才较为简单. 一般有以下四种方法.

(1) 归纳法:首先由不完全归纳法得到 A^n 的表达式后,再用归纳法证之(若只是计算可以不证).

(2) 如果 A 可以分解成 $A_{m\times n}=\alpha_{m\times 1}\cdot\beta_{1\times n}$,则仿照例题 2.11.

(3) 如果 A 可以分解成 $A=B+C$,且 $BC=CB$,则

$$A^n=(B+C)^n=\sum_{k=0}^{n}C_n^kB^kC^{n-k}.$$

(4) 如果 A 可对角化,则先对角化,后进行乘幂(待以后了解).

§3 矩阵的转置与共轭运算

行列式中有一个重要性质,即行列式转置不变. 而行列式是矩阵所要描述的对象,因此需要考虑矩阵的转置运算. 人们往往将矩阵抽象成一个"数". 若矩阵的元素是复数时,也需要研究对矩阵各元素取共轭复数的运算.

一、矩阵的转置

定义 3.1 把 $m\times n$ 矩阵 A 的行、列互换,得到一个 $n\times m$ 矩阵,称为矩阵 A 的**转置**,记为 A^T 或 A'. 即 $A=\begin{pmatrix}a_{11}&a_{12}&\cdots&a_{1n}\\a_{21}&a_{22}&\cdots&a_{2n}\\\vdots&\vdots&&\vdots\\a_{m1}&a_{m2}&\cdots&a_{mn}\end{pmatrix}_{m\times n}$, 则 $A^T=\begin{pmatrix}a_{11}&a_{21}&\cdots&a_{m1}\\a_{12}&a_{22}&\cdots&a_{m2}\\\vdots&\vdots&&\vdots\\a_{1n}&a_{2n}&\cdots&a_{mn}\end{pmatrix}_{n\times m}$.

由定义 3.1 可见,A^T 的第 i 行 j 列元素就是 A 的第 j 行 i 列元素,A 为 $m\times n$ 阵,则 A^T 为 $n\times m$ 阵. 即 $A=(a_{ij})_{m\times n}$,则 $A^T=(a_{ji})_{n\times m}$.

二、矩阵的转置运算性质

矩阵转置满足下述运算律(假设运算是可行的):

(1) $(A^T)^T=A$;

(2) $(A+B)^T=A^T+B^T$;

(3) $(\lambda A)^T=\lambda A^T$,($\lambda$ 是数);

(4) $(AB)^T=B^TA^T$.

证明 (1)(2)(3) 容易直接验证,这里仅证明(4).

设 $A=(a_{ij})_{m\times s}=\begin{pmatrix}a_{11}&a_{12}&\cdots&a_{1s}\\a_{21}&a_{22}&\cdots&a_{2s}\\\vdots&\vdots&&\vdots\\a_{m1}&a_{m2}&\cdots&a_{ms}\end{pmatrix}$,$B=(b_{ij})_{s\times n}=\begin{pmatrix}b_{11}&b_{12}&\cdots&b_{1n}\\b_{21}&b_{22}&\cdots&b_{2n}\\\vdots&\vdots&&\vdots\\b_{s1}&b_{s2}&\cdots&b_{sn}\end{pmatrix}$.

记 $AB=C=(c_{ij})_{m\times n}$,$B^TA^T=D=(d_{ij})_{n\times m}$.

首先易看出,$(AB)^T$ 和 B^TA^T 都是 $n\times m$ 矩阵. 其次,位于 $(AB)^T$ 的第 i 行第 j 列的元素就是位于 AB 的第 j 行第 i 列的元素,且等于 $c_{ji}=\sum\limits_{k=1}^{s}a_{jk}b_{ki}$. 而位于 B^TA^T 的第 i 行第 j 列的元素位于 B^T 的第 i 行元素 $(b_{1i},b_{2i},\cdots,b_{si})$ 与 A^T 的第 j 列对应元素 $(a_{j1},a_{j2},\cdots,a_{js})^T$ 的乘积之和,因而等于 B 的第 i 列的元素与 A 的第 j 行对应元素的乘积之和 $d_{ij}=\sum\limits_{k=1}^{s}b_{ki}a_{jk}=\sum\limits_{k=1}^{s}a_{jk}b_{ki}$,所以 $d_{ij}=c_{ji}$,$(i=1,2,\cdots,n;j=1,2,\cdots m)$,即 $D=C^T$,亦即 $(AB)^T=B^TA^T$.

显然,(2) 和(4) 可以推广到 n 个矩阵的情形．即

$$(A_1+A_2+\cdots+A_n)^T=A_1^T+A_2^T+\cdots+A_n^T,$$

$$(A_1A_2\cdots A_{n-1}A_n)^T=A_n^TA_{n-1}^T\cdots A_2^TA_1^T.$$

例 2.14 已知 $A=\begin{pmatrix}2&0&-1\\1&3&2\end{pmatrix}$, $B=\begin{pmatrix}1&7&-1\\4&2&3\\2&0&1\end{pmatrix}$,求 $(AB)^T$.

解法一 由于 $AB=\begin{pmatrix}2&0&-1\\1&3&2\end{pmatrix}\begin{pmatrix}1&7&-1\\4&2&3\\2&0&1\end{pmatrix}=\begin{pmatrix}0&14&-3\\17&13&10\end{pmatrix}$,

故 $(AB)^T=\begin{pmatrix}0&17\\14&13\\-3&10\end{pmatrix}$.

解法二 $(AB)^T=B^TA^T=\begin{pmatrix}1&4&2\\7&2&0\\-1&3&1\end{pmatrix}\begin{pmatrix}2&1\\0&3\\-1&2\end{pmatrix}=\begin{pmatrix}0&17\\14&13\\-3&10\end{pmatrix}$.

例 2.15 设 $A=\begin{pmatrix}-1&1&2\\0&1&1\end{pmatrix}$, $=B=\begin{pmatrix}-1&0\\1&3\\2&1\end{pmatrix}$,求 $(AB)^T$ 和 A^TB^T.

解 因为 $A^T=\begin{pmatrix}-1&0\\1&1\\2&1\end{pmatrix}$, $B^T=\begin{pmatrix}-1&1&2\\0&3&1\end{pmatrix}$,所以

$$(AB)^T=B^TA^T=\begin{pmatrix}-1&1&2\\0&3&1\end{pmatrix}\begin{pmatrix}1&0\\-1&1\\2&1\end{pmatrix}=\begin{pmatrix}2&3\\-1&4\end{pmatrix},$$

$$A^TB^T=\begin{pmatrix}1&0\\-1&1\\2&1\end{pmatrix}\begin{pmatrix}-1&1&2\\0&3&1\end{pmatrix}=\begin{pmatrix}-1&1&2\\1&2&-1\\-2&5&5\end{pmatrix}.$$

注意 一般情况下 $(AB)^T\neq A^TB^T$.

例 2.16 设 A 是实矩阵,若 $AA^T=O$,证明 $A=O$.

证明 设 $A=(a_{ij})_{m\times n}$, $B=A^T=(b_{ij})_{n\times m}$, $AA^T=C=(c_{ij})_{mm}$. 其中 $b_{ij}=a_{ji}$,所以 $c_{ii}=\sum_{k=1}^{n}a_{ik}b_{ki}=\sum_{k=1}^{n}a_{ik}a_{ik}=a_{i1}^2+a_{i2}^2+\cdots+a_{in}^2=0(i=1,2,\cdots m)$,从而 $a_{i1}=a_{i2}=\cdots=a_{in}=0$,即 $A=O$.

* 三、矩阵的共轭矩阵

3.1 共轭矩阵定义

定义 3.2 当 $A=(a_{ij})$ 为复矩阵时，用 $\overline{a_{ij}}$ 表示 a_{ij} 的共轭复数，$(i=1,2,\cdots,m;j=1,2,\cdots,n)$，称 $\overline{D}=(\overline{a_{ij}})$，$\overline{D}$ 称为 A 的**共轭矩阵**.

例如

$$A=\begin{pmatrix} i & 1+2i & 3 \\ 0 & 2-i & 3i \end{pmatrix},$$

则

$$\overline{D}=\begin{pmatrix} \bar{i} & \overline{1+2i} & \bar{3} \\ \bar{0} & \overline{2-i} & \overline{3i} \end{pmatrix}=\begin{pmatrix} -i & 1-2i & 3 \\ 0 & 2+i & -3i \end{pmatrix}.$$

3.2 共轭矩阵的运算性质

设 A,B 为复矩阵，λ 为复数，且运算都是可行的，则有

(1) $\overline{A+B}=\overline{A}+\overline{B}$；

(2) $\overline{\lambda A}=\bar{\lambda}\overline{A}$；

(3) $\overline{AB}=\overline{A}\overline{B}$；

(4) $\overline{\overline{A}}=A$；

(5) $\overline{A^T}=(\overline{A})^T$.

证明上面的性质主要用到复数乘积的共轭复数等于共轭复数之积．复数和的共轭复数等于共轭复数之和，即设 α,β 为复数，则 $\overline{\alpha\beta}=\bar{\alpha}\bar{\beta}$，$\overline{\alpha+\beta}=\bar{\alpha}+\bar{\beta}$.

下面只证(3)式.

证明 (3) $A=(a_{ij})_{m\times n}$，$B=(b_{ij})_{n\times r}$，则 $AB=\left(\sum\limits_{k=1}^{n}a_{ik}b_{kj}\right)_{m\times r}$，$\overline{AB}=\overline{\left(\sum\limits_{k=1}^{n}a_{ik}b_{kj}\right)}_{m\times r}=\left(\sum\limits_{k=1}^{n}\overline{a_{ik}}\,\overline{b_{kj}}\right)_{m\times r}=(\overline{a_{ij}})_{m\times n}(\overline{b_{ij}})_{n\times r}=\overline{A}\overline{B}$.

3.3 矩阵共轭转置运算

设 $A^H=(\overline{A})^T$，称 A^H 为矩阵 A 的**共轭转置矩阵**，对 A 的共轭转置矩阵运算有以下性质：

(1) $(A+B)^H=A^H+B^H$；

(2) $(\lambda A)^H=\bar{\lambda}A^H$；

(3) $(AB)^H=B^HA^H$.

下面只证(3)式.

证明 (3) $(AB)^H=(\overline{AB})^T=(\overline{A}\overline{B})^T=(\overline{B})^T(\overline{A})^T=B^HA^H$.

四、对称矩阵、反对称矩阵、H－矩阵

定义 4.1 设 $A=(a_{ij})_{n\times n}$.

(1) 若 $A^T=A$,即有 $a_{ij}=a_{ji}(i,j=1,2,\cdots,n)$,则称 A 为**对称矩阵**,简称**对称阵**.

(2) 若 $A^T=-A$,即有 $a_{ij}=-a_{ji}(i,j=1,2,\cdots,n)$,则称 A 为**反对称矩阵**.

(3) 若 $A^H=A$,即有 $\overline{a_{ij}}=a_{ji}(i,j=1,2,\cdots,n)$,则称 A 为 $H-$**矩阵**.

易见这几种矩阵都是方阵,对称矩阵的元素以主对角线为对称轴对应相等;而反对称矩阵的主对角线上所有元素 a_{ii} 均为零,其余元素以主对角线为对称轴互为相反数.

例 2.17 设 A 是对称矩阵,求证 B^TAB 也是对称矩阵.

证明 设 A 是对称矩阵,则 $A^T=A$. 而 $(B^TAB)^T=[B^T(AB)]^T=(AB)^T(B^T)^T=B^TA^TB=B^TAB$,所以 B^TAB 也是对称矩阵.

例 2.18 证明任何一个 n 阶矩阵均可表示成一个对称矩阵与一个反对称矩阵之和,且表示是唯一的.

证明 设$A=\frac{1}{2}(A+A^T)+\frac{1}{2}(A-A^T)$,而

$$(A+A^T)^T=A^T+(A^T)^T=A^T+A=A+A^T,$$

$$(A-A^T)^T=A^T-(A^T)^T=A^T-A=-(A-A^T),$$

故$\frac{1}{2}(A+A^T)$为对称矩阵,$\frac{1}{2}(A-A^T)$为反对称矩阵.

下证分解式是唯一的. 设$A=A_1+A_2$,$A=B_1+B_2$. 其中,$A_1^T=A_1$,$B_1^T=B_1$,$A_2^T=-A_2$,$B_2^T=-B_2$. 则由 $A_1+A_2=B_1+B_2$,有 $A_1-B_1=B_2-A_2$,上式两边取转置 $A_1-B_1=A_2-B_2$. 比较前两式有 $B_2-A_2=A_2-B_2$,得 $A_2=B_2$,从而 $A_1=B_1$. 即表示是唯一的.

§4 逆矩阵

在介绍矩阵之前, 不得不重提线性变换. 设 R^n 为 n 维实向量之集. 即 $R^n=\{(x_1,x_2,\cdots,x_n)\mid x_i\in R,1\leqslant i\leqslant n\}$,$R$ 为实数集.

L 为 R^n 到 R^m 的线性变换:存在 $A_{m\times n}$,$L:R^n\to R^m$,$\forall x\in R^n$,

$$y=Ax. \tag{4.1}$$

问题是L是否可逆. 即能否从(4.1)式反解出x. 即x用y表示? 另外,我们定义了矩阵的加、减、乘的运算,但未介绍两个矩阵相除的运算. 如果(4.1)式两边再乘一个矩阵 B,有

$$By=BAx. \tag{4.2}$$

当 $BA=E$ 时,便有 $x=By$.

在数的运算中,当数 $a\neq0$ 时,有 $aa^{-1}=a^{-1}a=1$,其中 $a^{-1}=\frac{1}{a}$ 为a 的倒数,或称 a 的逆. 在矩阵的运算中,单位阵 E 相当于数的乘法运算中的"1". 因此在矩阵的运算中可以相应地引入逆矩阵的概念.

一、逆矩阵

定义 4.1 对于 n 阶方阵A,若存在一个 n 阶方阵B,使得

$$AB = BA = E, \tag{4.3}$$

则称方阵 A 是**可逆矩阵(满秩矩阵)**,称矩阵 B 是 A 的**逆矩阵**,简称**逆阵**.

反过来,矩阵 A 称为 B 的逆矩阵,即 A,B 互为逆矩阵.

若方阵 A 可逆,则 A 的逆矩阵是唯一的. 事实上,若 B,C 都是 A 的逆矩阵,由 $AB=BA=E$,$AC=CA=E$,便可推出 $B=BE=B(AC)=(BA)C=EC=C$,所以 A 的逆矩阵唯一.

既然可逆矩阵的逆矩阵是唯一的,则可记 A 的逆矩阵为 A^{-1},即

$$A^{-1}A = AA^{-1} = E.$$

例 4.1 已知矩阵 $A=\begin{pmatrix}2&0\\3&1\end{pmatrix}$,$B=\begin{pmatrix}\frac{1}{2}&0\\-\frac{3}{2}&1\end{pmatrix}$,验证 B 为 A 的逆矩阵.

解 因为 $AB=\begin{pmatrix}2&0\\3&1\end{pmatrix}\begin{pmatrix}\frac{1}{2}&0\\-\frac{3}{2}&1\end{pmatrix}=\begin{pmatrix}1&0\\0&1\end{pmatrix}$,$BA=\begin{pmatrix}\frac{1}{2}&0\\-\frac{3}{2}&1\end{pmatrix}\begin{pmatrix}2&0\\3&1\end{pmatrix}=\begin{pmatrix}1&0\\0&1\end{pmatrix}$.

故 A 为可逆矩阵,B 为 A 的逆矩阵.

例 4.2 因为 $EE=E$,所以 E 是可逆矩阵,E 的逆矩阵为其自身.

例 4.3 因为对任何方阵 B,都有 $B\times O=O\times B=O$,所以零矩阵不是可逆矩阵.

设如果 $\lambda_i \neq 0(i=1,2,\cdots,n)$,则对角阵

$$A=\begin{pmatrix}\lambda_1&&&\\&\lambda_2&&\\&&\ddots&\\&&&\lambda_n\end{pmatrix} \text{的逆矩阵为} A^{-1}=\begin{pmatrix}\lambda_1^{-1}&&&\\&\lambda_2^{-1}&&\\&&\ddots&\\&&&\lambda_n^{-1}\end{pmatrix}.$$

二、逆矩阵的性质

逆矩阵的具有以下性质:

(1) 若 A 可逆,则 A^{-1} 亦可逆,且 $(A^{-1})^{-1}=A$;

(2) 若 A 可逆,数 $\lambda\neq 0$,则 λA 亦可逆,且 $(\lambda A)^{-1}=\frac{1}{\lambda}A^{-1}$;

(3) 若 A,B 可相乘且皆可逆,则 AB 亦可逆,且 $(AB)^{-1}=B^{-1}A^{-1}$.

证明 由 $(AB)(B^{-1}A^{-1})=A(BB^{-1})A^{-1}=AEA^{-1}=AA^{-1}=E$,
同理,$(B^{-1}A^{-1})(AB)=E$,故 AB 可逆,且 $(AB)^{-1}=B^{-1}A^{-1}$.

此性质可推广到有限个可逆矩阵相乘的情形. 即如果 $A_1,A_2,\cdots,A_n$ 为同阶可逆矩阵,则 $(A_1A_2\cdots A_n)^{-1}=A_n^{-1}A_{n-1}^{-1}\cdots A_2^{-1}A_1^{-1}$.

(4) 若 A 可逆,则 A^T 亦可逆,且 $(A^T)^{-1}=(A^{-1})^T$.

证明 因为 $A^T(A^{-1})^T=(A^{-1}A)^T=E^T=E$,同理,$(A^{-1})^TA^T=E$,所以

$(A^T)^{-1}=(A^{-1})^T$.

例 4.4　设 $A^2-A-6E=O$,证明 $A+3E$,$A-2E$ 皆可逆.

证明　$f(A)=A^2-A-6E$ 为矩阵 A 的多项式. 而

$f(x)=x^2-x-6=(x+3)(x-4)+6=(x-2)(x+1)-4$. 即

$$f(x)=(x+3)(x-4)+6=(x-4)(x+3)+6,$$

$$f(x)=(x-2)(x+1)-4=(x+1)(x-2)-4.$$

将 A 代入上面两式的 x,并注意到 $f(A)=O$,有

$$(A+3E)(A-4E)=(A-4E)(A+3E)=-6E,$$

$$(A-2E)(A+E)=(A+E)(A-2E)=4E.$$

于是

$$(A+3E)\cdot\frac{-1}{6}(A-4E)=\frac{-1}{6}(A-4E)(A+3E)=E,$$

$$(A-2E)\cdot\frac{1}{4}(A+E)=\frac{1}{4}(A+E)(A-2E)=E.$$

从而 $A+3E$ 可逆,且 $(A+3E)^{-1}=\frac{-1}{6}(A-4E)$,$A-2E$ 可逆,且

$$(A-2E)^{-1}=\frac{1}{4}(A+E).$$

三、矩阵可逆的充要条件

对于一个 n 阶矩阵 A 来说,逆矩阵可能存在,也可能不存在. 我们需要研究:在什么条件下 n 阶矩阵 A 可逆? 如果可逆,如何求逆矩阵 A^{-1}? 为此先介绍一个概念.

定义 4.2　由 n 阶方阵 $A=(a_{ij})_{n\times n}$ 的行列式 $|A|$ 的各个元素 a_{ij} 的代数余子式 A_{ij} 构成的方阵

$$A^*=\begin{pmatrix} A_{11} & A_{21} & \cdots & A_{n1} \\ A_{12} & A_{22} & \cdots & A_{n2} \\ \vdots & \vdots & \vdots & \vdots \\ A_{1n} & A_{2n} & \cdots & A_{nn} \end{pmatrix}$$

称为 A 的**伴随矩阵**,简称**伴随矩阵**. 它是先将矩阵 A 的每个元素换成其对应的代数余子式,再转置得到的.

例 4.5 设 $A=\begin{pmatrix}1&0&2\\-1&1&3\\3&1&0\end{pmatrix}$，试求伴随矩阵 A^*.

解 $A_{11}=\begin{vmatrix}1&3\\1&0\end{vmatrix}=-3, A_{12}=-\begin{vmatrix}-1&3\\3&0\end{vmatrix}=9, A_{13}=\begin{vmatrix}-1&1\\3&1\end{vmatrix}=-4,$

$A_{21}=-\begin{vmatrix}0&2\\1&0\end{vmatrix}=2, A_{22}=\begin{vmatrix}1&2\\3&0\end{vmatrix}=-6, A_{23}=-\begin{vmatrix}1&0\\3&1\end{vmatrix}=-1,$

$A_{31}=\begin{vmatrix}0&2\\1&3\end{vmatrix}=-2, A_{32}=-\begin{vmatrix}1&2\\-1&3\end{vmatrix}=-5, A_{33}=\begin{vmatrix}1&0\\-1&1\end{vmatrix}=1.$

所以

$$A^*=\begin{pmatrix}-3&2&-2\\9&-6&-5\\-4&-1&1\end{pmatrix}.$$

伴随矩阵有以下性质．

(1) $AA^*=A^*A=|A|E$；　(2) $|A^*|=|A|^{n-1}$.

证明 (1) 设 $AA^*=\begin{pmatrix}a_{11}&a_{12}&\cdots&a_{1n}\\a_{21}&a_{22}&\cdots&a_{2n}\\\vdots&\vdots&&\vdots\\a_{n1}&a_{n2}&\cdots&a_{nn}\end{pmatrix}\begin{pmatrix}A_{11}&A_{21}&\cdots&A_{n1}\\A_{12}&A_{22}&\cdots&A_{n2}\\\vdots&\vdots&&\vdots\\A_{1n}&A_{2n}&\cdots&A_{nn}\end{pmatrix}$

$$=\begin{pmatrix}a_{11}A_{11}+a_{12}A_{12}+\cdots+a_{1n}A_{1n}&0&\cdots&0\\0&a_{21}A_{21}+a_{22}A_{22}+\cdots+a_{2n}A_{2n}&\cdots&0\\\vdots&\vdots&&\vdots\\0&0&\cdots&a_{n1}A_{n1}+a_{n2}A_{n2}+\cdots a_{nn}A_{nn}\end{pmatrix}$$

$$=\begin{pmatrix}|A|&&&\\&|A|&&\\&&\ddots&\\&&&|A|\end{pmatrix}=|A|\begin{pmatrix}1&&&\\&1&&\\&&1&\\&&&1\end{pmatrix}=|A|E;$$

同理可证　$A^*A=|A|E$.

(2) 由 $AA^*=|A|E$，对上式两边同时取行列式 $|AA^*|=|A||A^*|=|A|^n$，故 $|A^*|=|A|^{n-1}$.

下面讨论矩阵 A 可逆的充要条件及求逆阵的公式．

定理 4.1　方阵 A 可逆的充分必要条件是 $|A|\neq 0$，且当 A 可逆时，有 $A^{-1}=\dfrac{A^*}{|A|}$.

证明　先证必要性．若 A 可逆，则有 A^{-1} 存在，使 $AA^{-1}=E$. 对等式的两边取行列式有 $|AA^{-1}|=|A||A^{-1}|=|E|=1$，所以 $|A|\neq 0$，且得 $|A^{-1}|=\dfrac{1}{|A|}=|A|^{-1}$.

再证充分性．因为 $|A|\neq 0$，由 $AA^*=A^*A=|A|E$，因 $|A|\neq 0$，便可导出 $A\left(\dfrac{A^*}{|A|}\right)=\left(\dfrac{A^*}{|A|}\right)A=E$，于是由定义知 A 可逆，且求得逆公式

$$A^{-1}=\frac{A^*}{|A|}.$$

若 $|A|\neq 0$，便称 A 为**非奇异**的，或**非退化**的，或**满秩**的，即“A 可逆”等价于“A 非奇异”．当 $|A|=0$ 时，称 A 为**奇异的（或退化的）**.

推论　设 A,B 是同阶方阵，若有 $AB=E$，则亦有 $BA=E$，反之亦然，于是 A,B 皆可逆，且 A,B 互为逆矩阵．

证明　由 $AB=E$，得 $|A||B|=1$，则 $|A|\neq 0$，$|B|\neq 0$，故 A,B 皆可逆，即 A^{-1}，B^{-1} 存在．从而有

$$B=EB=(A^{-1}A)B=A^{-1}(AB)=A^{-1}E=A^{-1},$$

于是有 $BA=A^{-1}A=E$. 从而也有

$$A=EA=(B^{-1}B)A=B^{-1}(BA)=B^{-1}E=B^{-1},$$

所以 A,B 互为逆矩阵．

例 4.6　设 $A=\begin{pmatrix}1&2&3\\2&2&1\\3&4&3\end{pmatrix}$，求 A^{-1}.

解　先算出 $|A|=2\neq 0$，知 A^{-1} 存在，再计算各元素的代数余子式

$$A_{11}=(-1)^{1+1}\begin{vmatrix}2&1\\4&3\end{vmatrix}=2,\qquad A_{21}=(-1)^{2+1}\begin{vmatrix}2&3\\4&3\end{vmatrix}=6,$$

$$A_{31}=(-1)^{3+1}\begin{vmatrix}2&3\\2&1\end{vmatrix}=-4,\qquad A_{12}=(-1)^{1+2}\begin{vmatrix}2&1\\3&3\end{vmatrix}=-3,$$

$$A_{22}=(-1)^{2+2}\begin{vmatrix}1&3\\3&3\end{vmatrix}=-6,\qquad A_{32}=(-1)^{3+2}\begin{vmatrix}1&3\\2&1\end{vmatrix}=5,$$

$$A_{13}=(-1)^{1+3}\begin{vmatrix}2&2\\3&4\end{vmatrix}=2,\qquad A_{23}=(-1)^{2+3}\begin{vmatrix}1&2\\3&4\end{vmatrix}=2,$$

$$A_{33}=(-1)^{3+3}\begin{vmatrix}1&2\\2&2\end{vmatrix}=-2.$$

于是,得 $A^* = \begin{pmatrix} 2 & 6 & -4 \\ -3 & -6 & 5 \\ 2 & 2 & -2 \end{pmatrix}$,所以 $A^{-1} = \frac{1}{|A|}A^* = \begin{pmatrix} 1 & 3 & -2 \\ -\frac{3}{2} & -3 & \frac{5}{2} \\ 1 & 1 & -1 \end{pmatrix}$.

例 4.7 设 $A^2 + A = E$,证明 A 和 $A+E$ 都可逆,并求 A^{-1} 和 $(A+E)^{-1}$.

证明 由 $A^2 + A = E$,可得 $A(A+E) = E$.

由定理 1 的推论知,A 和 $A+E$ 均可逆,并且 $A^{-1} = A + E$,$(A+E)^{-1} = A$.

例 4.8 设 $A = \begin{pmatrix} 2 & 0 \\ -1 & 2 \end{pmatrix}$,$AB = A + B$,求矩阵 B.

解 由 $AB = A + B$,得 $AB - B = AB - EB = (A-E)B = A$.

而 $|A-E| = \begin{vmatrix} 1 & 0 \\ -1 & 1 \end{vmatrix} = 1 \neq 0$,所以 $A-E$ 是可逆矩阵. 那么

$$(A-E)^{-1}(A-E)B = (A-E)^{-1}A,\text{则 } B = (A-E)^{-1}A,$$

又 $(A-E)^{-1} = \begin{pmatrix} 1 & 0 \\ 1 & 1 \end{pmatrix}$,故 $B = (A-E)^{-1}A = \begin{pmatrix} 1 & 0 \\ 1 & 1 \end{pmatrix}\begin{pmatrix} 2 & 0 \\ -1 & 2 \end{pmatrix} = \begin{pmatrix} 2 & 0 \\ 1 & 2 \end{pmatrix}$.

例 4.9 设 $A = \begin{pmatrix} 1 & 2 & 3 \\ 2 & 2 & 1 \\ 3 & 4 & 3 \end{pmatrix}$,$B = \begin{pmatrix} 2 & 1 \\ 5 & 3 \end{pmatrix}$,$C = \begin{pmatrix} 1 & 3 \\ 2 & 0 \\ 3 & 1 \end{pmatrix}$,求矩阵 X 使满足 $AXB = C$.

解 由 $|A| = \begin{vmatrix} 1 & 2 & 3 \\ 2 & 2 & 1 \\ 3 & 4 & 3 \end{vmatrix} = 2 \neq 0$,$|B| = \begin{vmatrix} 2 & 1 \\ 5 & 3 \end{vmatrix} = 1 \neq 0$,知 A^{-1},B^{-1} 都存在. 且

$$A^{-1} = \begin{pmatrix} 1 & 3 & -2 \\ -\frac{3}{2} & -3 & \frac{5}{2} \\ 1 & 1 & -1 \end{pmatrix},B^{-1} = \begin{pmatrix} 3 & -1 \\ -5 & 2 \end{pmatrix},$$

又由 $AXB = C \Rightarrow A^{-1}AXBB^{-1} = A^{-1}CB^{-1} \Rightarrow X = A^{-1}CB^{-1}$. 于是 $X = A^{-1}CB^{-1}$

$$= \begin{pmatrix} 1 & 3 & -2 \\ -\frac{3}{2} & -3 & \frac{5}{2} \\ 1 & 1 & -1 \end{pmatrix}\begin{pmatrix} 1 & 3 \\ 2 & 0 \\ 3 & 1 \end{pmatrix}\begin{pmatrix} 3 & -1 \\ -5 & 2 \end{pmatrix} = \begin{pmatrix} 1 & 1 \\ 0 & -2 \\ 0 & 2 \end{pmatrix}\begin{pmatrix} 3 & -1 \\ -5 & 2 \end{pmatrix} = \begin{pmatrix} -2 & 1 \\ 10 & -4 \\ -10 & 4 \end{pmatrix}.$$

例 4.10 设 A 为三阶方阵,$|A| = \frac{1}{2}$,求 $|(2A)^{-1} - 5A^*|$.

解 由于 $A^* = |A|A^{-1} = \frac{1}{2}A^{-1}$,则有

$$|(2A)^{-1}-5A^*|=\left|\frac{1}{2}A^{-1}-\frac{5}{2}A^{-1}\right|=|-2A^{-1}|=(-2)^3\frac{1}{|A|}=-16.$$

例 4.11 利用逆矩阵求解线性方程组

$$\begin{cases} x_1+x_2+2x_3=3, \\ 2x_1+2x_2+x_3=3, \\ x_2+2x_3=1. \end{cases}$$

解 先将线性方程组用矩阵形式表示 $Ax=b$. 其中

$$A=\begin{pmatrix}1&1&2\\2&2&1\\0&1&2\end{pmatrix},x=\begin{pmatrix}x_1\\x_2\\x_3\end{pmatrix},b=\begin{pmatrix}3\\3\\1\end{pmatrix}.$$

若 A 可逆,则 $x=A^{-1}b$. 再求 A^{-1}. 由于 $|A|=3\neq 0$,故 A 可逆. 可分别求得 $A_{11}=3,A_{12}=-4,A_{13}=2;A_{21}=0,A_{22}=2,A_{23}=-1;A_{31}=-3,A_{32}=3,A_{33}=0$. 从而

$$A^{-1}=\frac{1}{|A|}A^*=\frac{1}{3}\begin{pmatrix}3&0&-3\\-4&2&3\\2&-1&0\end{pmatrix},$$

故

$$x=A^{-1}b=\frac{1}{3}\begin{pmatrix}3&0&-3\\-4&2&3\\2&-1&0\end{pmatrix}\begin{pmatrix}3\\3\\1\end{pmatrix}=\begin{pmatrix}2\\-1\\1\end{pmatrix}.$$

四、矩阵的行列式

定义 4.3 由 n 阶方阵 A 的元素按原顺序所构成的行列式,称为**方阵 A 的行列式**,记作 $|A|$ 或 $detA$.

对方阵取行列式,是施加于方阵的一种运算,且满足下列运算律(A,B 为 n 阶方阵,λ 为数):

(1) $|A^T|=|A|$;

(2) $|\lambda A|=\lambda^n|A|$;

(3) $|AB|=|A||B|$;

(4) 若 A 可逆,则 $|A^{-1}|=|A|^{-1}$.

证明 (1) 由行列式转置不变即可得.

(2) 设 $A=(a_{ij})_{n\times n}$,则 $\lambda A=(\lambda a_{ij})=\begin{pmatrix}\lambda a_{11}&\cdots&\lambda a_{1n}\\\vdots&&\vdots\\\lambda a_{n1}&\cdots&\lambda a_{nn}\end{pmatrix}$,于是

$$|\lambda A|=\begin{vmatrix}\lambda a_{11} & \cdots & \lambda a_{1n}\\ \vdots & & \vdots\\ \lambda a_{n1} & \cdots & \lambda a_{nn}\end{vmatrix}=\lambda^n\begin{vmatrix}a_{11} & \cdots & a_{1n}\\ \vdots & & \vdots\\ a_{n1} & \cdots & a_{nn}\end{vmatrix}=\lambda^n|A|.$$

*(3) 设 $A=(a_{ij})_{n\times n}$，$B=(b_{ij})_{n\times n}$. 由第一章例 4.5 知

$$D=\begin{vmatrix}a_{11} & a_{12} & \cdots & a_{1n} & 0 & 0 & \cdots & 0\\ a_{21} & a_{22} & \cdots & a_{2n} & 0 & 0 & \cdots & 0\\ \cdots & \cdots & \cdots & \cdots & \cdots & \cdots & \cdots & \cdots\\ a_{n1} & a_{n2} & \cdots & a_{nn} & 0 & 0 & \cdots & 0\\ -1 & 0 & \cdots & 0 & b_{11} & b_{12} & \cdots & b_{1n}\\ 0 & -1 & \cdots & 0 & b_{21} & b_{22} & \cdots & b_{2n}\\ \cdots & \cdots & \cdots & \cdots & \cdots & \cdots & \cdots & \cdots\\ 0 & 0 & \cdots & -1 & b_{n1} & b_{n2} & \cdots & b_{nn}\end{vmatrix}=\begin{vmatrix}a_{11} & a_{12} & \cdots & a_{1n}\\ a_{21} & a_{22} & \cdots & a_{2n}\\ \cdots & \cdots & \cdots & \cdots\\ a_{n1} & a_{n2} & \cdots & a_{nn}\end{vmatrix}\begin{vmatrix}b_{11} & b_{12} & \cdots & b_{1n}\\ b_{11} & b_{12} & \cdots & b_{2n}\\ \cdots & \cdots & \cdots & \cdots\\ b_{n1} & b_{n2} & \cdots & b_{nn}\end{vmatrix}$$

$$=|A||B|.$$

用 b_{1j} 乘以第 1 列，b_{2j} 乘以第 2 列，…，b_{nj} 乘以第 n 列，将前 n 列分别加到第 $n+j$ 列，$1\leqslant j\leqslant n$，有

$$D=\begin{vmatrix}a_{11} & a_{12} & \cdots & a_{1n} & c_{11} & c_{12} & \cdots & c_{12}\\ a_{21} & a_{22} & \cdots & a_{2n} & c_{21} & c_{22} & \cdots & c_{2n}\\ \cdots & \cdots & \cdots & \cdots & \cdots & \cdots & \cdots & \cdots\\ a_{n1} & a_{n2} & \cdots & a_{nn} & c_{n1} & c_{n1} & \cdots & c_{nn}\\ -1 & 0 & \cdots & 0 & 0 & 0 & \cdots & 0\\ 0 & -1 & \cdots & 0 & 0 & 0 & \cdots & 0\\ \cdots & \cdots & \cdots & \cdots & \cdots & \cdots & \cdots & \cdots\\ 0 & 0 & \cdots & -1 & 0 & 0 & \cdots & 0\end{vmatrix}.$$

其中 $C=(c_{ij})_{n\times n}$，$c_{ij}=\sum_{k=1}^{n}a_{ik}b_{kj}$，从而 $C=AB$.

再将以上行列式的第 1 行与 $n+1$ 行对换，第 2 行与 $n+2$ 行对换，…，第 n 行与 $2n$ 行对换，共对换 n 次，从而

$$D=(-1)^n\begin{vmatrix}-1 & 0 & \cdots & 0 & 0 & 0 & \cdots & 0\\ 0 & -1 & \cdots & 0 & 0 & 0 & \cdots & 0\\ \cdots & \cdots & \cdots & \cdots & \cdots & \cdots & \cdots & \cdots\\ 0 & 0 & \cdots & -1 & 0 & 0 & \cdots & 0\\ a_{11} & a_{12} & \cdots & a_{1n} & c_{11} & c_{12} & \cdots & c_{1n}\\ a_{21} & a_{22} & \cdots & a_{2n} & c_{21} & c_{22} & \cdots & c_{2n}\\ \cdots & \cdots & \cdots & \cdots & \cdots & \cdots & \cdots & \cdots\\ a_{n1} & a_{n2} & \cdots & a_{nn} & c_{n1} & c_{n1} & \cdots & c_{nn}\end{vmatrix}$$

$$=(-1)^n\begin{vmatrix}-1 & 0 & \cdots & 0\\ 0 & -1 & \cdots & 0\\ \cdots & \cdots & \cdots & \cdots\\ 0 & 0 & \cdots & -1\end{vmatrix}\begin{vmatrix}c_{11} & c_{12} & \cdots & c_{1n}\\ c_{21} & c_{22} & \cdots & c_{2n}\\ \cdots & \cdots & \cdots & \cdots\\ c_{n1} & c_{n2} & \cdots & c_{nn}\end{vmatrix}$$

$$=(-1)^n\ (-1)^n|C|=|AB|.$$

即$|AB|=|A||B|$.

(4) 由于A可逆,则$AA^{-1}=E$. 由(3)有

$$|AA^{-1}|=|A||A^{-1}|=|E|=1,\text{从而}|A^{-1}|=|A|^{-1}.$$

由性质(3)可得到,设A,B为n阶方阵,则AB为非奇异的充分必要条件是A与B都是非奇异的.

性质(3)可以推广到多个n阶方阵相乘的情形. 若$A_1,A_2\cdots A_k$都是n阶方阵,则

$$|A_1A_2\cdots A_k|=|A_1||A_2|\cdots|A_k|.$$

例 4.12　设$A=\begin{pmatrix}2 & 1\\ 3 & -1\end{pmatrix}$,$B=\begin{pmatrix}1 & -2\\ 4 & 2\end{pmatrix}$. 求$|A|$,$|B|$和$|AB|$.

解　由$|A|=\begin{vmatrix}2 & 1\\ 3 & -1\end{vmatrix}=-5$,$|B|=\begin{vmatrix}1 & -2\\ 4 & 2\end{vmatrix}=10$,得$|A||B|=-50$;或由

$AB=\begin{pmatrix}2 & 1\\ 3 & -1\end{pmatrix}\begin{pmatrix}1 & -2\\ 4 & 2\end{pmatrix}=\begin{pmatrix}6 & -2\\ -1 & -8\end{pmatrix}$,得$|AB|=\begin{vmatrix}6 & -2\\ -1 & -8\end{vmatrix}=-50$.

可验证$|A||B|=|AB|=|BA|$.

例 4.13　已知A为n阶方阵,且AA^T是非奇异的,证明A是非奇异的.

证明　因为AA^T是非奇异的,所以$|AA^T|\neq 0$,即$|AA^T|=|A||A^T|=|A|^2\neq 0$,从而$|A|\neq 0$,即$A$是非奇异的.

§5 矩阵的分块

当矩阵 $A_{m\times n}$ 的 m,n 很大时,此时 A 显得很大,俗称大矩阵. 本节将介绍一种处理阶数较大的矩阵时常用的技巧 —— 矩阵的分块,即把一个较大的矩阵划分成若干小块,用分块方式来处理. 把大矩阵的运算转化为小矩阵的运算,不仅能使运算较为简明,更重要的是使运用微型计算机组合来计算大矩阵成为可能.

一、分块矩阵的概念

定义 5.1 用一些纵、横线将矩阵 A 分割成若干小矩阵,以这些小矩阵为元素的矩阵称为**分块矩阵**,各个小矩阵称为矩阵 A 的**子块**.

下面通过例子来说明这种方法.

例如,

$$A=\left(\begin{array}{cc:cc} 1 & 0 & 1 & 0 \\ -1 & 2 & 0 & 1 \\ \hdashline -2 & 4 & 3 & 3 \\ -1 & 1 & 3 & 1 \end{array}\right)=\begin{pmatrix} A_{11} & E \\ A_{21} & A_{22} \end{pmatrix}.$$

其中 $A_{11}=\begin{pmatrix} 1 & 0 \\ -1 & 2 \end{pmatrix}$, $E=\begin{pmatrix} 1 & 0 \\ 0 & 1 \end{pmatrix}$, $A_{21}=\begin{pmatrix} -2 & 4 \\ -1 & 1 \end{pmatrix}$, $A_{22}=\begin{pmatrix} 3 & 3 \\ 3 & 1 \end{pmatrix}$.

也可以按行分块

$$A=\left(\begin{array}{cccc} a_{11} & a_{12} & \cdots & a_{1n} \\ \hdashline a_{21} & a_{22} & \cdots & a_{2n} \\ \hdashline \vdots & \vdots & & \vdots \\ \hdashline a_{m1} & a_{m2} & \cdots & a_{mn} \end{array}\right)=\begin{pmatrix} A_1 \\ A_2 \\ \vdots \\ A_m \end{pmatrix},$$

或按列分块

$$A=\left(\begin{array}{c:c:c:c} a_{11} & a_{12} & \cdots & a_{1n} \\ a_{21} & a_{22} & \cdots & a_{2n} \\ \vdots & \vdots & & \vdots \\ a_{m1} & a_{m2} & \cdots & a_{mn} \end{array}\right)=(B_1 \quad B_2 \quad \cdots \quad B_n).$$

采用怎样的分块方法,这要对具体的不同问题采取不同的分块. 根据原矩阵的结构特点,既要使子块在参与运算时不失意义,又要为运算的方便考虑,这就是把矩阵分块处理的目的.

二、分块矩阵的运算

分块矩阵的运算与普通矩阵运算规则相似．对分块矩阵进行运算时，可以把每一个子块当作矩阵的一个元素来处理，但应保证运算的可行．

2.1 分块矩阵的加法、数乘、转置

定义 5.2 设矩阵 A,B 同型矩阵，且分块法一致，即

$$A=\begin{pmatrix}A_{11} & A_{12} & \cdots & A_{1r}\\ A_{21} & A_{22} & \cdots & A_{2r}\\ \vdots & \vdots & & \vdots\\ A_{s1} & A_{s2} & \cdots & A_{sr}\end{pmatrix},\quad B=\begin{pmatrix}B_{11} & B_{12} & \cdots & B_{1r}\\ B_{21} & B_{22} & \cdots & B_{2r}\\ \vdots & \vdots & & \vdots\\ B_{s1} & B_{s2} & \cdots & B_{sr}\end{pmatrix},$$

其中每一个 A_{ij} 与 B_{ij} 是同型子块，则规定**加法**为

$$A+B=\begin{pmatrix}A_{11}+B_{11} & A_{12}+B_{12} & \cdots & A_{1r}+B_{1r}\\ A_{21}+B_{21} & A_{22}+B_{22} & \cdots & A_{2r}+B_{2r}\\ \vdots & \vdots & & \vdots\\ A_{s1}+B_{s1} & A_{s2}+B_{s2} & \cdots & A_{sr}+B_{sr}\end{pmatrix}.$$

这就是说，两个行数与列数都相同的矩阵 A,B，按同一种分块方法分块，当 A 与 B 相加时，只须把对应位置的子块相加．A,B 分块方法相同是为了保证各对应子块（作为矩阵）可以相加．我们把上面分块矩阵相加规则归纳为“大可加，小可加”．

设 λ 为数，则规定**数乘**为

$$\lambda A=\begin{pmatrix}\lambda A_{11} & \lambda A_{12} & \cdots & \lambda A_{1r}\\ \lambda A_{21} & \lambda A_{22} & \cdots & \lambda A_{2r}\\ \vdots & \vdots & & \vdots\\ \lambda A_{s1} & \lambda A_{s2} & \cdots & \lambda A_{sr}\end{pmatrix},$$

即用一个数 λ 乘分块矩阵 A，就是用这个数 λ 乘上 A 的各子块．

此外，规定分块矩阵的转置为 $A^T=\begin{pmatrix}A_{11}^T & A_{21}^T & \cdots & A_{s1}^T\\ A_{12}^T & A_{22}^T & \cdots & A_{s2}^T\\ \vdots & \vdots & & \vdots\\ A_{1r}^T & A_{2r}^T & \cdots & A_{sr}^T\end{pmatrix}$.

即分块矩阵转置时，不仅要把当作元素看待的子块行列互换，而且还需对每一个子块都用转置矩阵来代替．

2.2 分块矩阵的乘法

定义 5.3 设 A 是 $m\times n$ 矩阵，B 是 $n\times p$ 矩阵．若将 A 分为 $r\times s$ 个子块 $(A_{ik})_{r\times s}$，将 B 分

为 $s\times t$ 个子块 $(B_{kj})_{s\times t}$，且子块 A_{ik} 的列数与之对应相乘的 B 的子块 B_{kj} 的行数相同，则规定 A 与 B 的**乘法**为 $AB=(C_{ij})_{r\times t}$，即

$$\begin{pmatrix} A_{11} & A_{12} & \cdots & A_{1s} \\ A_{21} & A_{22} & \cdots & A_{2s} \\ \vdots & \vdots & & \vdots \\ A_{r1} & A_{r2} & \cdots & A_{rs} \end{pmatrix}\begin{pmatrix} B_{11} & B_{12} & \cdots & B_{1t} \\ B_{21} & B_{22} & \cdots & B_{2t} \\ \vdots & \vdots & & \vdots \\ B_{s1} & B_{s2} & \cdots & B_{st} \end{pmatrix}=\begin{pmatrix} C_{11} & C_{12} & \cdots & C_{1t} \\ C_{21} & C_{22} & \cdots & C_{2t} \\ \vdots & \vdots & & \vdots \\ C_{r1} & C_{r2} & \cdots & C_{rt} \end{pmatrix},$$

其中 $C_{ij}=\sum\limits_{k=1}^{s}A_{ik}B_{kj}$，$(i=1,2,\cdots,r;j=1,2,\cdots t)$.

由此可以看出，要使矩阵的分块乘法能够进行，在对矩阵分块时必须满足：

(1) 以子块为元素时，两个矩阵可相乘，即左矩阵的列块数应等于右矩阵的行块数；

(2) 相应地，需做乘法的子块也应可相乘，即左子块的列数应等于右子块的行数．我们把上面分块矩阵乘法规则归纳为“大可乘，小可乘”.

例 5.1 设 $A=\begin{pmatrix} 1 & 0 & 0 & 0 & 0 \\ 0 & 1 & 0 & 0 & 0 \\ -1 & 2 & 1 & 0 & 0 \\ 1 & 1 & 0 & 1 & 0 \\ -2 & 0 & 0 & 0 & 1 \end{pmatrix}$，$B=\begin{pmatrix} 3 & 2 & 1 & 0 \\ 1 & 3 & 0 & 1 \\ -1 & 0 & 0 & 0 \\ 0 & -1 & 0 & 0 \\ 0 & 0 & 0 & 0 \end{pmatrix}$，计算 AB.

解 $A=\left(\begin{array}{cc:ccc} 1 & 0 & 0 & 0 & 0 \\ 0 & 1 & 0 & 0 & 0 \\ \hdashline -1 & 2 & 1 & 0 & 0 \\ 1 & 1 & 0 & 1 & 0 \\ -2 & 0 & 0 & 0 & 1 \end{array}\right)$，$B=\left(\begin{array}{cc:cc} 3 & 2 & 1 & 0 \\ 1 & 3 & 0 & 1 \\ \hdashline -1 & 0 & 0 & 0 \\ 0 & -1 & 0 & 0 \\ 0 & 0 & 0 & 0 \end{array}\right)$，

记 $A_1=\begin{pmatrix} -1 & 2 \\ 1 & 1 \\ -2 & 0 \end{pmatrix}$，$B_1=\begin{pmatrix} 3 & 2 \\ 1 & 3 \end{pmatrix}$，$B_2=\begin{pmatrix} -1 & 0 \\ 0 & -1 \\ 0 & 0 \end{pmatrix}$，

则

$$A=\begin{pmatrix} E_2 & O \\ A_1 & E_3 \end{pmatrix},B=\begin{pmatrix} B_1 & E_2 \\ B_2 & O \end{pmatrix}.$$

而

$$AB=\begin{pmatrix} E_2 & O \\ A_1 & E_3 \end{pmatrix}\begin{pmatrix} B_1 & E_2 \\ B_2 & O \end{pmatrix}=\begin{pmatrix} B_1 & E_2 \\ A_1B_1+B_2 & A_1 \end{pmatrix},$$

因 $A_1B_1+B_2=\begin{pmatrix} -1 & 2 \\ 1 & 1 \\ -2 & 0 \end{pmatrix}\begin{pmatrix} 3 & 2 \\ 1 & 3 \end{pmatrix}+\begin{pmatrix} -1 & 0 \\ 0 & -1 \\ 0 & 0 \end{pmatrix}=\begin{pmatrix} -2 & 4 \\ 4 & 4 \\ -6 & -4 \end{pmatrix}$，由此得

$$AB=\begin{pmatrix} B_1 & E_2 \\ A_1B_1+B_2 & A_1 \end{pmatrix}=\begin{pmatrix} 3 & 2 & 1 & 0 \\ 1 & 3 & 0 & 1 \\ -2 & 4 & -1 & 2 \\ 4 & 4 & 1 & 1 \\ -6 & -4 & -2 & 0 \end{pmatrix}.$$

三、分块对角矩阵及运算

若 n 阶方阵 A 的一个分块形式只在主对角线上有非零子块，即 $A=\mathrm{diag}(A_1,A_2,\cdots,A_s)$，其中 A_i 是 r_i 阶小方阵（阶数可不同），$i=1,2,\cdots,s$，$\sum\limits_{i=1}^{s}r_i=n$，而其余的非主对角子块都为零矩阵，则称为 A 的**分块对角矩阵（准对角阵）**.

例如，若记

$$A=\left(\begin{array}{cc:ccc:cc} 3 & 2 & 0 & 0 & 0 & 0 & 0 \\ 1 & 4 & 0 & 0 & 0 & 0 & 0 \\ \hdashline 0 & 0 & 5 & 1 & 0 & 0 & 0 \\ 0 & 0 & 2 & 6 & 1 & 0 & 0 \\ 0 & 0 & 4 & 1 & 5 & 0 & 0 \\ \hdashline 0 & 0 & 0 & 0 & 0 & 4 & 1 \\ 0 & 0 & 0 & 0 & 0 & 0 & 6 \end{array}\right)=\begin{pmatrix} A_1 & & \\ & A_2 & \\ & & A_3 \end{pmatrix},$$

则

$$A_1=\begin{pmatrix} 3 & 2 \\ 1 & 4 \end{pmatrix},A_2=\begin{pmatrix} 5 & 1 & 0 \\ 2 & 6 & 1 \\ 4 & 1 & 5 \end{pmatrix},A_3=\begin{pmatrix} 4 & 1 \\ 0 & 6 \end{pmatrix}.$$

分块对角矩阵有以下运算：

(1) 若 $A=\begin{pmatrix} A_1 & & \\ & \ddots & \\ & & A_s \end{pmatrix}$，则 $|A|=|A_1|\cdots|A_s|=\prod\limits_{i=1}^{s}|A_i|$；

(2) 若 A,B 为同阶分块对角矩阵且分块法相同：

$$A=\begin{pmatrix} A_1 & & \\ & \ddots & \\ & & A_s \end{pmatrix},B=\begin{pmatrix} B_1 & & \\ & \ddots & \\ & & B_s \end{pmatrix},$$

则

$$A+B=\begin{pmatrix} A_1+B_1 & & \\ & \ddots & \\ & & A_s+B_s \end{pmatrix},\quad AB=\begin{pmatrix} A_1B_1 & & \\ & \ddots & \\ & & A_sB_s \end{pmatrix};$$

(3) $kA=\begin{pmatrix} kA_1 & & \\ & \ddots & \\ & & kA_s \end{pmatrix}$，$A^T=\begin{pmatrix} A_1^T & & \\ & \ddots & \\ & & A_s^T \end{pmatrix}$；

(4) 若每一个 $|A_i|\neq 0$，则有 $A^{-1}=\begin{pmatrix} A_1^{-1} & & \\ & \ddots & \\ & & A_s^{-1} \end{pmatrix}$；

由 $|A_i|\neq 0$ 知 A_i^{-1} 存在，则

$$\begin{pmatrix} A_1 & & \\ & \ddots & \\ & & A_s \end{pmatrix}\begin{pmatrix} A_1^{-1} & & \\ & \ddots & \\ & & A_s^{-1} \end{pmatrix}=\begin{pmatrix} A_1A_1^{-1} & & \\ & \ddots & \\ & & A_sA_s^{-1} \end{pmatrix}=\begin{pmatrix} E_1 & & \\ & \ddots & \\ & & E_s \end{pmatrix}$$

便得 $A^{-1}=\begin{pmatrix} A_1 & & \\ & \ddots & \\ & & A_s \end{pmatrix}^{-1}=\begin{pmatrix} A_1^{-1} & & \\ & \ddots & \\ & & A_s^{-1} \end{pmatrix}$；

(5) 若 $A=\begin{pmatrix} A_1 & & \\ & \ddots & \\ & & A_s \end{pmatrix}$，则 $|A|=|A_1|\cdots|A_s|=\prod\limits_{i=1}^{s}|A_i|$.

四、矩阵按行分块和按列分块

矩阵 $A_{m\times n}$ 有 m 行，称为矩阵 A 的 m 个行向量．将第 i 行记作 $\alpha_i^T=(a_{i1},a_{i2},\cdots,a_{in})$ $(i=1,2,\cdots,m)$．若将 A 按行分块，则 $A=\begin{pmatrix} \alpha_1^T \\ \alpha_2^T \\ \vdots \\ \alpha_m^T \end{pmatrix}$.

矩阵 $A_{m\times n}$ 有 n 列，称为矩阵 A 的 n 个列向量．将第 j 列记作 $\alpha_j=\begin{pmatrix} a_{1j} \\ a_{2j} \\ \vdots \\ a_{mj} \end{pmatrix}$ $(j=1,2,\cdots,n)$.

若将 A 按列分块，则 $A=(\alpha_1,\alpha_2,\cdots,\alpha_n)$.

注意　列向量（列矩阵）常用小写黑体字母表示，如 $\boldsymbol{a},\boldsymbol{b},\boldsymbol{\alpha},\boldsymbol{\beta}$ 等；行向量（行矩阵）用列向量的转置表示，如 $\boldsymbol{a}^T,\boldsymbol{b}^T,\boldsymbol{\alpha}^T,\boldsymbol{\beta}^T$ 等．

§6　初等变换与初等矩阵

解线性方程组的高斯消元方法为矩阵的初等变换提供了实际背景，也就是用矩阵之间的变换来描述高斯消元法．矩阵的初等变换是矩阵的一种基本运算，有着广泛的应用，特别是在解线性方程组、求逆矩阵及矩阵理论的探讨中起着重要作用．

一、高斯消元法与矩阵的初等变换

1.1　用高斯消元法解线性方程组的矩阵描述

对于 n 元线性方程组

$$\begin{cases} a_{11}x_1+a_{12}x_2+\cdots+a_{1n}x_n=b_1, \\ a_{21}x_1+a_{22}x_2+\cdots+a_{2n}x_n=b_2, \\ \qquad\vdots \\ a_{m1}x_1+a_{m2}x_2+\cdots+a_{mn}x_n=b_m. \end{cases} \tag{6.1}$$

它与矩阵

$$\widetilde{A}=\begin{pmatrix} a_{11} & a_{12} & \cdots & a_{1n} & b_1 \\ a_{21} & a_{22} & \cdots & a_{2n} & b_2 \\ \vdots & \vdots & & \vdots & \vdots \\ a_{m1} & a_{m2} & \cdots & a_{mn} & b_m \end{pmatrix} \tag{6.2}$$

是一一对应的．称(6.2)式为 **n 元线性方程组(6.1)的增广矩阵**，记作 $\widetilde{A}$.

下面通过实例观察用高斯消元法解线性方程组时，增广矩阵的变化规律．

例 6.1　用高斯消元法解三元线性方程组

$$\begin{cases} 3x_1+4x_2-6x_3=4, \\ x_1+2x_2+4x_3=1, \\ -x_1+2x_2-7x_3=0. \end{cases}$$

并写出相应的增广矩阵．

解　方程组消元法

$$\begin{cases} 3x_1+4x_2-6x_3=4 \\ x_1+2x_2+4x_3=1 \\ -x_1+2x_2-7x_3=0 \end{cases}$$

第一二两方程互换

方程组对应的增广矩阵

$$\begin{pmatrix} 3 & 4 & -6 & 4 \\ 1 & 2 & 4 & 1 \\ -1 & 2 & -7 & 0 \end{pmatrix}$$

矩阵第一二行互换

$$\begin{cases} x_1 + 2x_2 + 4x_3 = 1 \\ 3x_1 + 4x_2 - 6x_3 = 4 \\ -x_1 + 2x_2 - 7x_3 = 0 \end{cases}$$

$$\begin{pmatrix} 1 & 2 & 4 & 1 \\ 3 & 4 & -6 & 4 \\ -1 & 2 & -7 & 0 \end{pmatrix}$$

第二个方程减去第一个方程的 3 倍　　第二行减去第一行的 3 倍

第三个方程加上第一个方程　　第三行加上第一行

$$\begin{cases} x_1 + 2x_2 + 4x_3 = 1 \\ -2x_2 - 18x_3 = 1 \\ 4x_2 - 3x_3 = 1 \end{cases}$$

$$\begin{pmatrix} 1 & 2 & 4 & 1 \\ 0 & -2 & -18 & 1 \\ 0 & 4 & -3 & 1 \end{pmatrix}$$

第三个方程加上第二个方程的 2 倍　　第三行加上第二行的 2 倍

$$\begin{cases} x_1 + 2x_2 + 4x_3 = 1 \\ -2x_2 - 18x_3 = 1 \\ -39x_3 = 3 \end{cases}$$

$$\begin{pmatrix} 1 & 2 & 4 & 1 \\ 0 & -2 & -18 & 1 \\ 0 & 0 & -39 & 3 \end{pmatrix}$$

第一个方程加上第二个方程　　第一行加上第二行

$$\begin{cases} x_1 - 14x_3 = 2 \\ -2x_2 - 18x_3 = 1 \\ -39x_3 = 3 \end{cases}$$

$$\begin{pmatrix} 1 & 0 & -14 & 2 \\ 0 & -2 & -18 & 1 \\ 0 & 0 & -39 & 3 \end{pmatrix}$$

第三个方程除以 -39　　第三行除以 -39

第一个方程除以 -2　　第一行除以 -2

$$\begin{cases} x_1 - 14x_3 = 2 \\ x_2 + 9x_3 = -\dfrac{1}{2} \\ x_3 = -\dfrac{1}{13} \end{cases}$$

$$\begin{pmatrix} 1 & 0 & -14 & 2 \\ 0 & 1 & 9 & -\dfrac{1}{2} \\ 0 & 0 & 1 & -\dfrac{1}{13} \end{pmatrix}$$

第一个方程加上第三个方程的 14 倍　　第一行加上第三行的 14 倍

第二个方程减去第三个方程的 9 倍　　第二行减去第三行的 9 倍

$$\begin{cases} x_1 = \dfrac{12}{13} \\ x_2 = \dfrac{5}{26} \\ x_3 = -\dfrac{1}{13} \end{cases}$$

$$\begin{pmatrix} 1 & 0 & 0 & \dfrac{12}{13} \\ 0 & 1 & 0 & \dfrac{5}{26} \\ 0 & 0 & 1 & -\dfrac{1}{13} \end{pmatrix}$$

总结以上过程，高斯消元法是对方程组实施以下三种变换：

(1) 互换两个方程的位置，形成了对增广矩阵的两行互换；

(2) 方程两边乘以一个非零常数，形成了对增广矩阵的某行乘以一个非零常数；

(3) 将方程组的某一个方程加上另一个方程的 k 倍，形成了对增广矩阵的某一行加另一行的 k 倍.

1.2　矩阵的初等变换

定义 6.1　下面三种行变换称为矩阵的**初等行变换**：

(1) 对调两行(对调 i,j 两行记为 $r_i \leftrightarrow r_j$)，称为对调变换；

(2) 用数 $k \neq 0$ 乘某一行中所有元素(第 i 行乘 k 记为 kr_i)，称为倍乘变换；

(3) 把某一行所有元素的 k 倍加到另一行的对应元素上(第 j 行的 k 倍加到第 i 行上记为 $r_i + kr_j$)，称为倍加变换.

将定义中的"行"换成"列"，即得到矩阵的初等列变换的定义(所有记号将 r 换成 c). 矩阵的初等行变换和矩阵的初等列变换，统称为矩阵的**初等变换**.

初等变换都存在着逆变换，如变换 $r_i \leftrightarrow r_j$ 的逆变换就是其本身；变换 kr_i 的逆变换为 $\frac{1}{k}r_i$；变换 $r_i + kr_j$ 的逆变换为 $r_i + (-k)r_j$.

定义 6.2　若矩阵 A 经有限次初等行变换变成 B，则称矩阵 A 与 B **行等价**，记为 $A \overset{r}{\sim} B$；若矩阵 A 经有限次初等列变换变成 B，则称矩阵 A 与 B **列等价**，记为 $A \overset{c}{\sim} B$；若矩阵 A 经有限次初等变换变成 B，则称矩阵 A 与 B **等价**，记为 $A \sim B$.

"$\sim$"为等价关系是表示等价关系的符号. 等价关系具有以下性质：

(1) **反身性**　$A \sim A$；

(2) **对称性**　若 $A \sim B$，则 $B \sim A$；

(3) **传递性**　若 $A \sim B$，$B \sim C$，则 $A \sim C$.

容易验证矩阵之间的初等变换满足上面等价关系的三条性质.

初等变换的主要作用是化简矩阵而保持其等价性(这对于后面用矩阵解线性方程组很重要). 化简矩阵 A 的主要过程：首先通过初等行变换把 A 化成行阶梯形矩阵(每行首个非零元素的下方全是零)，然后继续用初等行变换把 A 化成行**最简形矩阵**(每一非零行的首个非零元素为1，且这些1所在列的其他元素都为零). 此后如果对行最简形再施以列初等变换，还可将 A 进一步化成更简单的矩阵标准形.

(1) 行阶梯矩阵的特点：可以画出一条阶梯线，线的下方全是0元，每个台阶只有一行，台阶数就是非0行的行数，每段台阶数上面的第一个元为非0元，也就是非0行的第一个非0元. 例如，

$$A = \begin{pmatrix} 1 & 1 & -1 & 1 & 1 \\ 0 & 1 & 1 & 1 & 0 \\ 0 & 0 & 0 & 1 & -2 \\ 0 & 0 & 0 & 0 & 0 \end{pmatrix}.$$

(2) 行最简形矩阵的特点：非 0 行的第一个非 0 元为 1，且这些非 0 元所在的列的其他元都为 0. 例如，

$$A=\begin{pmatrix}1&1&-1&1&1\\0&1&1&1&0\\0&0&0&1&-2\\0&0&0&0&0\end{pmatrix}\xrightarrow[-r_3+r_2]{-r_2+r_1}\begin{pmatrix}1&0&-2&0&1\\0&1&1&0&2\\0&0&0&1&-2\\0&0&0&0&0\end{pmatrix}=B.$$

(3) 标准形矩阵的特点：左上角是一个单位阵，其余元全为 0. 例如，

$$B=\begin{pmatrix}1&0&-2&0&1\\0&1&1&0&2\\0&0&0&1&-2\\0&0&0&0&0\end{pmatrix}\xrightarrow{\substack{c_3\leftrightarrow c_4\\c_4+2c_1-c_2\\c_5-c_1-2c_2+c2c_3}}\left(\begin{array}{ccc:cc}1&0&0&0&0\\0&1&0&0&0\\0&0&1&0&0\\\hdashline 0&0&0&0&0\end{array}\right)=F.$$

称矩阵 F 为矩阵 B 的**标准形**. 对于 $m\times n$ 矩阵 A，总可以经过初等变换把它化为标准形 $F=\begin{pmatrix}E_r&O\\O&O\end{pmatrix}_{m\times n}$，此标准型由 m,n,r 三个数完全确定，其中 r 就是行阶梯形矩阵中非零行的行数. 所有与 A 等价的矩阵组成一个集合，标准形 F 就是这个集合中形状最简单的矩阵.

例 6.2 设 $A=\begin{pmatrix}1&-1&-1&0&3&-1\\2&-2&-1&2&4&-2\\3&-3&-1&4&5&-3\\1&-1&1&1&8&2\end{pmatrix}$，用初等变换将其化简.

解 先用初等行变换将其化为行阶梯形，形式上相当于作由上而下的行消元：

$$A\xrightarrow{\substack{r_2-2r_1\\r_3-3r_1\\r_4-r_1}}\begin{pmatrix}1&-1&-1&0&3&-1\\0&0&1&2&-2&0\\0&0&2&4&-4&0\\0&0&2&1&5&3\end{pmatrix}\xrightarrow[r_4-2r_2]{r_3-2r_2}\begin{pmatrix}1&-1&-1&0&3&-1\\0&0&1&2&-2&0\\0&0&0&0&0&0\\0&0&0&-3&9&3\end{pmatrix}$$

$$\xrightarrow{r_3\leftrightarrow r_4}\begin{pmatrix}1&-1&-1&0&3&-1\\0&0&1&2&-2&0\\0&0&0&-3&9&3\\0&0&0&0&0&0\end{pmatrix}=B.$$

B 就是 A 的一个行阶梯形矩阵，对 B 继续作初等行变换，形式上相当于作自下而上的行消元：

$$B \underset{\sim}{-\frac{1}{3}r_3} \begin{pmatrix} 1 & -1 & -1 & 0 & 3 & -1 \\ 0 & 0 & 1 & 2 & -2 & 0 \\ 0 & 0 & 0 & 1 & -3 & -1 \\ 0 & 0 & 0 & 0 & 0 & 0 \end{pmatrix}$$

$$\underset{\sim}{r_2-2r_3} \begin{pmatrix} 1 & -1 & -1 & 0 & 3 & -1 \\ 0 & 0 & 1 & 0 & 4 & 2 \\ 0 & 0 & 0 & 1 & -3 & -1 \\ 0 & 0 & 0 & 0 & 0 & 0 \end{pmatrix} \underset{\sim}{r_1+r_2} \begin{pmatrix} 1 & -1 & 0 & 0 & 7 & 1 \\ 0 & 0 & 1 & 0 & 4 & 2 \\ 0 & 0 & 0 & 1 & -3 & -1 \\ 0 & 0 & 0 & 0 & 0 & 0 \end{pmatrix} = C.$$

C 即为 A 的一个行最简形矩阵，是 A 经初等行变换所能化到的最简形式．

由定义知，$A \sim C$. 若对 C 再进一步作初等列变换，则可得

$$C \sim \begin{pmatrix} 1 & 0 & 0 & 0 & 0 & 0 \\ 0 & 0 & 1 & 0 & 0 & 0 \\ 0 & 0 & 0 & 1 & 0 & 0 \\ 0 & 0 & 0 & 0 & 0 & 0 \end{pmatrix} \sim \left(\begin{array}{ccc:ccc} 1 & 0 & 0 & 0 & 0 & 0 \\ 0 & 1 & 0 & 0 & 0 & 0 \\ 0 & 0 & 1 & 0 & 0 & 0 \\ \hdashline 0 & 0 & 0 & 0 & 0 & 0 \end{array}\right) = \begin{pmatrix} E_3 & O \\ O & O \end{pmatrix} = I_{4\times 6}^{3}.$$

$I_{4\times 6}^{3}$ 就是 A 的等价标准形，是所有与 A 等价的矩阵中形式最简单的矩阵．

由等价关系的传递性知，若 $A \sim B$，则 A,B 必定有相同的标准形 $I_{m\times n}^{r}$，反之亦然．

通过例 6.1，可见线性方程组的高斯消元法实质就是对增广矩阵作初等行变换，化为行阶梯形或行最简形矩阵，从而得到方程组的解．

例 6.3　用高斯消元法解三元线性方程组 $\begin{cases} 3x_1+4x_2-6x_3=4, \\ x_1+2x_2+4x_3=1, \\ -x_1+2x_2-7x_3=0. \end{cases}$

解

$$\widetilde{A} = \begin{pmatrix} 3 & 4 & -6 & 4 \\ 1 & 2 & 4 & 1 \\ -1 & 2 & -7 & 0 \end{pmatrix} \underset{\sim}{r_1 \leftrightarrow r_2} \begin{pmatrix} 1 & 2 & 4 & 1 \\ 3 & 4 & -6 & 4 \\ -1 & 2 & -7 & 0 \end{pmatrix} \underset{\sim}{\substack{r_2-3r_1 \\ r_3+r_1}} \begin{pmatrix} 1 & 2 & 4 & 1 \\ 0 & -2 & -18 & 1 \\ 0 & 4 & -3 & 1 \end{pmatrix}$$

$$\underset{\sim}{r_3+2r_2} \begin{pmatrix} 1 & 2 & 4 & 1 \\ 0 & -2 & -18 & 1 \\ 0 & 0 & -39 & 3 \end{pmatrix} \underset{\sim}{r_1+r_2} \begin{pmatrix} 1 & 0 & -14 & 2 \\ 0 & -2 & -18 & 1 \\ 0 & 0 & -39 & 3 \end{pmatrix}$$

$$\xrightarrow[-\frac{1}{2}r_2]{-\frac{1}{39}r_3}\begin{pmatrix}1&0&-14&2\\0&1&9&-\frac{1}{2}\\0&0&1&-\frac{1}{13}\end{pmatrix}\xrightarrow[r_2-9r_3]{r_1+14r_3}\begin{pmatrix}1&0&0&\frac{12}{13}\\0&1&0&\frac{5}{26}\\0&0&1&-\frac{1}{13}\end{pmatrix}.$$

从上可知,若 A 为可逆方阵,则 $|A|\neq 0$,由克莱姆法则知,以 A 为系数矩阵的线性方程组有唯一解.通过高斯消元法得到的最简方程组的系数矩阵恰为单位阵 E,因此 $A\sim E$.可见 A 可逆时,同阶单位阵 E 既是 A 的行最简形,同时也是 A 的等价标准形.

尽管定义了矩阵的初等变换,但是如何实现呢?也就是要给出一种算法,从下面简单的情形进行研究.设

$$A=\begin{pmatrix}a_{11}&a_{12}&a_{13}\\a_{21}&a_{22}&a_{23}\\a_{31}&a_{32}&a_{33}\end{pmatrix},B=\begin{pmatrix}a_{31}&a_{32}&a_{33}\\a_{21}&a_{22}&a_{23}\\a_{11}&a_{12}&a_{13}\end{pmatrix},$$

考虑

$$\begin{pmatrix}0&0&1\\0&1&0\\1&0&0\end{pmatrix}\begin{pmatrix}a_{11}&a_{12}&a_{13}\\a_{21}&a_{22}&a_{23}\\a_{31}&a_{32}&a_{33}\end{pmatrix}=\begin{pmatrix}a_{31}&a_{32}&a_{33}\\a_{21}&a_{22}&a_{23}\\a_{11}&a_{12}&a_{13}\end{pmatrix}=B.$$

因此,A 的第 1,3 行互换了可以由左乘矩阵 $E(1,3)=\begin{pmatrix}0&0&1\\0&1&0\\1&0&0\end{pmatrix}$ 来实现,而 $E(1,3)$ 恰好是由 $E=\begin{pmatrix}1&0&0\\0&1&0\\0&0&1\end{pmatrix}$ 的第 1,3 行互换而成.可见,对矩阵的初等变换可选择恰当的矩阵与之相乘来实现.

二、初等矩阵

定义 6.3 单位矩阵 E 经一次初等变换所得到的方阵,称为**初等矩阵**.

三种初等变换对应三种初等阵.

(1) **对调变换**得对调初等矩阵:由单位矩阵 E 的第 i,j 行(列)对调而得到的初等矩阵.记作

$$E(i,j)=\begin{pmatrix}1&&&&&&&&&\\&\ddots&&&&&&&&\\&&1&&&&&&&\\&&&0&\cdots&\cdots&\cdots&1&&\\&&&\vdots&1&\cdots&0&\vdots&&\\&&&\vdots&\vdots&\ddots&\vdots&\vdots&&\\&&&\vdots&0&\cdots&1&\vdots&&\\&&&1&\cdots&\cdots&\cdots&0&&\\&&&&&&&&1&\\&&&&&&&&&\ddots\\&&&&&&&&&&1\end{pmatrix}\begin{matrix}\\ \\ \\(i)\\ \\ \\ \\(j)\\ \\ \\ \\ \end{matrix}.$$

(2) **倍乘变换**得倍乘初等矩阵:由单位矩阵第 i 行(列)乘非零 k 而得到的倍乘初等矩阵. 记作

$$E(i(k))=\begin{pmatrix}1&&&&&&\\&\ddots&&&&&\\&&1&&&&\\&&&k&&&\\&&&&1&&\\&&&&&\ddots&\\&&&&&&1\end{pmatrix}(i).$$

(3) **倍加变换**得倍加初等矩阵:由单位矩阵 E 的第 j 行的 k 倍加到第 i 行而得到(也就是由单位矩阵 E 的第 i 列的 k 倍加到第 j 列而得到)的初等矩阵. 记作

$$E(i,j(k))=\begin{pmatrix}1&&&&&&\\&\ddots&&&&&\\&&1&\cdots&k&&\\&&&\ddots&\vdots&&\\&&&&1&&\\&&&&&\ddots&\\&&&&&&1\end{pmatrix}\begin{matrix}\\ \\(i)\\ \\(j)\\ \\ \\ \end{matrix}.$$

例如，对于一个三阶单位矩阵 $E=\begin{pmatrix}1&0&0\\0&1&0\\0&0&1\end{pmatrix}$ 而言，现在我们可以得到很多初等矩阵.

(1) 对调 2,3 行：$\boldsymbol{E}(\boldsymbol{2},\boldsymbol{3})=\begin{pmatrix}1&0&0\\0&0&1\\0&1&0\end{pmatrix}$.

(2) 第 2 行乘以某个非 0 的数 λ：$\boldsymbol{E}(\boldsymbol{2}(\boldsymbol{\lambda}))=\begin{pmatrix}1&0&0\\0&\lambda&0\\0&0&1\end{pmatrix}$.

(3) 第 2 行乘以某个非 0 的数 λ 再加到第 3 行：$\boldsymbol{E}(\boldsymbol{3},\boldsymbol{2}(\boldsymbol{\lambda}))=\begin{pmatrix}1&0&0\\0&1&0\\0&\lambda&1\end{pmatrix}$.

可直接验证，用一个初等矩阵乘矩阵 A 的结果等于对矩阵 A 作了一次初等变换，具体说就是：

$\boldsymbol{E}(\boldsymbol{i},\boldsymbol{j})\boldsymbol{A}$ 导致 A 的第 i,j 行对调（即 $r_i\leftrightarrow r_j$）；$\boldsymbol{AE}(\boldsymbol{i},\boldsymbol{j})$ 导致 A 的第 i,j 列对调（即 $c_i\leftrightarrow c_j$）；

$\boldsymbol{E}(\boldsymbol{i}(\boldsymbol{k}))\boldsymbol{A}$ 导致 A 的第 i 行乘 k（即 $k\times r_i$）$(k\neq 0)$；$\boldsymbol{AE}(\boldsymbol{i}(\boldsymbol{k}))$ 导致 A 的第 i 列乘 k（即 $k\times c_i$）$(k\neq 0)$；

$\boldsymbol{E}(\boldsymbol{i},\boldsymbol{j}(\boldsymbol{k}))\boldsymbol{A}$ 导致 A 的第 j 行的 k 倍加到第 i 行（即 r_i+kr_j）；$\boldsymbol{AE}(\boldsymbol{i},\boldsymbol{j}(\boldsymbol{k}))$ 导致 A 的第 i 列的 k 倍加到第 j 列（即 c_j+kc_i）.

综上，可得到以下定理

定理 6.1 设 A 是一个 $m\times n$ 矩阵，对 A 进行一次初等行变换，相当于在 A 的左边乘一个相应的 m 阶初等矩阵；对 A 进行一次初等列变换，相当于在 A 的右边乘一个相应的 n 阶初等矩阵.

由 $E(i,j)E(i,j)=E$， $E(i(k))E\left(i\left(\dfrac{1}{k}\right)\right)=E$， $E(i,j(k))E(i,j(-k))=E$，

知初等矩阵皆可逆，且它们的逆阵仍为同类初等阵.

$$E(i,j)^{-1}=E(i,j),\quad E(i(k))^{-1}=E\left(i\left(\frac{1}{k}\right)\right),\quad E(i,j(k))^{-1}=E(i,j(-k)).$$

例 6.4 现在对于一个矩阵 $A=\begin{pmatrix}1&2&3\\4&5&6\\7&8&9\end{pmatrix}$ 而言，利用三种初等矩阵实现下面的想法：

(1) 对调矩阵 A 的 2,3 行的位置；

(2) 将矩阵的第 2 行乘以某个非 0 数 λ；

(3) 将矩阵的第 2 行乘以某个非 0 数 λ 后再加到第 3 行.

解 (1) 在矩阵 A 左边乘一个初等行矩阵 $\boldsymbol{E}(2,3)=\begin{pmatrix}1&0&0\\0&0&1\\0&1&0\end{pmatrix}$，即

$$\begin{pmatrix}1&0&0\\0&0&1\\0&1&0\end{pmatrix}\begin{pmatrix}1&2&3\\4&5&6\\7&8&9\end{pmatrix}=\begin{pmatrix}1&2&3\\7&8&9\\4&5&6\end{pmatrix}.$$

(2) 在矩阵 A 左边乘一个初等行矩阵 $E(2(\lambda))=\begin{pmatrix}1&0&0\\0&\lambda&0\\0&0&1\end{pmatrix}$，即

$$\begin{pmatrix}1&0&0\\0&\lambda&0\\0&0&1\end{pmatrix}\begin{pmatrix}1&2&3\\4&5&6\\7&8&9\end{pmatrix}=\begin{pmatrix}1&2&3\\4\lambda&5\lambda&6\lambda\\7&8&9\end{pmatrix}.$$

(3) 在矩阵 A 左边乘一个初等行矩阵 $E(3,2(\lambda))=\begin{pmatrix}1&0&0\\0&1&0\\0&\lambda&1\end{pmatrix}$，即

$$\begin{pmatrix}1&0&0\\0&1&0\\0&\lambda&1\end{pmatrix}\begin{pmatrix}1&2&3\\4&5&6\\7&8&9\end{pmatrix}=\begin{pmatrix}1&2&3\\4&5&6\\7+4\lambda&8+5\lambda&9+6\lambda\end{pmatrix}.$$

同样我们要实现下面的三种想法：① 对调矩阵 A 的 2，3 列的位置；② 将矩阵 A 的第 2 列乘以某个非 0 数 λ；③ 将矩阵 A 的第 2 列乘以某个非 0 数 λ 后再加到第 3 列．只需在矩阵 A 的右边对应地乘以三种初等列矩阵即可．

三、初等变换求逆矩阵

定理 6.2 矩阵 A 可逆的充要条件是 A 可表示为有限个初等矩阵的乘积．

证明 先证充分性．设 $A=P_1P_2\cdots P_l$，因初等矩阵可逆，有限个可逆矩阵的乘积仍可逆．故 A 可逆．

再证必要性．设 n 阶方阵 A 可逆，且 A 的标准形矩阵为 F，由于 $F\sim A$，知 F 经有限次初等变换可化为 A，即有 n 阶初等矩阵 $P_1,P_2,\cdots P_l$，使 $A=P_1\cdots P_sFP_{s+1}\cdots P_l$．因为 A 可逆，所有 $P_1,P_2,\cdots P_l$ 也都可逆，故 n 阶标准形矩阵 F 可逆．

假设 $F=\begin{pmatrix}E_r&O\\O&O\end{pmatrix}_{n\times n}$ 中的 $r<n$，则 $|F|=0$，这与 F 可逆矛盾，因此必有 $r=n$，即 $F=E$，从而

$$A=P_1\cdots P_sEP_{s+1}\cdots P_l=P_1\cdots P_sP_{s+1}\cdots P_l.$$

由上述定理的证明可知，可逆矩阵的标准形矩阵是单位矩阵，其实可逆矩阵的行最简形矩阵也是单位矩阵．

推论 1 方阵 A 可逆的充要条件是 $A\overset{r}{\sim}E$.

证明　因 A 可逆的充要条件是 A 可表示为有限个初等矩阵的乘积，即存在初等矩阵 $P_1,P_2,\cdots,P_l$，使 $A=P_1P_2\cdots P_l$，亦即 $A=P_1P_2\cdots P_lE$，故 $A\overset{r}{\sim}E$.

推论2　$m\times n$ 矩阵 $A\sim B$ 的充分必要条件：存在 m 阶可逆矩阵 P 及 n 阶可逆矩阵 Q，使 $PAQ=B$.（此推论证明留给读者）

推论3　对可逆矩阵 A 和同阶单位矩阵 E 作同样的初等行变换，则将 A 变成单位矩阵的同时，单位矩阵 E 也就变成了 A^{-1}.

证明　由定理 6.2 知，若 $|A|\neq 0$，则 $A=P_1P_2\cdots P_l$（其中 P_i 为初等矩阵，$i=1,2,\cdots,l$），由此推得

$$P_l^{-1}P_{l-1}^{-1}\cdots P_1^{-1}A=E，及\ P_l^{-1}P_{l-1}^{-1}\cdots P_1^{-1}E=(P_1\cdots P_{l-1}P_l)^{-1}=A^{-1}.$$

所以对 A 和 E 施行相同的初等变换 $P_l^{-1}P_{l-1}^{-1}\cdots P_1^{-1}$，则 A 变成了 E，E 变成了 A^{-1}.

推论 3 给了我们一个求逆阵的更为简便的方法，用分块矩阵表示，即

$$P_l^{-1}P_{l-1}^{-1}\cdots P_1^{-1}(A\mid E)=(P_l^{-1}P_{l-1}^{-1}\cdots P_1^{-1}A\mid P_l^{-1}P_{l-1}^{-1}\cdots P_1^{-1}E)=(E\mid A^{-1}).$$

例 6.5　设 $A=\begin{pmatrix}1&2&3\\2&2&1\\3&4&3\end{pmatrix}$，求 A^{-1}.

解　记

$$(A\mid E)=\left(\begin{array}{ccc|ccc}1&2&3&1&0&0\\2&2&1&0&1&0\\3&4&3&0&0&1\end{array}\right)\overset{r_2-2r_1}{\underset{r_3-3r_1}{\sim}}\left(\begin{array}{ccc|ccc}1&2&3&1&0&0\\0&-2&-5&-2&1&0\\0&-2&-6&-3&0&1\end{array}\right)$$

$$\overset{r_3-r_2}{\sim}\left(\begin{array}{ccc|ccc}1&2&3&1&0&0\\0&-2&-5&-2&1&0\\0&0&-1&-1&-1&1\end{array}\right)\overset{r_2-5r_3}{\underset{r_1+3r_3}{\sim}}\left(\begin{array}{ccc|ccc}1&2&0&-2&-3&3\\0&-2&0&3&6&-5\\0&0&-1&-1&-1&1\end{array}\right)$$

$$\overset{r_1+r_2}{\sim}\left(\begin{array}{ccc|ccc}1&0&0&1&3&-2\\0&-2&0&3&6&-5\\0&0&-1&-1&-1&1\end{array}\right)\overset{-\frac{1}{2}\times r_2}{\underset{(-1)\times r_3}{\sim}}\left(\begin{array}{ccc|ccc}1&0&0&1&3&-2\\0&1&0&-\frac{3}{2}&-3&\frac{5}{2}\\0&0&1&1&1&-1\end{array}\right),$$

故

$$A^{-1}=\begin{pmatrix}1&3&-2\\-\frac{3}{2}&-3&\frac{5}{2}\\1&1&-1\end{pmatrix}.$$

四、实际应用问题

逆矩阵在物理、通信等诸多领域有广泛的应用．在密码学中，经常使用的一种加密方式

就是先将明文(传递的信息)里面的每个字母与一个整数对应,使信息转化为密文(一系列数字代码).最后我们传输的是得到的密文.例如,将26个英文字母分别对应数字1到26,如明文"linear",加密得到的密文为{12,9,14,5,1,18}.为了让密文更难于破解,可以使用密钥对密文进一步加密.

例如,我们可以采用这样的密钥矩阵 $A=\begin{pmatrix}1 & 2\\3 & 1\end{pmatrix}$,与密文矩阵进行乘法运算来加密,则 $A\begin{pmatrix}12 & 9 & 14\\5 & 1 & 18\end{pmatrix}=\begin{pmatrix}22 & 11 & 50\\41 & 28 & 60\end{pmatrix}$,明文转化得到的密文为{22,11,50,41,28,60}.传送方将密文也就是{22,11,50,41,28,60}这段代码传输出去,接收方接收到这段密文后,就要用到密钥矩阵的逆矩阵 A^{-1}.通过逆矩阵,接收方可以先对密文进行解密得到原代码,再比对数字所对应的英文字母,就可以得到传送方传递的信息.

阅读材料

一、矩阵发展简史

矩阵(Matrix)作为解决线性方程组的工具也有不短的历史.成书最迟在东汉前期的《九章算术》中,分离系数用数阵表示线性方程组,得到了其增广矩阵.在消元过程中,已经使用了把某行乘以某一非零实数、从某行中减去另一行等运算技巧,就相当于矩阵的初等行变换.那时并没有初等变换等矩阵概念,虽然它与现有的矩阵形式上相同,但在当时只是作为线性方程组的标准表示与处理方式.在行列式的研究发展起来后,矩阵才正式作为数学的研究对象出现.从逻辑上看,矩阵的概念应先于行列式出现,但在数字史的实际脉络中,情况却恰好相反.日本数学家关孝和与微积分的发现者之一莱布尼茨近乎同时独立地建立起了行列式理论,其后行列式作为解线性方程组的工具逐步发展起来.接着在1750年,数学家克莱姆提出了克莱姆法则.

而矩阵的现代概念在19世纪才逐渐形成.19世纪初,高斯(Gauss,1777—1855)和约当(Jordan,1838—1922)建立了高斯-约当消去法.1844年,德国数学家艾森斯坦(Eisenstein,1823-1852)讨论了"变换"(矩阵)及其乘积.1850年,英国数学家西尔维斯特(Sylvester,1814-1897)首先使用了"矩阵"一词.

英国数学家凯莱(Cayley,1821—1895)被公认为矩阵论的奠基人.他开始将矩阵作为独立的数学对象研究时,许多与矩阵有关的性质已经在行列式的研究中被发现了,这也使得凯莱认为矩阵的引进是十分自然的.他说:"我决然不是通过四元数而获得矩阵概念的.它或是直接从行列式的概念而来,或是作为一个表达线性方程组的简便方法而来的."他从1858年开始发表了《矩阵论的研究报告》等一系列关于矩阵的专门论文,研究了矩阵的运算律、矩阵的逆及转置和特征多项式方程.凯莱还提出了凯莱-哈密尔顿定理,并验证了3×3矩阵的情况,又说进一步的证明是不必要的.爱尔兰的数学家哈密尔顿(Hamilton,1805-1865)则证明了4×4矩阵的情况.而一般情况下的证明是德国数学家费罗贝尼乌斯

(Frobenius,1849—1917)于 1898 年给出的 .1854 年,法国数学家埃尔米特(Hermite,1822－1901)使用了“正交矩阵”这一术语,而正交矩阵的正式定义直到1878年才由费罗贝尼乌斯发表 .1879 年,费罗贝尼乌斯引入矩阵的秩的概念. 至此,矩阵的体系基本建立.

现今矩阵论的很多结果是在19世纪的下半叶取得的. 在19世纪50年代与60年代,数学家们还证明了复数矩阵中埃尔米特矩阵的特征根都是实数及实对称矩阵及其有关二次型的结果. 这一时期还引入了相似矩阵的概念,最早见于柯西在行列式理论中的一些工作. 在19世纪下半叶,很多数学家都对行列式论与矩阵论的发展作出过重要贡献.

无限维矩阵的研究始于1884年. 庞加莱(Poincaré,1854—1912)在2篇文章中不严谨地使用了无限维矩阵和行列式理论后,开始了对这一方面的专门研究.

1906年,希尔伯特(Hilbert,1862－1943)引入无限二次型(相当于无限维矩阵)对积分方程进行研究,极大地促进了无限维矩阵的研究. 在此基础上,施密茨、赫林格和特普利茨发展出了算子理论,使得无限维矩阵成为研究函数空间算子的有力工具.

进入20世纪,矩阵的理论、线性代数及其应用、线性代数计算方法等又有了长足的发展,其中我国数学家华罗庚教授也做了很多工作. 随着计算机技术的迅速发展,矩阵理论得到了空前快速的发展,现已成为数学学科中很重要的一个研究分支.

二、数学家介绍

华罗庚(1910－1985),中国现代著名数学家,中国科学院院士,1910年11月12日出生于江苏金坛县,父亲以开杂货铺为生. 他幼时爱动脑筋,因思考问题过于专心常被同伴们戏称为“罗呆子”. 他进入金坛县立初中后,数学才能被老师王维克发现,并尽心尽力予以培养. 初中毕业后,华罗庚曾入上海中华职业学校就读,因拿不出学费而中途退学,故一生只有初中毕业文凭.

此后,华罗庚开始顽强自学,每天学习10个小时以上. 他用5年时间学完了高中和大学低年级的全部数学课程.1930年他20岁时,在上海《科学》杂志上发表了《苏家驹之代数五次方程解法不能成立的理由》论文,轰动了数学界.

从1931年起,华罗庚在清华大学边工作边学习,用一年半时间学完了数学系全部课程. 他自学了英、法、德文,在国外杂志上发表了3篇论文后,被破格任用为助教,1935年成为讲师.1936年夏,华罗庚被保送到英国剑桥大学进修,两年中发表了10多篇论文,被国际数学界赞赏.1938年,华罗庚访英回国,在西南联合大学任教授. 在昆明郊外的一间小阁楼里,他艰难地写出名著《堆垒素数论》.1946年9月,华罗庚应纽约普林斯顿大学邀请去美国讲学,并于1948年被美国伊利诺依大学聘为终身教授. 新中国成立后不久,华罗庚毅然放弃美国的优裕生活携全家返回祖国. 在归国途中写下了《致中国全体留美学生的公开信》. 他在信中说道:“梁园虽好,非久居之乡,归去来兮.”在这封信中,华罗庚喊出了“科学没有国界,科学家是有自己的祖国的”这句海外爱国知识分子的共同心声! 1950年,华罗庚终于回到清华大学工作,随后担任清华大学数学系教授;1952年,担任中科院数学所所长.20世纪50年代,他在百花齐放、百家争鸣的学术空气下著述颇丰,还发现和培养了王元、陈景润等数学人才.1956年,他着手筹建中科院计算数学研究所.1958年,他担任中国科技大学副校长兼数学系主任．他在代数、矩阵几何、多复变函数、数论等方面都作出了卓越的贡献．在研究数学理论的同时，从1960年起，华罗庚开始在工农业生产中推广统筹法和优选法，足迹遍及27个省(自治区、直辖市)，创造了巨大的物质财富和经济效益．1978年3月，他被任命为中科院副院长并于翌年入党．

晚年的华罗庚不顾年老体衰，仍然奔波在建设第一线．1985年6月12日，他在日本东京作学术报告时，因心脏病突发不幸逝世，享年74岁．

本章要求

矩阵在线性代数中是一个重要而且应用广泛的概念．矩阵是一个表格，其运算与数的运算既有联系又有区别．要熟练掌握矩阵的加法、乘法与数量乘法的运算规则，并熟练掌握矩阵行列式的有关性质．

正确理解逆矩阵的概念，掌握逆矩阵的性质及矩阵可逆的充要条件；会用伴随矩阵求矩阵的逆；熟练掌握用初等变换求逆矩阵的方法．

了解矩阵的分块原则，掌握分块矩阵的运算规则．注意分块矩阵在矩阵乘法、求逆及矩阵秩等方面的应用．

对于几种特殊矩阵，应掌握其定义和性质．

本章重点　矩阵的运算及性质；初等矩阵；矩阵可逆的判定及求法；分块矩阵．

本章难点　初等矩阵的性质；矩阵逆的求法；分块矩阵．

习题二

1. 填空题

(1) 设 A 为四阶数量矩阵，且 $|A|=16$，则 $A=$________，$A^{-1}=$________，$A^{*}=$________．

(2) 设 $A^{-1}=\begin{pmatrix}2 & 4\\ 6 & 8\end{pmatrix}$，则 $A=$________，$|4A^{-1}|=$________，$(A^{T})^{-1}=$________．

(3) 设 $A=\begin{pmatrix}5 & 2 & 0 & 0\\ 2 & 1 & 0 & 0\\ 0 & 0 & 1 & -2\\ 0 & 0 & 1 & 1\end{pmatrix}$，则 $|A|=$________，$A^{-1}=$________．

(4) 设 A 为四阶可逆方阵，且 $|A^{-1}|=2$，则 $|3(A^{*})^{-1}-2A|=$________．

(5) 设 $A=\dfrac{1}{2}\begin{pmatrix}1 & -\sqrt{3}\\ \sqrt{3} & 1\end{pmatrix}$，且 $A^{6}=E$，则 $A^{11}=$________．

2. 选择题

(1) 若 A,B 为同阶方阵，且满足 $AB=O$，则有(　　)．

A $A=O$ 或 $B=O$；　　B $|A|=0$ 或 $|B|=0$；

C $(A^2+B^2)=A^2+B^2$；　　D. A 与 B 均可逆．

(2) 若对任意方阵 B,C，由 $AB=AC(A,B,C$ 为同阶方阵) 能推出 $B=C$，则 A 满足(　　)．

A $A\neq O$；　　B $A=O$；　　C $|A|\neq 0$|；　　D $|AB|\neq 0$.

(3) 已知 A 为 n 阶非零方阵，若有 n 阶方阵 B 使 $AB=BA=A$，则(　　)．

A B 为单位矩阵；　　B B 为零方阵；　　C $B^{-1}=A$；　　D 不一定．

3. 判断下列矩阵是否可逆，如果可逆，求出其逆矩阵．

(1) $A=\begin{pmatrix}1&2&3\\2&1&2\\1&3&3\end{pmatrix}$；　　(2) $B=\begin{pmatrix}2&3&-1\\-1&3&5\\1&5&3\end{pmatrix}$．

4. 已知 $A=\begin{pmatrix}2&1&0\\1&2&1\\0&1&2\end{pmatrix}$，$C=\begin{pmatrix}1&2\\3&4\\2&1\end{pmatrix}$，求解矩阵方程 $AX=X+C$.

5. 用初等变换把矩阵化为标准形矩阵 $\begin{pmatrix}3&2&-1&-3&-1\\2&-1&3&1&-3\\7&0&5&-1&8\end{pmatrix}$．

6. 若 $A=\begin{pmatrix}1&-2&2&-1\\2&-4&8&0\\-2&4&-2&3\\3&-6&0&-6\end{pmatrix}$，$b=\begin{pmatrix}1\\2\\3\\4\end{pmatrix}$，求 A 及 $B=(A|b)$ 的秩．

第 3 章　矩阵的秩与向量空间

所谓向量就是既有大小，又有方向的量，在几何上用有向线段表示．向量在数学领域有着广泛的应用，自然科学、工程技术和经济问题等领域也常常要用到向量．

本章首先介绍矩阵的秩、n 维向量的概念和运算，然后讨论 n 维向量组的线性相关性、向量组的秩等问题，最后介绍向量空间的基本概念、向量的内积、正交矩阵．

§1　矩阵的秩

矩阵的秩是线性代数中重要的概念，在讨论向量、解方程组等问题中起着重要作用．

在第 2 章第 2.6 节中，我们已经知道，任一矩阵都可以经初等行变换化为行阶梯形矩阵，且行阶梯形矩阵所含非零行的行数是唯一确定的．这个数实质上就是矩阵的“秩”．鉴于这个数的唯一性尚未证明，在本节中，我们首先利用行列式来定义矩阵的秩，然后给出利用初等变换求矩阵秩的方法．

一、矩阵秩的概念

定义 1.1　在 $m\times n$ 矩阵 A 中，任取 k 行 k 列 $(k\leqslant m, k\leqslant n)$，位于这些行列交叉处的 k^2 个元素，并保持其相对位置不变而得到的 k 阶行列式，称为矩阵 A 的 k **阶子式**．

例如，一个 3×4 阶矩阵 $B=\begin{pmatrix}2&1&2&3\\4&1&3&5\\2&0&1&2\end{pmatrix}$，则 $|5|$，$|3|$ 是 B 的一阶子式；$\begin{vmatrix}2&3\\4&5\end{vmatrix}$，$\begin{vmatrix}1&2\\0&1\end{vmatrix}$ 是 B 的二阶子式；$\begin{vmatrix}2&2&3\\4&3&5\\2&1&2\end{vmatrix}$，$\begin{vmatrix}2&1&2\\4&1&3\\2&0&1\end{vmatrix}$，$\begin{vmatrix}1&2&3\\1&3&5\\0&1&2\end{vmatrix}$ 都是 B 的三阶子式；B 只有 3 行，所以没有四阶子式．

$m\times n$ 矩阵 A 中的 k 阶子式的个数为 $C_m^kC_n^k$ 个，其中不为零的子式称为**非零子式**．我们主要关心非零子式．

定义 1.2　若在 $m\times n$ 矩阵 A 中至少有一个 r 阶子式 $D_r\neq 0$，且所有的 $r+1$ 阶子式 D_{r+1} 全为零，那么 D_r 称为矩阵 A 的**最高阶非零子式**，且数 r 称为矩阵 A 的**秩**，记作 $R(A)$．规定零矩阵的秩为 0.

显然 $R(A)$ 是矩阵 A 的非零子式的最高阶数，即最高阶非零子式的阶数．

例 1.1 求矩阵 A 和 B 的秩，$A=\begin{pmatrix}1&2&3\\2&3&-5\\4&7&1\end{pmatrix}$，$B=\begin{pmatrix}2&-1&0&3&-2\\0&3&1&-2&5\\0&0&0&4&-3\\0&0&0&0&0\end{pmatrix}$.

解 由矩阵秩的定义，在矩阵 A 中有一个二阶子式 $\begin{vmatrix}1&2\\2&3\end{vmatrix}\neq 0$，

而在矩阵 A 中只有一个三阶子式 $|A|=\begin{vmatrix}1&2&3\\2&3&-5\\4&7&1\end{vmatrix}=0$，故 $R(A)=2$.

同样，对于矩阵 B，在矩阵 B 中有一个二阶子式 $\begin{vmatrix}2&-1\\0&3\end{vmatrix}\neq 0$，

有一个三阶子式 $\begin{vmatrix}2&-1&3\\0&3&-2\\0&0&4\end{vmatrix}\neq 0$，所有四阶子式全为零，由矩阵秩的定义有 $R(B)=3$.

关于矩阵的秩，我们也可以得到如下性质：

(1) 若矩阵 A 为 $m\times n$ 矩阵，则 $0\leqslant R(A_{m\times n})\leqslant \min(m,n)$；

(2) 若矩阵 A 中有某个 s 阶非零子式，则 $R(A)\geqslant s$；若矩阵 A 中所有 t 阶子式为零，则 $R(A)<t$；

(3) $R(A^T)=R(A)$；

(4) n 阶方阵 A，若 $|A|=0$，则 $R(A)<n$；否则 $|A|\neq 0$，则 $R(A)=n$，反之亦然．

称 $R(A)=n$ 的 n 阶方阵 A 为**满秩矩阵**，$R(A)<n$ 的 n 阶方阵 A 为**降秩矩阵**，因此 n 阶方阵 A 可逆的充要条件是矩阵 A 为满秩矩阵，即 $R(A)=n$.

二、利用初等变换求矩阵的秩

我们已学会了利用矩阵的初等变换来求某个方阵的逆矩阵，那么能否利用矩阵的初等变换来求某个矩阵的秩呢？

假设有一个很复杂的矩阵，我们知道这个矩阵的 k 阶子式有 $C_m^k C_n^k$ 个，如果逐一验证，会很麻烦，且通过上面两个例子可以看出，虽然矩阵 B 的阶数相对于矩阵 A 的阶数要高，但是矩阵 B 的秩比矩阵 A 的秩容易求得，原因是矩阵 B 是阶梯形矩阵，那么显然非零行的行数就是矩阵的秩．循着这个思路我们将有下面的问题：一个矩阵 A 是否经过一系列的初等变换后化成的阶梯形矩阵 B 的秩与矩阵 A 的秩相等？下面的定理将对此作出肯定的回答．

定理 1.1 矩阵经初等变换后，其秩不变．即若 $A\sim B$，则 $R(A)=R(B)$.

* **证明** 先证明，若 A 经过一次初等行变换后化成 B，则 $R(A)\leqslant R(B)$. 为此，设 $R(A)=r$，且 A 的某个 r 阶子式 $D\neq 0$.

当 $A\overset{r_i\leftrightarrow r_j}{\sim}B$ 或 $A\overset{r_i\times\lambda}{\sim}B$ 时，在 B 中总能找到与 $D\neq 0$ 相对应的 r 阶子式 D_1，由 $D_1=D$ 或 $D_1=-D$ 或 $D_1=\lambda D$，因此，$D_1\neq 0$，从而 $R(B)\geqslant r$.

当 $A \overset{r_i+\lambda r_j}{\sim} B$ 时，分三种情况：①D 中不含第 i 行；②D 中含有第 i 行，且含有第 j 行；③D 中含有第 i 行，但不含有第 j 行．

对于 ①② 两种情况，显然在 B 中含有与 D 对应的 r 阶子式 $D_1 = D \neq 0$.

对于情形 ③，有 $D_1 = \begin{vmatrix} \cdots\cdots \\ r_i + \lambda r_j \\ \cdots\cdots \end{vmatrix} = \begin{vmatrix} \cdots\cdots \\ r_i \\ \cdots\cdots \end{vmatrix} + \lambda \begin{vmatrix} \cdots\cdots \\ r_j \\ \cdots\cdots \end{vmatrix} = D + \lambda D_2$.

若 $D_2 \neq 0$，因 D_2 中不含第 i 行，则 D_2 是 B 中不含第 i 行的 r 阶非 0 子式，从而根据情形 ① 知 $R(B) \geqslant r$，若 $D_2 = 0$，则 $D_1 = D \neq 0$，也有 $R(B) \geqslant r$.

以上证明了若 A 经过一次初等变换变为 B，则 $R(A) \leqslant R(B)$，由于 B 亦经过一次初等变换变为 A，则 $R(B) \leqslant R(A)$，因此，$R(A) = R(B)$.

经过一次初等变换矩阵的秩不变，因而经过有限次初等变换矩阵的秩也不变．

设 A 经过初等列变换变为 B，则 A^T 经初等行变换变为 B^T，由以上证明知 $R(A^T) = R(B^T)$，而 $R(A) = R(A^T)$，$R(B) = R(B^T)$，因此 $R(A) = R(B)$. 总之，若 A 经过有限次初等变换变为 B（即 $A \sim B$），则 $R(A) = R(B)$.

矩阵经过有限次行（列）初等变换后其秩不变，因此求矩阵 A 的秩方法：可用初等行变换把矩阵 A 化成行阶梯形矩阵，则矩阵 A 的秩等于此行阶梯形矩阵的秩．而行阶梯形矩阵的秩等于非零行行数．

例 1.2 设 $A = \begin{pmatrix} 2 & 1 & 4 & 1 \\ 3 & -1 & 2 & 1 \\ 1 & 2 & 3 & 2 \\ 4 & -2 & 3 & 0 \end{pmatrix}$，$b = \begin{pmatrix} 4 \\ 3 \\ 2 \\ 1 \end{pmatrix}$，求矩阵 A 和矩阵 $B = (A, b)$ 的秩．

解 只需将矩阵 B 化为行阶梯形矩阵，因在 B 中可以看出 A 和 B 的秩．

$$B = \begin{pmatrix} 2 & 1 & 4 & 1 & 4 \\ 3 & -1 & 2 & 1 & 3 \\ 1 & 2 & 3 & 2 & 2 \\ 4 & -2 & 3 & 0 & 1 \end{pmatrix} \sim \begin{pmatrix} 1 & 2 & 3 & 2 & 2 \\ 0 & -7 & -7 & -5 & -3 \\ 0 & -3 & -2 & -3 & 0 \\ 0 & -10 & -9 & -8 & -7 \end{pmatrix} \sim \begin{pmatrix} 1 & 2 & 3 & 2 & 2 \\ 0 & 7 & 7 & 5 & 3 \\ 0 & 0 & 7 & -6 & 9 \\ 0 & 0 & 0 & 0 & -4 \end{pmatrix},$$

所以，$R(A) = 3$，$R(B) = 4$.

例 1.3 设 $A = \begin{pmatrix} 1 & -1 & 1 & 2 \\ 3 & \lambda & -1 & 2 \\ 5 & 3 & \mu & 6 \end{pmatrix}$，已知 $R(A) = 2$，求 λ 和 u 的值．

解法一 因为 $R(A) = 2$，由矩阵的秩的定义有

$$\begin{vmatrix} 1 & -1 & 2 \\ 3 & \lambda & 2 \\ 5 & 3 & 6 \end{vmatrix} = 0, \quad \begin{vmatrix} 1 & 1 & 2 \\ 3 & -1 & 2 \\ 5 & \mu & 6 \end{vmatrix} = 0,$$

则 $\lambda=5,\mu=1$.

解法二 利用初等行变化方法求

$$A=\begin{pmatrix}1&-1&1&2\\3&\lambda&-1&2\\5&3&\mu&6\end{pmatrix}\sim\begin{pmatrix}1&-1&1&2\\0&\lambda+3&-4&-4\\0&8&\mu-5&-4\end{pmatrix}$$

$$\sim\begin{pmatrix}1&-1&1&2\\0&8&\mu-5&-4\\0&\lambda+3&-4&-4\end{pmatrix}\overset{\lambda\neq-3}{\sim}\begin{pmatrix}1&-1&1&2\\0&8&\mu-5&-4\\0&0&-(\lambda+3)(\mu-5)-32&4(\lambda+3)-32\end{pmatrix}.$$

因为 $R(A)=2$,故 $\begin{cases}-(\lambda+3)(\mu-5)-32=0\\4(\lambda+3)-32=0\end{cases}$,得 $\begin{cases}\lambda=5\\\mu=1\end{cases}$.

§2 n 维向量及运算

前面介绍了高斯消元法,用消元法解线性方程组就是对增广矩阵施行初等变换.增广矩阵的每一行都表示一个方程.方程组的第 i 个方程是用一组有序数 $(a_{i1},a_{i2},\cdots,a_{in},b_i)$ 来表示的.由解方程组的过程知,一个线性方程组的解的情况是由方程组中方程之间的关系所决定的,如方程组

$$\begin{cases}x_1+x_2+x_3+x_4=1,\\3x_1+2x_2+x_3+x_4=-3,\\x_2+3x_3+2x_4=5,\\5x_1+4x_2+3x_3+3x_4=-1.\end{cases}$$

第二个方程加上第一个方程的两倍即可得到第四个方程,所以第四个方程是一个多余的方程.从方程组中删除第四个方程不会影响到方程组的解.由此可见,方程组中方程之间的关系是十分重要的,因而研究有序数组之间的关系也是十分重要的.为了进一步研究这种关系,从理论上深入地讨论线性方程组的解的问题,需要引入 n 维向量这个概念.

一、n 维向量的定义

定义 2.1 由 n 个数 $a_1,a_2,\cdots,a_n$ 组成的有序数组称为 n **维向量**.若 n 维向量写成

$$\begin{pmatrix}a_1\\a_2\\\vdots\\a_n\end{pmatrix}$$

的形式，称为 n **维列向量**(即 $n\times1$ 矩阵)；若 n 维向量写成 $(a_1,a_2,\cdots,a_n)$ 的形式，称为 n **维行向量**(即 $1\times n$ 矩阵)．这 n 个数称为该向量的 n 个分量，$a_i(i=1,2,\cdots,n)$ 称为该向量的第 i 个分量．

通常用希腊字母 $\alpha,\beta,\gamma,\cdots$ 表示 n 维列向量，而用 $\alpha^T,\beta^T,\gamma^T,\cdots$ 来表示 n 维行向量，用小写拉丁字母 $a_1,a_2,\cdots,a_n$ 表示分量．当 $a_1,a_2,\cdots,a_n$ 是复数时，n 维向量称为 n **维复向量**，当 $a_1,a_2,\cdots,a_n$ 是实数时，n 维向量称为 n **维实向量**．若无特别说明，本书所讨论的向量都是实向量．

分量全为零的向量称为**零向量**，记为 0，即 $0=(0,0,\cdots,0)^T$．称向量 $(-a_1,-a_2,\cdots,-a_n)^T$ 为向量 $\alpha=(a_1,a_2,\cdots,a_n)^T$ 的**负向量**，记为 $-\alpha$.

在平面直角坐标系中，平面上的几何向量 $\overrightarrow{OP}$ 可用它的终点的坐标 (x,y) 表示，其中 x,y 都是实数．因此它是实数域上的二维向量．

在空间直角坐标系中，几何向量 $\overrightarrow{OP}$ 建立了与实数数组 (x,y,z) 的一一对应，因此几何向量可看成是实数域上的三维向量．二维、三维实向量都是几何向量，n 维向量是二维、三维向量的推广，当 $n>3$ 时，n 维向量就没有直观的几何意义了．

在几何中，“空间”通常是作为点的集合，即构成“空间”的元素是点．这样的空间叫作点空间．我们把三维向量的全体所组成的集合 $R^3=\{r=(x,y,z)\mid x,y,z\in R\}$ 叫作三维向量空间．在点空间取定坐标系以后，空间中的点 $P(x,y,z)$ 与三维向量 $r=(x,y,z)^T$ 之间有一一对应的关系．因此，向量空间可以类比为取定了坐标系的点空间．在讨论向量的运算时，我们把向量看作有向线段；在讨论向量集时，则把向量 r 看作以 r 为向径的点 P，从而把点 P 的轨迹作为向量集的图形．例如，点集 $\Pi=\{P(x,y,z)\mid ax+by+cz=d\}$ 是一个平面(a,b,c 不全为 0)，于是向量集 $\{r=(x,y,z)^T\mid ax+by+cz=d\}$，也叫作向量空间 R^3 中的平面，并把 Π 作为它的图形．

类似地，n 维向量全体所组成的集合 $R^n=\{x=(x_1,x_2,\cdots,x_n)^T\mid x_1,x_2,\cdots,x_n\in R\}$ 叫作 n **维向量空间**．n 维向量的集合 $\{x=(x_1,x_2,\cdots,x_n)^T\mid ax_1+ax_2+\cdots+ax_n=b\}$ 叫作 n 维向量空间 R^n 中的 $n-1$ **维超平面**．

定义 2.2　如果 n 维向量 $\alpha=(a_1,a_2,\cdots,a_n)^T$，$\beta=(b_1,b_2,\cdots,b_n)^T$ 对应分量相等，即 $a_i=b_i(i=1,2,\cdots,n)$，则称向量 α 与 β **相等**，记作 $\alpha=\beta$.

二、n 维向量的线性运算

二维、三维向量之间的最基本的关系是用向量的加法和数量乘法表达的．对于 n 维向量，我们也作类似的模拟．

定义 2.3　两个 n 维向量 $\alpha=(a_1,a_2,\cdots,a_n)^T$ 与 $\beta=(b_1,b_2,\cdots,b_n)^T$ 的对应分量之和构成的向量，称为向量 α 与 β 的**和**，记为 $\alpha+\beta$，即

$$\alpha+\beta=(a_1+b_1,a_2+b_2,\cdots,a_n+b_n).$$

由向量的加法及负向量的定义，可以定义向量的减法：

$$\alpha-\beta=\alpha+(-\beta)=(a_1,a_2,\cdots,a_n)^T+(-b_1,-b_2,\cdots,-b_n)^T$$

$$=(a_1-b_1,a_2-b_2,\cdots,a_n-b_n)^T.$$

定义 2.4 n 维向量 $\alpha=(a_1,a_2,\cdots,a_n)^T$ 的各分量都乘以数 k 所构成的向量，称为数 k 与向量 α 的**数量乘积**，记为 $k\alpha$，即

$$k\alpha=(ka_1,ka_2,\cdots,ka_n).$$

向量的加法与数量乘积这两种运算统称为**向量的线性运算**.

对任意 n 维向量 α,β,γ 和任意实数 k 和 l，用定义容易验证向量的线性运算满足下列运算规律：

(1) 加法交换律：$\alpha+\beta=\beta+\alpha$；

(2) 加法结合律：$\alpha+(\beta+\gamma)=(\alpha+\beta)+\gamma$；

(3) 零元律：$0+\alpha=\alpha$；

(4) 负元律：$\alpha+(-\alpha)=0$；

(5) 数乘对向量加法的分配律：$k(\alpha+\beta)=k\alpha+k\beta$；

(6) 数乘对数加法的分配律：$(k+l)\alpha=k\alpha+l\alpha$；

(7) 数乘对数乘法的结合律：$k(l\alpha)=(kl)\alpha$；

(8) $1\times\alpha=\alpha,(-1)\alpha=-\alpha,0\alpha=0$.

利用向量有许多方便之处．例如，利用向量运算可以将一般线性方程组

$$\begin{cases}a_{11}x_1+a_{12}x_2+\cdots+a_{1n}x_n=b_1,\\a_{21}x_1+a_{22}x_2+\cdots+a_{2n}x_n=b_2,\\\qquad\vdots\\a_{m1}x_1+a_{m2}x_2+\cdots+a_{mn}x_n=b_m.\end{cases}$$

简写成向量形式

$$\alpha_1x_1+\alpha_2x_2+\cdots+\alpha_nx_n=\beta,$$

其中

$$\alpha_1=\begin{pmatrix}a_{11}\\a_{21}\\\vdots\\a_{m1}\end{pmatrix},\alpha_2=\begin{pmatrix}a_{12}\\a_{22}\\\vdots\\a_{m2}\end{pmatrix},\cdots,\alpha_n=\begin{pmatrix}a_{1n}\\a_{2n}\\\vdots\\a_{mn}\end{pmatrix},\beta=\begin{pmatrix}b_1\\b_2\\\vdots\\b_m\end{pmatrix}.$$

这样，就可以借助于向量讨论线性方程组．

三、向量组及其线性组合

由若干个维数相同的向量构成的集合，称为**向量组**．例如，一个 $m\times n$ 矩阵 $A=(a_{ij})$ 的全体列向量是一个含 n 个 m 维列向量的向量组，它的全体行向量是一个含 m 个 n 维行向量的向量组．矩阵的列向量组和行向量组都是只含有限个向量的向量组；反之，一个含有限个

向量的向量组总可以构成一个矩阵．

由 n 个 m 维列向量所组成的向量组 $A:\alpha_1,\alpha_2,\cdots,\alpha_n$，构成一个 $m\times n$ 矩阵 $A=(\alpha_1,\alpha_2,\cdots,\alpha_n)$；由 m 个 n 维行向量所组成的向量组 $B:\beta_1^T,\beta_2^T,\cdots,\beta_m^T$，构成一个 $m\times n$ 矩阵

$$B=\begin{pmatrix}\beta_1^T\\ \beta_2^T\\ \cdots\\ \beta_m^T\end{pmatrix}.$$

总之，含有限个向量的有序向量组可以与矩阵一一对应．

两个向量之间最简单的关系是成比例．所谓向量 α 与 β 成比例，即有一个数 k 存在，使得 $\beta=k\alpha$（或者 $\alpha=k\beta$），亦即向量 β 可由向量 α 经过线性运算得到（或 α 可由向量 β 经过线性运算得到）．

多个向量之间的比例关系，表现为线性组合，如向量 $\alpha_1=(1,2,-1,1)$，$\alpha_2=(2,-3,1,0)$，$\alpha_3=(4,1,-1,2)$．容易看出 α_1 的2倍加上 α_2 就等于 α_3，即 $\alpha_3=2\alpha_1+\alpha_2$．这时，我们称 α_3 是 α_1,α_2 的线性组合．

定义 2.5　给定 n 维向量组 $A:\alpha_1,\alpha_2,\cdots,\alpha_n$，对于任意一组数 $k_1,k_2,\cdots,k_n$，表达式 $k_1\alpha_1+k_2\alpha_2+\cdots+k_n\alpha_n$，称为该向量组 A 的一个**线性组合**．

定义 2.6　给定 n 维向量组 $\alpha_1,\alpha_2,\cdots,\alpha_n$ 和一个 n 维向量 β，如果存在一组数 $k_1,k_2,\cdots,k_n$，使得

$$\beta=k_1\alpha_1+k_2\alpha_2+\cdots+k_n\alpha_n,$$

则称**向量 $\boldsymbol{\beta}$ 可由向量组 $\boldsymbol{\alpha}_1,\boldsymbol{\alpha}_2,\cdots,\boldsymbol{\alpha}_n$ 线性表示**，或者说向量 β 是向量 $\alpha_1,\alpha_2,\cdots,\alpha_n$ 的一个线性组合．

例 2.1　向量组 $\alpha_1,\alpha_2,\cdots,\alpha_m$ 中的每一个向量都可由该向量组线性表出．

事实上，有一组数 $0,0,\cdots,1,\cdots,0$，使得

$$\alpha_i=0\alpha_1+0\alpha_2+\cdots+1\alpha_i+\cdots+0\alpha_m(i=1,2,\cdots,m)$$

成立．所以向量组 $\alpha_1,\alpha_2,\cdots,\alpha_m$ 中的每一个向量都可由该向量组线性表出．

例 2.2　零向量可由任意向量组 $\alpha_1,\alpha_2,\cdots,\alpha_m$ 线性表示．这是因为

$$0=0\alpha_1+0\alpha_2+\cdots+0\alpha_m.$$

例 2.3　任一 n 维向量 $\alpha=(a_1,a_2,\cdots,a_n)^T$ 都可由 n 维向量组 $e_1=(1,0,\cdots,0)^T$，$e_2=(0,1,\cdots,0)^T$，$\cdots$，$e_n=(0,0,\cdots,1)^T$ 线性表出．

事实上，有一组数 $a_1,a_2,\cdots,a_n$ 使得 $\alpha=a_1e_1+a_2e_2+\cdots+a_ne_n$ 成立，所以 α 可以由 $e_1,e_2,\cdots,e_n$ 线性表出．$e_1,e_2,\cdots,e_n$ 称为 n **维基本单位向量组**．

给定向量 β 与向量组 $\alpha_1,\alpha_2,\cdots,\alpha_m$，如何判断 β 能否由 $\alpha_1,\alpha_2,\cdots,\alpha_m$ 线性表出呢？

根据定义，这个问题取决于能否找到一组数 $k_1,k_2,\cdots,k_m$ 使得 $\beta=k_1\alpha_1+k_2\alpha_2+\cdots+$

$k_m a_m$ 成立．下面通过例子说明判定方法．

例 2.4 设 $\beta=(1,1)^T,\alpha_1=(1,-2)^T,\alpha_2=(-2,4)^T$，则 β 能否由 α_1,α_2 线性表出？

解 设 k_1,k_2 为两个数，使 $\beta=k_1\alpha_1+k_2\alpha_2$ 成立，比较等式两端的对应分量得

$$\begin{cases}k_1-2k_2=1,\\-2k_1+4k_2=1.\end{cases}$$

这一方程组无解，说明满足 $\beta=k_1\alpha_1+k_2\alpha_2$ 的 k_1,k_2 不存在，所以 β 不能由 α_1,α_2 线性表出.

例 2.5 设 $\beta=\begin{pmatrix}0\\4\\2\end{pmatrix},\alpha_1=\begin{pmatrix}1\\2\\3\end{pmatrix},\alpha_2=\begin{pmatrix}2\\3\\1\end{pmatrix},\alpha_3=\begin{pmatrix}3\\1\\2\end{pmatrix}$，则 β 是否能由 $\alpha_1,\alpha_2,\alpha_3$ 线性表出？

解 设 $\beta=k_1\alpha_1+k_2\alpha_2+k_3\alpha_3$，其中 k_1,k_2,k_3 为一组数，则有

$$\begin{cases}k_1+2k_2+3k_3=0,\\2k_1+3k_2+k_3=4,\\3k_1+k_2+2k_3=2.\end{cases}$$

解得有唯一解 $k_1=1,k_2=1,k_3=-1$，所以 β 能由 $\alpha_1,\alpha_2,\alpha_3$ 唯一地线性表出，且

$$\beta=\alpha_1+\alpha_2-\alpha_3.$$

一般地，有如下定理

定理 2.1 n 维向量 β 可由 n 维 $\alpha_1,\alpha_2,\cdots,\alpha_m$ 线性表出的充分必要条件是线性方程组 $\alpha_1x_1+\alpha_2x_2+\cdots+\alpha_mx_m=\beta$ 有解．

证明 设 $\alpha_1=\begin{pmatrix}a_{11}\\a_{21}\\\vdots\\a_{n1}\end{pmatrix},\alpha_2=\begin{pmatrix}a_{12}\\a_{22}\\\vdots\\a_{n2}\end{pmatrix},\cdots,\alpha_m=\begin{pmatrix}a_{1m}\\a_{2m}\\\vdots\\a_{nm}\end{pmatrix},\beta=\begin{pmatrix}b_1\\b_2\\\vdots\\b_n\end{pmatrix}$，$\beta$ 能由 $\alpha_1,\alpha_2,\cdots,\alpha_m$ 线性表出，即存在一组数 $k_1,k_2,\cdots,k_m$，使得 $\beta=k_1\alpha_1+k_2\alpha_2+\cdots+k_m\alpha_m$. 即

$$\begin{pmatrix}b_1\\b_2\\\vdots\\b_n\end{pmatrix}=k_1\begin{pmatrix}a_{11}\\a_{21}\\\vdots\\a_{n1}\end{pmatrix}+k_2\begin{pmatrix}a_{12}\\a_{22}\\\vdots\\a_{n2}\end{pmatrix}+\cdots+k_m\begin{pmatrix}a_{1m}\\a_{2m}\\\vdots\\a_{nm}\end{pmatrix}.$$

整理得

$$\begin{cases}a_{11}k_1+a_{12}k_2+\cdots+a_{1m}k_m=b_1,\\a_{21}k_1+a_{22}k_2+\cdots+a_{2m}k_m=b_2,\\\qquad\vdots\\a_{n1}k_1+a_{n2}k_2+\cdots+a_{nm}k_m=b_n.\end{cases}$$

即方程组

$$\begin{cases} a_{11}x_1+a_{12}x_2+\cdots+a_{1m}x_m=b_1, \\ a_{21}x_1+a_{22}x_2+\cdots+a_{2m}x_m=b_2, \\ \qquad\vdots \\ a_{n1}x_1+a_{n2}x_2+\cdots+a_{nm}x_m=b_n. \end{cases}$$

有解，且 $k_1,k_2,\cdots,k_m$ 是它的一个解．

可见，向量 β 可由向量组 $\alpha_1,\alpha_2,\cdots,\alpha_n$（唯一）线性表示的充分必要条件是线性方程组 $x_1\alpha_1+x_2\alpha_2+\cdots+x_n\alpha_n=\beta$ 有（唯一）解．

定理 2.2 n 维向量 β 可由 n 维 $\alpha_1,\alpha_2,\cdots,\alpha_m$ 线性表出的充分必要条件是矩阵 $(\alpha_1,\alpha_2,\cdots,\alpha_m)$ 的秩等于矩阵 $(\alpha_1,\alpha_2,\cdots,\alpha_m,\beta)$ 的秩，即

$$R(\alpha_1,\alpha_2,\cdots,\alpha_m)=R(\alpha_1,\alpha_2,\cdots,\alpha_m,\beta).$$

（证明见第 4 章定理 2.3）

例 2.6 证明向量 $\beta=(8,-2,5,-9)^T$ 能由向量组 $\alpha_1=(3,1,1,1)^T$，$\alpha_2=(-1,1,-1,3)^T$，$\alpha_3=(1,3,-1,7)^T$ 线性表示．

证明 $$(\alpha_1,\alpha_2,\alpha_3,\beta)=\begin{pmatrix} 3 & -1 & 1 & 8 \\ 1 & 1 & 3 & -2 \\ 1 & -1 & -1 & 5 \\ 1 & 3 & 7 & -9 \end{pmatrix}$$

$$\sim\begin{pmatrix} 1 & 1 & 3 & -2 \\ 3 & -1 & 1 & 8 \\ 1 & -1 & -1 & 5 \\ 1 & 3 & 7 & -9 \end{pmatrix}\sim\begin{pmatrix} 1 & 1 & 3 & -2 \\ 0 & -4 & -8 & 14 \\ 0 & -2 & -4 & 7 \\ 0 & 2 & 4 & -7 \end{pmatrix}$$

$$\sim\begin{pmatrix} 1 & 1 & 3 & -2 \\ 0 & 2 & 4 & -7 \\ 0 & 0 & 0 & 0 \\ 0 & 0 & 0 & 0 \end{pmatrix}\sim\begin{pmatrix} 1 & 1 & 3 & -2 \\ 0 & 1 & 2 & -\frac{7}{2} \\ 0 & 0 & 0 & 0 \\ 0 & 0 & 0 & 0 \end{pmatrix},$$

$R(\alpha_1,\alpha_2,\alpha_3)=R(\alpha_1,\alpha_2,\alpha_3,\beta)=2$，故向量 β 能由向量组 $\alpha_1,\alpha_2,\alpha_3$ 线性表示．

§3 向量组的线性相关与线性无关性

一、问题的提出

对于任何一个向量组都有这样一个性质，即 $0\alpha_1+0\alpha_2+\cdots+0\alpha_m=0$，意为任何一个向量组，它的系数全为零的线性组合一定是零向量．而有些向量组，还可以有系数不全为零的线性组合，也是零向量．例如，向量组 $\alpha_1=(1,2,-1,3)^T$，$\alpha_2=(1,5,4,7)^T$，$\alpha_3=(4,8,-4,12)^T$．容易看出，$\alpha_3=4\alpha_1$，于是有 $4\alpha_1+0\alpha_2-\alpha_3=0$，即存在一组不全为零的数 4，0，－1，使得 $\alpha_1,\alpha_2,\alpha_3$ 的线性组合是零向量．具有这种性质的向量组称为线性相关的向量组．

二、向量组的线性相关与无关性的定义

定义 3.1 对于向量组 $\alpha_1,\alpha_2,\cdots,\alpha_m$，如果存在一组不全为零的数 $k_1,k_2,\cdots,k_m$，使得

$$k_1\alpha_1+k_2\alpha_2+\cdots+k_m\alpha_m=0, \tag{3.1}$$

则称向量组 $\alpha_1,\alpha_2,\cdots,\alpha_m$ 是**线性相关的**．

定义 3.2 一个向量组如果不是线性相关就称为线性无关．也就是当且仅当 $k_1=k_2=\cdots=k_m=0$ 时，才有 $k_1\alpha_1+k_2\alpha_2+\cdots+k_m\alpha_m=0$ 成立，则称向量组 $\alpha_1,\alpha_2,\cdots,\alpha_m$ **线性无关**.

换句话说，向量组 $\alpha_1,\alpha_2,\cdots,\alpha_m$ 线性无关指对任意一组不全为零的数 $k_1,k_2,\cdots,k_m$，都有 $k_1\alpha_1+k_2\alpha_2+\cdots+k_m\alpha_m\neq0$.

例 3.1 证明：

(1) 一个零向量必线性相关，而一个非零向量必线性无关；

(2) 含有零向量的任意一个向量组必线性相关；

(3) n 维基本单位向量组 $\varepsilon_1,\varepsilon_2,\cdots\varepsilon_n$ 线性无关．

证明 (1) 若 $\alpha=0$，那么对任意 $k\neq0$，都有 $k\alpha=0$ 成立，即一个零向量线性相关；而当 $\alpha\neq0$，当且仅当 $k=0$ 时，$k\alpha=0$ 才成立，故一个非零向量线性无关．

(2) 不妨设向量组 $\alpha_1,\alpha_2,\cdots,\alpha_m$ 中 $\alpha_i=0$，显然有

$$0\alpha_1+\cdots+0\alpha_{i-1}+1\alpha_i+0\alpha_{i+1}+\cdots+0\alpha_m=0.$$

而 $0,\cdots0,1,0,\cdots0$ 不全为零，所以含有零向量的向量组线性相关．

(3) 若 $k_1\varepsilon_1+k_2\varepsilon_2+\cdots+k_n\varepsilon_n=0$，即

$$k_1(1,0,\cdots,0)^T+k_2(0,1,\cdots,0)^T+\cdots+k_n(0,0,\cdots,1)^T=(0,0,\cdots,0)^T,$$

则

$$(k_1,k_2,\cdots,k_n)^T=(0,0,\cdots,0)^T,$$

于是 $k_1=k_2=\cdots=k_m=0$，故 $\varepsilon_1,\varepsilon_2,\cdots\varepsilon_n$ 线性无关．

例 3.2 讨论向量组 $\alpha_1=(1,1,1)^T$，$\alpha_2=(0,2,5)^T$，$\alpha_3=(1,3,6)^T$ 的线性相关性．

解　令 $k_1\alpha_1+k_2\alpha_2+k_3\alpha_3=0$,即 $k_1(1,1,1)^T+k_2(0,2,5)^T+k_3(1,3,6)^T=(0,0,0)^T$,则

$$\begin{cases}k_1+k_3=0,\\k_1+2k_2+3k_3=0,\\k_1+5k_2+6k_3=0.\end{cases}$$

解得

$$\begin{cases}k_1=k_2,\\k_3=-k_2.\end{cases}$$

其中 k_2 为任意数,方程组有非零解,即存在不全为零的数 k_1,k_2,k_3,使得
$k_1\alpha_1+k_2\alpha_2+k_3\alpha_3=0$,知向量组 $\alpha_1,\alpha_2,\alpha_3$ 线性相关.

由以上可看出,要判断一个向量组的线性关系,都可以从定义(3.1)式出发.若能找到一组不全为零的数,使(3.1)式成立,则该向量组线性相关;若当(3.1)式成立时,能证明系数只能全为零,那么该向量组是线性无关的.

三、向量组的线性相关性的判断及性质

定理 3.1　m 个 n 维向量组

$$\alpha_1=\begin{pmatrix}a_{11}\\a_{21}\\\vdots\\a_{n1}\end{pmatrix},\alpha_2=\begin{pmatrix}a_{12}\\a_{22}\\\vdots\\a_{n2}\end{pmatrix},\cdots,\alpha_m=\begin{pmatrix}a_{1m}\\a_{2m}\\\vdots\\a_{nm}\end{pmatrix},$$

线性相关的充分必要条件是齐次线性方程组

$$\begin{cases}a_{11}x_1+a_{12}x_2+\cdots+a_{1m}x_m=0,\\a_{21}x_1+a_{22}x_2+\cdots+a_{2m}x_m=0,\\\qquad\vdots\\a_{n1}x_1+a_{n2}x_2+\cdots+a_{nm}x_m=0.\end{cases}\tag{3.2}$$

有非零解.

证明　先证必要性.设 $\alpha_1=\begin{pmatrix}a_{11}\\a_{21}\\\vdots\\a_{n1}\end{pmatrix},\alpha_2=\begin{pmatrix}a_{12}\\a_{22}\\\vdots\\a_{n2}\end{pmatrix},\cdots,\alpha_m=\begin{pmatrix}a_{1m}\\a_{2m}\\\vdots\\a_{nm}\end{pmatrix}$,
线性相关.

由定义 3.1,存在一组不全为零的数 $k_1,k_2,\cdots,k_m$,使得 $k_1\alpha_1+k_2\alpha_2+\cdots+k_m\alpha_m=0$.

即

$$k_1\begin{pmatrix}a_{11}\\a_{21}\\\vdots\\a_{n1}\end{pmatrix}+k_2\begin{pmatrix}a_{12}\\a_{22}\\\vdots\\a_{n2}\end{pmatrix}+\cdots+k_m\begin{pmatrix}a_{1m}\\a_{2m}\\\vdots\\a_{nm}\end{pmatrix}=\begin{pmatrix}0\\0\\\vdots\\0\end{pmatrix},$$

按分量写，即

$$\begin{cases}a_{11}k_1+a_{12}k_2+\cdots+a_{1m}k_m=0,\\a_{21}k_1+a_{22}k_2+\cdots+a_{2m}k_m=0,\\\quad\vdots\\a_{n1}k_1+a_{n2}k_2+\cdots+a_{nm}k_m=0.\end{cases}$$

这说明 $k_1,k_2,\cdots,k_m$ 是方程组(3.2)的一个非零解.

再证充分性. 如果齐次线性方程组(3.2)有非零解，不妨设 $k_1,k_2,\cdots,k_m$ 是它的一个非零解，将其代入(3.2)，

$$\begin{cases}a_{11}k_1+a_{12}k_2+\cdots+a_{1m}k_m=0,\\a_{21}k_1+a_{22}k_2+\cdots+a_{2m}k_m=0,\\\quad\vdots\\a_{n1}k_1+a_{n2}k_2+\cdots+a_{nm}k_m=0.\end{cases}$$

将此方程组写成向量形式，就是 $k_1\alpha_1+k_2\alpha_2+\cdots+k_m\alpha_m=0$. 由定义 $\alpha_1,\alpha_2,\cdots,\alpha_m$ 线性相关.

推论 1 向量组 $\alpha_1,\alpha_2,\cdots,\alpha_m$ 线性无关的充分必要条件是齐次线性方程组(3.2)只有零解.

推论 2 当 $m=n$ 时，即 n 个 n 维向量 $\alpha_1,\alpha_2,\cdots,\alpha_n$ 线性无关的充分条件是矩阵 $A=(\alpha_1,\alpha_2,\cdots,\alpha_n)$ 的行列式不等于零，即 $|A|\neq 0$；线性相关的充分条件是矩阵 A 的行列式等于零，即 $|A|=0$.

例 3.3 判断下列向量组的线性相关性. 如果线性相关，写出其中一个向量由其余向量线性表示的表达式.

(1) $\alpha_1=(3,4,-2,5)^T,\alpha_2=(2,-5,0,-3)^T,\alpha_3=(5,0,-1,2)^T,\alpha_4=(3,3,-3,5)^T$;

(2) $\alpha_1=(1,-2,0,3)^T,\alpha_2=(2,5,-1,0)^T,\alpha_3=(3,4,-1,2)^T$.

解 (1) 根据定理 3.1，考虑齐次线性方程组

$$\begin{cases}3x_1+2x_2+5x_3+3x_4=0,\\4x_1-5x_2+3x_4=0,\\-2x_1-x_3-3x_4=0,\\5x_1-3x_2+2x_3+5x_4=0.\end{cases}\tag{3.3}$$

用初等行变换把系数矩阵 A 化为阶梯形矩阵，即

$$A=\begin{pmatrix}3&2&5&3\\4&-5&0&3\\-2&0&-1&-3\\5&-3&2&5\end{pmatrix}\sim\begin{pmatrix}1&2&4&0\\0&1&-5&6\\0&0&1&-1\\0&0&0&0\end{pmatrix}.$$

因为 $R(A)=3<n=4$，即 $|A|=0$ 所以方程组有非零解，从而 $\alpha_1,\alpha_2,\alpha_3,\alpha_4$ 线性相关．为找出其中的一个向量可由其余向量线性表出，需求出(3.3) 的一般解．因为

$$\begin{pmatrix}1&2&4&0\\0&1&-5&6\\0&0&1&-1\\0&0&0&0\end{pmatrix}\sim\begin{pmatrix}1&0&0&2\\0&1&0&1\\0&0&1&-1\\0&0&0&0\end{pmatrix}.$$

所以(3.3) 的一般解为

$$\begin{cases}x_1=-2x_4,\\x_2=-x_4,\\x_3=x_4.\end{cases}$$

令 $x_4=1$，得(3.3) 式的一个解 $x_1=-2,x_2=-1,x_3=1,x_4=1$. 于是得到一个线性相关的表达式 $-2\alpha_1-\alpha_2+\alpha_3+\alpha_4=0$，进而得到 α_2 由 $\alpha_1,\alpha_3,\alpha_4$ 线性表出的表达式为 $\alpha_2=-2\alpha_1+\alpha_3+\alpha_4$，可看所求的表达式不是唯一的．

(2) 考虑齐次线性方程组

$$\begin{cases}x_1+2x_2+3x_3=0,\\-2x_1+5x_2+4x_3=0,\\-x_2-x_3=0,\\3x_1+2x_3=0.\end{cases}$$

用初等变换把系数矩阵 A 化为阶梯形矩阵，即

$$A=\begin{pmatrix}1&2&3\\-2&5&4\\0&-1&-1\\3&0&2\end{pmatrix}\sim\begin{pmatrix}1&2&3\\0&1&1\\0&0&1\\0&0&0\end{pmatrix}\sim\begin{pmatrix}1&0&0\\0&1&0\\0&0&1\\0&0&0\end{pmatrix}.$$

因为 $R(A)=n=3$，所以方程组只有零解，从而 $\alpha_1,\alpha_2,\alpha_3$ 线性无关.

例 3.4 证明向量组

$$\alpha_1=(1,a,a^2,a^3)^T,\alpha_2=(1,b,b^2,b^3)^T,\alpha_3=(1,c,c^2,c^3)^T,\alpha_4=(1,d,d^2,d^3)^T,$$

线性无关，其中 a,b,c,d 各不相同.

证明 向量组是由 4 个四维向量组成，于是

$$D=\begin{vmatrix}1&1&1&1\\a&b&c&d\\a^2&b^2&c^2&d^2\\a^3&b^3&c^3&d^3\end{vmatrix}=(b-a)(c-a)(d-a)(c-b)(d-b)(d-c),$$

因为 a,b,c,d 各不相同，所以 $D\neq0$，从而 $\alpha_1,\alpha_2,\alpha_3,\alpha_4$ 线性无关.

例 3.5 如果向量组 $\alpha_1,\alpha_2,\alpha_3$ 线性无关，证明向量 $2\alpha_1+\alpha_2,\alpha_2+5\alpha_3,4\alpha_3+3\alpha_1$ 也线性无关.

证明 设有数组 k_1,k_2,k_3，使

$$k_1(2\alpha_1+\alpha_2)+k_2(\alpha_2+5\alpha_3)+k_3(4\alpha_3+3\alpha_1)=0.$$

整理得

$$(2k_1+3k_3)a_1+(k_1+k_2)a_2+(5k_2+4k_3)a_3=0.$$

因为 $\alpha_1,\alpha_2,\alpha_3$ 线性无关，所以仅有

$$\begin{cases}2k_1+3k_2=0,\\k_1+k_2=0,\\5k_2+4k_3=0.\end{cases}$$

经计算，方程组的系数行列式

$$D=\begin{vmatrix}2&0&3\\1&1&0\\0&5&4\end{vmatrix}=23\neq0,$$

于是方程组只有零解 $k_1=k_2=k_3=0$，所以向量组 $2\alpha_1+\alpha_2,\alpha_2+5\alpha_3,4\alpha_3+3\alpha_1$ 线性无关.

定理 3.2　向量组 $a_1,a_2,\cdots,a_m(m\geqslant 2)$ 线性相关的充分必要条件是其中至少有一个向量可由其余 $m-1$ 个向量线性表出.

证明　先证必要性. 若向量组 $a_1,a_2,\cdots,a_m$ 线性相关，则存在一组不全为零的数 k_1，$k_2,\cdots,k_m$，使关系式 $k_1a_1+k_2a_2+\cdots+k_ma_m=0$ 成立.

设 $k_i\neq 0(1\leqslant i\leqslant m)$，则由上式得

$$k_ia_i=-k_1a_1-\cdots-k_{i-1}a_{i-1}-k_{i+1}a_{i+1}-\cdots-k_ma_m,$$

即 $\alpha_i=-\dfrac{k_1}{k_i}\alpha_1-\cdots-\dfrac{k_{i-1}}{k_i}\alpha_{i-1}-\dfrac{k_{i+1}}{k_i}\alpha_{i+1}-\cdots-\dfrac{k_m}{k_i}\alpha_m$，所以 a_i 可由其余向量 $\alpha_1,\alpha_2,\cdots,\alpha_{i-1},\cdots$，$\alpha_{i+1},\cdots,\alpha_m$ 线性表出.

再证充分性. 如果向量组 $a_1,a_2,\cdots,a_m$ 中有一个向量 a_j 可由其余 $m-1$ 个向量线性表出，即

$$a_j=l_1a_1+\cdots+l_{j-1}a_{j-1}+l_{j+1}a_{j+1}+\cdots+l_ma_m,$$

亦即

$$l_1a_1+\cdots+l_{j-1}a_{j-1}-a_j+l_{j+1}a_{j+1}+\cdots+l_ma_m=0.$$

因为 $l_1,\cdots,l_{j-1},-1,l_{j+1},\cdots,l_m$ 不全为零，所以 $a_1,a_2,\cdots,a_m$ 线性相关.

由定理 3.2 立即得到

推论　向量组 $a_1,a_2,\cdots,a_m(m\geqslant 2)$ 线性无关的充分必要条件是其中每一个向量都不能由其余 $m-1$ 个向量线性表出.

定理 3.3　若向量组 $a_1,a_2,\cdots,a_m$ 线性无关，而向量组 $\beta,a_1,a_2,\cdots,a_m$ 线性相关，则 β 可由 $a_1,a_2,\cdots,a_m$ 线性表出，且表达式唯一.

证明　因为 $\beta,a_1,a_2,\cdots,a_m$ 线性相关，所以存在一组不全为零的数 $k,k_1,k_2,\cdots,k_m$ 使得 $k\beta+k_1a_1+k_2a_2+\cdots+k_ma_m=0$ 成立. 这里必有 $k\neq 0$，否则，若 $k=0$，上式成为

$$k_1a_1+k_2a_2+\cdots+k_ma_m=0,$$

且 $k_1,k_2,\cdots,k_m$ 不全为零，从而得出 $a_1,a_2,\cdots,a_m$ 线性相关. 这与 $a_1,a_2,\cdots,a_m$ 线性无关矛盾. 因此 $k\neq 0$，故

$$\beta=-\frac{k_1}{k}\alpha_1-\frac{k_2}{k}\alpha_2-\cdots-\frac{k_m}{k}\alpha_m,$$

即 β 可由 $a_1,a_2,\cdots,a_m$ 线性表出.

下证表示法唯一. 如果 $\beta=h_1a_1+h_2a_2+\cdots+h_ma_m$，同时 $\beta=l_1a_1+l_2a_2+\cdots+l_ma_m$，则有

$$(h_1-l_1)a_1+(h_2-l_2)a_2+\cdots+(h_m-l_m)a_m=0.$$

由 $a_1,a_2,\cdots,a_m$ 线性无关，可知 $h_1-l_1=0,h_2-l_2=0,\cdots,h_m-l_m=0$. 即 $h_1=l_1,h_2=l_2,\cdots,h_m=l_m$，所以表示法是唯一的.

推论 1 设则 β 可由 $a_1,a_2,\cdots,a_m$ 线性表示,则表示式是唯一的充分必要条件是 $a_1,a_2,\cdots,a_m$ 线性无关.

证明 充分性由定理 3.3 即得,下面证明必要性.

设 $\beta=k_1a_1+k_2a_2+\cdots+k_ma_m$, $l_1a_1+l_2a_2+\cdots+l_ma_m=0$,于是又有

$$\beta=(k_1+l_1)a_1+(k_2+l_2)a_2+\cdots+(k_m+l_m)a_m.$$

由 β 的表示式的唯一性知

$$k_1+l_1=k_1,k_2+l_2=k_2,\cdots,k_m+l_m=k_m,$$

从而

$$l_1=l_2=\cdots=l_m=0,$$

故 $a_1,a_2,\cdots,a_m$ 线性无关.

推论 2 设有向量 β 可由 $a_1,a_2,\cdots,a_m$ 线性表示,则

(1) 当 $R(\alpha_1,\alpha_2,\cdots,\alpha_m,\beta)=R(\alpha_1,\alpha_2,\cdots,\alpha_m)=m$ 时,β 可由 $a_1,a_2,\cdots,a_m$ 线性表示且表示且表示式唯一;

(2) 当 $R(\alpha_1,\alpha_2,\cdots,\alpha_m,\beta)=R(\alpha_1,\alpha_2,\cdots,\alpha_m)<m$ 时,β 可由 $a_1,a_2,\cdots,a_m$ 线性表示但表示式不唯一.

定理 3.4 n 维向量组 $\alpha_1,\alpha_2,\cdots,\alpha_m$ 线性相关的充分必要条件是矩阵 $(\alpha_1,\alpha_2,\cdots,\alpha_m)$ 的秩小于 m,即 $R(\alpha_1,\alpha_2,\cdots,\alpha_m)<m$.

证明 先证必要性. 设向量组 $\alpha_1,\alpha_2,\cdots,\alpha_m$ 线性相关,则当 $m=1$ 时,$R(\alpha_1)=0<1$. 当 $m>1$,向量组中有一个向量可由其余向量线性表示,不妨设 α_m 可由 $\alpha_1,\alpha_2,\cdots,\alpha_{m-1}$ 线性表示,则由定理 2.2 得

$$R(\alpha_1,\alpha_2,\cdots,\alpha_m)=R(\alpha_1,\alpha_2,\cdots,\alpha_{m-1})\leqslant m-1<m.$$

再证充分性. 设 $R(\alpha_1,\alpha_2,\cdots,\alpha_m)=r<m$,则矩阵 $(\alpha_1,\alpha_2,\cdots,\alpha_m)$ 可以经过初等行变换化为行最简形矩阵

$$\begin{pmatrix} 1 & b_{12} & \cdots & b_{1,j-1} & 0 & b_{1,j+1} & \cdots & b_{1,r-1} & 0 & b_{1,r+1} & \cdots & b_{1m} \\ 0 & 0 & \cdots & 0 & 1 & b_{2,j+1} & \cdots & b_{2,r-1} & 0 & b_{2,r+1} & \cdots & b_{2m} \\ \vdots & \vdots & & \vdots & \vdots & \vdots & & \vdots & \vdots & \vdots & & \vdots \\ 0 & 0 & \cdots & 0 & 0 & 0 & \cdots & 0 & 1 & b_{r,r+1} & \cdots & b_{rm} \\ 0 & 0 & \cdots & 0 & 0 & 0 & \cdots & 0 & 0 & 0 & \cdots & 0 \\ \vdots & \vdots & & \vdots & \vdots & \vdots & & \vdots & \vdots & \vdots & & \vdots \\ 0 & 0 & \cdots & 0 & 0 & 0 & \cdots & 0 & 0 & 0 & \cdots & 0 \end{pmatrix},$$

因此

$$\alpha_m=b_{1m}\alpha_1+b_{2m}\alpha_j+\cdots+b_{rm}\alpha_r,$$

于是 α_m 可由其余向量 $\alpha_1,\alpha_2,\cdots,\alpha_{m-1}$ 线性表示，故 $\alpha_1,\alpha_2,\cdots,\alpha_m$ 线性相关．

推论 1　n 维向量组 $\alpha_1,\alpha_2,\cdots,\alpha_m$ 线性无关的充分必要条件是矩阵 $(\alpha_1,\alpha_2,\cdots,\alpha_m)$ 的秩等于 m，即 $R(\alpha_1,\alpha_2,\cdots,\alpha_m)=m$.

推论 2　当 $m>n$ 时，m 个 n 维向量组 $\alpha_1,\alpha_2,\cdots,\alpha_m$ 必线性相关．

证明　因为 $(\alpha_1,\alpha_2,\cdots,\alpha_m)$ 是 $n\times m$ 矩阵，所以当 $m>n$ 时，

$$R(\alpha_1,\alpha_2,\cdots,\alpha_m)\leqslant min(n,m)<m.$$

故 $\alpha_1,\alpha_2,\cdots,\alpha_m$ 线性相关．

注意　当向量组中所含向量个数大于向量的维数时，此向量组线性相关．

因此，向量组的线性相关性可通过研究矩阵的秩来实现，而矩阵的秩可通过初等变换来确定．这将给判别向量组的线性相关性带来极大方便．

例 3.6　已知 $b_1=(1,-3,1)^T$，$b_2=(-1,2,-2)^T$，$b_3=(1,-1,3)^T$，试讨论向量组 b_1,b_2,b_3 和向量组 b_1,b_2 的线性相关性．

解　构造矩阵并求其秩

$$(b_1,b_2,b_3)=\begin{pmatrix}1&-1&1\\-3&2&-1\\1&-2&3\end{pmatrix}\overset{\substack{r_2+3r_1\\r_3-r_1}}{\sim}\begin{pmatrix}1&-1&1\\0&-1&2\\0&-1&2\end{pmatrix}\overset{r_3-r_1}{\sim}\begin{pmatrix}1&-1&1\\0&-1&2\\0&0&0\end{pmatrix}.$$

由于 $R(b_1,b_2,b_3)=2<3$，故向量组 b_1,b_2,b_3 线性相关；由于 $R(b_1,b_2)=2$，则向量组 b_1，b_2 线性无关．

例 3.7　k 取何值时，向量组 $\alpha_1=(1,3,6,2)^T$，$\alpha_2=(2,1,2,-1)^T$，$\alpha_3=(1,-1,k,2)^T$ 线性无关．

解　构造矩阵并将其初等变换，化为行阶梯形

$$(a_1,a_2,a_3)=\begin{pmatrix}1&2&1\\3&1&-1\\6&2&k\\2&-1&-2\end{pmatrix}\sim\begin{pmatrix}1&2&1\\0&-5&-4\\0&-10&k-6\\0&-5&-4\end{pmatrix}\sim\begin{pmatrix}1&2&1\\0&-5&-4\\0&0&k+2\\0&0&0\end{pmatrix}.$$

当 $k+2\neq0$，即 $k\neq-2$ 时，$R(a_1,a_2,a_3)=3$，等于向量的个数，向量组 a_1,a_2,a_3 线性无关.

下面给出与向量组线性相关性有关的一些结论．

定理 3.5　若向量组中有一部分向量组（称为部分组）线性相关，则整个向量组线性相关.

证明 设向量组 $a_1,a_2,\cdots,a_m$ 中有 r 个($r\leqslant m$)向量的部分组线性相关,不妨设 $a_1,a_2,\cdots,a_r$ 线性相关,则存在一组不全为零的数 $k_1,k_2,\cdots,k_r$,使 $k_1a_1+k_2a_2+\cdots+k_ra_r=0$ 成立,因而存在一组不全为零的数 $k_1,k_2,\cdots.k_r,0,0,\cdots,0$,使 $k_1a_1+k_2a_2+\cdots+k_ra_r+0a_{r+1}+\cdots+0a_m=0$ 成立,即 $a_1,a_2,\cdots,a_m$ 线性相关.

例如,含有两个成比例的向量的向量组是线性相关的.因为两个成比例的向量是线性相关的,由定理 3.5 知该向量组线性相关.

推论 若向量组线性无关,则它的任意一个部分组线性无关.如 n 维单位向量组 $\varepsilon_1,\varepsilon_2,\cdots,\varepsilon_n$ 线性无关,因此它的任意一个部分组线性无关.

由此,可概括为"**部分相关,则整体相关;整体无关,则部分无关**".

定理 3.6 如果 n 维向量组 $\alpha_1,\alpha_2,\cdots,\alpha_s$ 线性无关,则在每个向量上都添加 m 个分量,所得到的 $n+m$ 维向量组 $\alpha_1^*,\alpha_2^*,\cdots,\alpha_s^*$ 也线性无关.

证明 用反证法.假设 $\alpha_1^*,\alpha_2^*,\cdots,\alpha_s^*$ 线性相关,即存在不全为零的数 $k_1,k_2,\cdots,k_s$,使

$$k_1\alpha_1^*+k_2\alpha_2^*+\cdots+k_s\alpha_s^*=0.$$

设 $\alpha_j=(a_{1j},a_{2j},\cdots,a_{nj})^T,\alpha_j^*=(a_{1j},a_{2j},\cdots,a_{nj},a_{n+1j},\cdots,a_{n+mj})^T,j=1,2,\cdots,s$.
上式可写成

$$\begin{cases}a_{11}k_1+a_{12}k_2+\cdots+a_{1s}k_s=0,\\a_{21}k_1+a_{22}k_2+\cdots+a_{2s}k_s=0,\\\qquad\vdots\\a_{n1}k_1+a_{n2}k_2+\cdots+a_{ns}k_s=0,\\\qquad\vdots\\a_{n+m1}k_1+a_{n+m2}k_2+\cdots+a_{n+ms}k_s=0.\end{cases}$$

显然前 n 方程构成的方程组有非零解 $k_1,k_2,\cdots,k_s$,于是知 $\alpha_1,\alpha_2,\cdots,\alpha_s$ 线性相关,这与已知矛盾,所以 $\alpha_1^*,\alpha_2^*,\cdots,\alpha_s^*$ 线性无关.

推论 如果 n 维向量组 $\alpha_1,\alpha_2,\cdots,\alpha_s$ 线性相关,则在每一个向量上都去掉 $m(m<n)$ 个分量,所得的 $n-m$ 维向量组 $\alpha_1^*,\alpha_2^*,\cdots,\alpha_s^*$ 也线性相关.

由此,可概括"**无关组添加分量仍无关,相关组减少分量仍相关**".

§4 向量组的秩

在二维、三维几何空间中,坐标系是不唯一的,但任一坐标系中所含向量的个数是一个不变的量,向量组的秩正是这一几何事实的一般化.

一、向量组的极大无关组

一个线性相关向量组的部分组不一定是线性相关的.例如,向量组 $\alpha_1=(2,-1,3,1)^T$,

$\alpha_2=(4,-2,5,4)^T$，$\alpha_3=(2,-1,4,-1)^T$，由于$3\alpha_1-\alpha_2-\alpha_3=0$，所以向量组是线性相关的，但其部分组$\alpha_1$是线性无关的，$\alpha_1,\alpha_2$也是线性无关的．

可看出，上例中$\alpha_1,\alpha_2,\alpha_3$的线性无关的部分组中最多含有两个向量，如果再添加一个向量α_3进去，就变成线性相关了．为了确切地说明这一问题．下面引入极大线性无关组的概念．

定义4.1　设有向量组$A:\alpha_1,\alpha_2,\cdots,\alpha_m$，如果它的一个部分组$A_0:\alpha_{i1},\alpha_{i2},\cdots,\alpha_{ir}$，同时满足：

(1) 向量组$A_0:\alpha_{i1},\alpha_{i2},\cdots,\alpha_{ir}$线性无关；

(2) 向量组$A:\alpha_1,\alpha_2,\cdots,\alpha_m$中的任意一个向量都可由部分组$A_0:\alpha_{i1},\alpha_{i2},\cdots,\alpha_{ir}$线性表出.

则称部分组$A_0:\alpha_{i1},\alpha_{i2},\cdots,\alpha_{ir}$是向量组$A:\alpha_1,\alpha_2,\cdots,\alpha_m$的一个**极大线性无关组**，简称为**极大无关组**(或**最大无关组**).

定义可以等价地叙述为设有向量组$A:\alpha_1,\alpha_2,\cdots,\alpha_m$，如果它的一个部分组$A_0:\alpha_{i1},\alpha_{i2},\cdots,\alpha_{ir}$同时满足：

(1) 向量组$A_0:\alpha_{i1},\alpha_{i2},\cdots,\alpha_{ir}$线性无关；

(2) 对于向量组的任意向量β，有向量组$\alpha_{i1},\alpha_{i2},\cdots,\alpha_{ir},\beta$线性相关，从而向量$\beta$可由向量组$\alpha_{i1},\alpha_{i2},\cdots,\alpha_{ir}$线性表示．则称向量组$A_0:\alpha_{i1},\alpha_{i2},\cdots,\alpha_{ir}$是向量组$A:\alpha_1,\alpha_2,\cdots,\alpha_m$的一个极大线性无关组．

在上例中除α_1,α_2线性无关外，α_1,α_3和α_2,α_3也都是向量组$\alpha_1,\alpha_2,\alpha_3$线性无关的部分组，所以它们都是向量组$\alpha_1,\alpha_2,\alpha_3$的极大无关组．因此向量组的极大无关组可能不只一个，但任意两个极大无关组所含向量的个数相同．

例4.1　设有向量$\alpha_1=(1,0,0)^T$，$\alpha_2=(0,1,0)^T$，$\alpha_3=(0,0,1)^T$，$\alpha_4=(1,0,1)^T$，$\alpha_5=(1,1,0)^T$，$\alpha_6=(1,0,-1)^T$，$\alpha_7=(-2,3,4)^T$，求向量组的极大无关组．

解　显然$\alpha_1,\alpha_2,\alpha_3$是它的一个极大无关组．易看出$\alpha_1,\alpha_2,\alpha_3$线性无关且$\alpha_4,\alpha_5,\alpha_6,\alpha_7$都可由$\alpha_1,\alpha_2,\alpha_3$线性表示．还可证明，$\alpha_1,\alpha_2,\alpha_4$或$\alpha_2,\alpha_3,\alpha_5$或$\alpha_4,\alpha_5,\alpha_7$都是它的极大无关组.

由定义可知，一个线性无关的向量组的极大无关组就是这个向量组本身．显然，仅有零向量组成的向量组没有极大无关组的．

由于向量组中的向量可由极大无关组线性表示，因此在某种程度上对向量组的讨论可以归结为对其极大无关组的讨论．为更深入地讨论向量组的极大无关组的性质，先讨论两个向量组之间的关系．

定义4.2　设两个向量组$A:\alpha_1,\alpha_2,\cdots,\alpha_r$和向量组$B:\beta_1,\beta_2,\cdots,\beta_s$，如果向量组$A$的每个向量都可由向量组$B$线性表示，则称**向量组$A$可由向量组$B$线性表示**；如果向量组$B$也可由向量组$A$线性表示，则称**向量组$A$与向量组$B$等价**．

容易证明，等价向量组有如下三条性质：

(1) **反身性**　任一向量组与它自身等价；

(2) **对称性**　若向量组A与向量组B等价，那么向量组B与向量组A等价；

(3) **传递性**　若向量组A与向量组B等价，向量组B与向量组C等价，那么向量组A与向量组C等价．即向量组$A:\alpha_1,\alpha_2,\cdots,\alpha_r$与向量组$B:\beta_1,\beta_2,\cdots,\beta_s$等价，向量组$B:\beta_1,\beta_2,\cdots,\beta_s$与向量组$C:\gamma_1,\gamma_2,\cdots,\gamma_t$等价，那么向量组$A:B:\alpha_1,\alpha_2,\cdots,\alpha_r$与向量组$C:\gamma_1,\gamma_2,\cdots,\gamma_t$等价．

定理 4.1　n维向量组$\beta_1,\beta_2,\cdots,\beta_s$可由$n$维向量组$\alpha_1,\alpha_2,\cdots,\alpha_m$线性表示的充分必要条件是，矩阵$(\alpha_1,\alpha_2,\cdots,\alpha_m)$与矩阵$(\alpha_1,\alpha_2,\cdots,\alpha_m,\beta_1,\beta_2,\cdots,\beta_s)$的秩相等，即$R(\alpha_1,\alpha_2,\cdots,\alpha_m)=R(\alpha_1,\alpha_2,\cdots,\alpha_m,\beta_1,\beta_2,\cdots,\beta_s)$．

证明　必要性：因为β_i可由$\alpha_1,\alpha_2,\cdots,\alpha_m$线性表示，所以$\beta_i(i=2,\cdots,s)$也可由$\alpha_1,\alpha_2,\cdots,\alpha_m,\beta_1,\beta_2,\cdots,\beta_s$线性表示．于是由定理 2.2 有

$$\begin{aligned}R(\alpha_1,\alpha_2,\cdots,\alpha_m,\beta_1,\beta_2,\cdots,\beta_s)&=R(\alpha_1,\alpha_2,\cdots,\alpha_m,\beta_1,\beta_2,\cdots,\beta_{s-1})\\&=\cdots=R(\alpha_1,\alpha_2,\cdots,\alpha_m,\beta_1)=R(\alpha_1,\alpha_2,\cdots,\alpha_m).\end{aligned}$$

充分性：因为

$$\begin{aligned}R(\alpha_1,\alpha_2,\cdots,\alpha_m)\leqslant R(\alpha_1,\alpha_2,\cdots,\alpha_m,\beta_1)\leqslant\cdots&\leqslant R(\alpha_1,\alpha_2,\cdots,\alpha_m,\beta_1,\beta_2,\cdots,\beta_s)\\&=R(\alpha_1,\alpha_2,\cdots,\alpha_m),\end{aligned}$$

所以，$R(\alpha_1,\alpha_2,\cdots,\alpha_m,\beta_i)=R(\alpha_1,\alpha_2,\cdots,\alpha_m)$，因此$\beta_i(i=2,\cdots,s)$也可由$\alpha_1,\alpha_2,\cdots,\alpha_m$线性表示，故$\beta_1,\beta_2,\cdots,\beta_s$可由$\alpha_1,\alpha_2,\cdots,\alpha_m$线性表示．

推论 1　若n维向量组$\beta_1,\beta_2,\cdots,\beta_s$可由$n$维向量组$\alpha_1,\alpha_2,\cdots,\alpha_m$线性表示，则$R(\beta_1,\beta_2,\cdots,\beta_s)\leqslant R(\alpha_1,\alpha_2,\cdots,\alpha_m)$．

推论 2　n维向量组$\alpha_1,\alpha_2,\cdots,\alpha_m$与$n$维向量组$\beta_1,\beta_2,\cdots,\beta_s$等价的充分必要条件是$R(\alpha_1,\alpha_2,\cdots,\alpha_m)=R(\beta_1,\beta_2,\cdots,\beta_s)=R(\alpha_1,\alpha_2,\cdots,\alpha_m,\beta_1,\beta_2,\cdots,\beta_s)$．

推论 3　若n维向量组$\beta_1,\beta_2,\cdots,\beta_s$可由$n$维向量组$\alpha_1,\alpha_2,\cdots,\alpha_m$线性表示，且$s>m$，则$\beta_1,\beta_2,\cdots,\beta_s$线性相关．

证明　因为

$$R(\beta_1,\beta_2,\cdots,\beta_s)\leqslant R(\alpha_1,\alpha_2,\cdots,\alpha_m)\leqslant m<s.$$

所以$\beta_1,\beta_2,\cdots,\beta_s$线性相关．

推论 4　若n维向量组$\beta_1,\beta_2,\cdots,\beta_s$可由$n$维向量组$\alpha_1,\alpha_2,\cdots,\alpha_m$线性表示，且$\beta_1,\beta_2,\cdots,\beta_s$线性无关，则$s\leqslant m$.

推论 5　若n维向量组$\beta_1,\beta_2,\cdots,\beta_s$与$n$维向量组$\alpha_1,\alpha_2,\cdots,\alpha_m$等价，且两向量组都线性无关，则$s=m$. 即两个等价的线性无关的向量组所含向量的个数相同．

证明　设向量组$\alpha_1,\alpha_2,\cdots,\alpha_m$与向量组$\beta_1,\beta_2,\cdots,\beta_s$满足命题的条件，则$\alpha_1,\alpha_2,\cdots,\alpha_m$线性无关且可由$\beta_1,\beta_2,\cdots,\beta_s$线性表示，由推论 4 知$m\leqslant s$. 同理$\beta_1,\beta_2,\cdots,\beta_s$线性无关可由$\alpha_1,\alpha_2,\cdots,\alpha_m$线性表示，则$s\leqslant m$，于是$s=m$.

极大线性无关组有下面性质．

性质 4.1　向量组$A:\alpha_1,\alpha_2,\cdots,\alpha_m$与它的极大无关组$A_0:\alpha_{i1},\alpha_{i2},\cdots,\alpha_{ir}$等价．

证明　由极大无关组的定义知，任一向量组 $\alpha_1,\alpha_2,\cdots,\alpha_m$ 可由它的极大无关组 $\alpha_{i1},\alpha_{i2},\cdots,\alpha_{ir}$ 线性表示．又因为极大无关组 $\alpha_{i1},\alpha_{i2},\cdots,\alpha_{ir}$ 的每一个向量都在向量组 $\alpha_1,\alpha_2,\cdots,\alpha_m$ 中，向量组的极大无关组 $\alpha_{i1},\alpha_{i2},\cdots,\alpha_{ir}$ 可由向量组 $\alpha_1,\alpha_2,\cdots,\alpha_m$ 线性表示，故向量组 A：$\alpha_1,\alpha_2,\cdots,\alpha_m$ 与它的极大无关组 $A_0:\alpha_{i1},\alpha_{i2},\cdots,\alpha_{ir}$ 等价．

推论　向量组的任意两个极大无关组等价．

由等价的传递性直接可得此结论．

性质 4.2　一个向量组的任意两个极大无关组所含向量的个数相同．

证明　设向量组 $\alpha_1,\alpha_2,\cdots,\alpha_m$ 的两个极大无关组为向量组 $I:\alpha_{i1},\alpha_{i2},\cdots,\alpha_{ir}$ 和向量组 $II:\alpha_{j1},\alpha_{j2},\cdots,\alpha_{jt}$，先由性质4.1的推论知向量组 I 与向量组 II 等价，再由定理4.1的推论5可得 $r=t$.

二、向量组的秩

由于一个向量组的所有极大无关组含有相同个数的向量，这说明极大无关组所含向量的个数反映了向量组本身的性质．因此引出向量组的秩的概念．

定义 4.3　向量组的极大无关组所含向量的个数，称为该向量组的**秩**，记作 $R(\alpha_1,\alpha_2,\cdots,\alpha_m)$ 或 $R\{\alpha_1,\alpha_2,\cdots,\alpha_m\}$．

规定零向量组成的向量组的秩为零．n 维基本单位向量组 $\varepsilon_1,\varepsilon_2,\cdots\varepsilon_n$ 是线性无关的，它的极大无关组就是它本身，因此，$R(\varepsilon_1,\varepsilon_2,\cdots\varepsilon_n)=n$.

定理 4.2　向量组线性无关的充分必要条件是它的秩等于它所含向量的个数．

证明　先证必要性．如果向量组 $\alpha_1,\alpha_2,\cdots,\alpha_m$ 线性无关，则它的极大无关组就是它本身，从而 $R(\alpha_1,\alpha_2,\cdots,\alpha_m)=m$.

再证充分性．如果 $R(\alpha_1,\alpha_2,\cdots,\alpha_m)=m$，则该向量组的极大无关组应含有 m 个向量，而这就是向量组本身，所以该向量组线性无关．

定理 4.3　等价的向量组的秩相等．

证明　设向量组 I 和 II 等价，并且设 I^* 和 II^* 分别是向量组 I 和 II 的极大无关组．根据性质4.1，则设向量组 I 和 I^* 等价，向量组 II 和 II^* 等价．又因为向量组 I 和 II 等价，所以先根据向量组等价的传递性知向量组 I^* 和 II^* 等价，再由定理4.1的推论5和定理4.2知等价向量组 I 和 II 的秩相等．

注意　定理4.3的逆定理并不成立．即两个向量组的秩相等时，它们未必是等价的．

例如，向量组 $\alpha_1=(1,0,0,0)^T,\alpha_2=(0,1,0,0)^T$ 与向量 $\beta_1=(0,0,1,0)^T,\beta_2=(0,0,0,1)^T$，有 $R(\alpha_1,\alpha_2)=R(\beta_1,\beta_2)=2$，但这两个向量组却不是等价的．

定理 4.4　若一个向量组的秩为 r，则该向量组中的任意 $r+1$ 向量都线性相关．

证明　设 $\alpha_1,\alpha_2,\cdots,\alpha_r$ 是向量组的一个极大线性无关组，$\beta_1,\beta_2,\cdots,\beta_r,\beta_{r+1}$ 是向量组中任意 $r+1$ 个向量，则由极大线性无关组的定义可知，$\beta_1,\beta_2,\cdots,\beta_r,\beta_{r+1}$ 可由 $\alpha_1,\alpha_2,\cdots,\alpha_r$ 线性表示，因此有

$$R(\beta_1,\beta_2,\cdots,\beta_r,\beta_{r+1})\leqslant R(\alpha_1,\alpha_2,\cdots,\alpha_r)=r<r+1,$$

故 $\beta_1,\beta_2,\cdots,\beta_r,\beta_{r+1}$ 线性相关．

推论 若一个向量组的秩为 r，则该向量组中任意 r 个线性无关的向量都是该向量组的极大线性无关组．

证明 设 $\alpha_1,\alpha_2,\cdots,\alpha_r$ 是向量组中 r 个线性无关的向量，β 是向量组中任意向量，则 $\alpha_1,\alpha_2,\cdots,\alpha_r,\beta$ 线性相关，于是 β 可由 $\alpha_1,\alpha_2,\cdots,\alpha_r$ 线性表示，故 $\alpha_1,\alpha_2,\cdots,\alpha_r$ 是向量组的一个极大线性无关组．

三、向量组的秩和极大无关组的求法

向量组的秩与矩阵的秩存在着一定关系．事实上，有下面的结论．

定义 4.4 矩阵 A 的行向量组的秩称为矩阵 A 的**行秩**，而矩阵 A 的列向量组的秩称为矩阵 A 的**列秩**．

定理 4.5 任一矩阵 A 的行秩与列秩相等，都等于该矩阵的秩 $R(A)$．即

$$A\text{ 的行秩}=A\text{ 的列秩}=A\text{ 的秩}.$$

证明 设 $R\{\alpha_1,\alpha_2,\cdots,\alpha_m\}=r$，且 $\alpha_{i1},\alpha_{i2},\cdots,\alpha_{ir}$ 是向量组 $\alpha_1,\alpha_2,\cdots,\alpha_m$ 的一个极大线性无关组，则 $\alpha_{i1},\alpha_{i2},\cdots,\alpha_{ir}$ 与 $\alpha_1,\alpha_2,\cdots,\alpha_m$ 等价，于是有

$$R(\alpha_1,\alpha_2,\cdots,\alpha_m)=R(\alpha_{i1},\alpha_{i2},\cdots,\alpha_{ir})=r,$$

所以，$R\{\alpha_1,\alpha_2,\cdots,\alpha_m\}=R(\alpha_{i1},\alpha_{i2},\cdots,\alpha_{ir})$．

由这个定理可知，矩阵 A 的秩等于它的列向量组的秩．由于转置不改变矩阵的秩，而转置后矩阵的列向量就是原矩阵的行向量，所以矩阵 A 的秩也等于它的行向量组的秩．因此，可以利用矩阵的秩来讨论向量组的秩．

对矩阵 A 施行初等行变换后其秩不变，从向量的角度来看，矩阵 A 经过有限次初等行变换化为矩阵 A_1，A 和 A_1 中任何对应的列向量组都有相同的线性相关性．由 A_1 的列向量之间的关系也可以得到 A 的列向量之间的关系，即向量组的秩可通过相应的矩阵的秩求得．其通常用的方法：以向量组 $\alpha_1,\alpha_2,\cdots,\alpha_m$ 为矩阵 A 的列或行向量组构成矩阵

$$A=(\alpha_1,\alpha_2,\cdots,\alpha_m)\text{ 或 }A=\begin{pmatrix}\alpha_1^T\\ \alpha_2^T\\ \vdots\\ \alpha_m^T\end{pmatrix}.$$

用初等行变换把 A 化为阶梯形矩阵 A_1，则

$$R(\alpha_1,\alpha_2,\cdots,\alpha_m)=R(A)=A_1\text{ 的非零行的行数}.$$

例 4.2 求向量 $\alpha_1=(-1,5,3,-2,1)^T$，$\alpha_2=(4,1,-2,9,7)^T$，$\alpha_3=(0,3,4,-5,-1)^T$，$\alpha_4=(2,0,-1,4,3)^T$ 的秩．

解 以 $\alpha_1,\alpha_2,\alpha_3,\alpha_4$ 为列向量构造矩阵 A，用初等行变换把 A 化为阶梯形．

$$A=\begin{pmatrix}-1 & 4 & 0 & 2\\5 & 1 & 3 & 0\\3 & -2 & 4 & -1\\-2 & 9 & -5 & 4\\1 & 7 & -1 & 3\end{pmatrix}\sim\begin{pmatrix}-1 & 4 & 0 & 2\\0 & 1 & -5 & 0\\0 & 0 & 54 & 5\\0 & 0 & 0 & 0\\0 & 0 & 0 & 0\end{pmatrix}$$

因为 $R(A)=3$，所以 $R(\alpha_1,\alpha_2,\alpha_3,\alpha_4)=3$.

请读者以 $\alpha_1,\alpha_2,\alpha_3,\alpha_4$ 为行向量构造矩阵 A，用初等行变换把 A 化为阶梯形的解法再解之.

每一个含有非零向量的 n 维向量组一定有极大无关组．下面的结论给出了求向量组的极大无关组的方法．

定理 4.6　如果将矩阵 A 经有限次初等行变换化成矩阵 B，那么矩阵 A 的列向量组与矩阵 B 的列向量组具有相同的线性关系．

（证明略．）

定理 4.6 有下列含义：

(1) 向量组 $\alpha_1,\alpha_2,\cdots,\alpha_n$ 中任意 r 个向量 $\alpha_{i1},\alpha_{i2},\cdots,\alpha_{ir}$ 线性无关 $\Leftrightarrow$ 向量 $\beta_1,\beta_2,\cdots,\beta_n$ 中对应的 r 个向量 $\beta_{i1},\beta_{i2},\cdots,\beta_{ir}$ 线性无关；

(2) r 个向量 $\alpha_{i1},\alpha_{i2},\cdots,\alpha_{ir}$ 是向量组 $\alpha_1,\alpha_2,\cdots,\alpha_n$ 的极大线性无关组 $\Leftrightarrow$ 对应的 r 个向量 $\beta_{i1},\beta_{i2},\cdots,\beta_{ir}$ 是向量组 $\beta_1,\beta_2,\cdots,\beta_n$ 的极大线性无关组；

(3) 向量组 $\beta_1,\beta_2,\cdots,\beta_n$ 中有

$$\beta_i=k_1\beta_1+\cdots+k_{i-1}\beta_{i-1}+k_{i+1}\beta_{i+1}+\cdots+k_n\beta_n$$

$\Leftrightarrow$ 向量组 $\alpha_1,\alpha_2,\cdots,\alpha_n$ 中对应有

$$\alpha_i=k_1\alpha_1+\cdots+k_{i-1}\alpha_{i-1}+k_{i+1}\alpha_{i+1}+\cdots+k_n\alpha_n.$$

例 4.3　求向量组 $\alpha_1=(1,-1,2,1,0)^T,\alpha_2=(2,-2,4,-2,0)^T,\alpha_3=(3,0,6,-1,1)^T,\alpha_4=(0,3,0,0,1)^T$ 的秩及一个极大无关组，并把其余向量用此极大无关组线性表示．

解　以 $\alpha_1,\alpha_2,\alpha_3,\alpha_4$ 列向量构造矩阵 A，用初等行变换把 A 化为行最简形

$$A=\begin{pmatrix}1 & 2 & 3 & 0\\-1 & -2 & 0 & 3\\2 & 4 & 6 & 0\\1 & -2 & -1 & 0\\0 & 0 & 1 & 1\end{pmatrix}\sim\begin{pmatrix}1 & 2 & 3 & 0\\0 & 1 & 1 & 0\\0 & 0 & 1 & 1\\0 & 0 & 0 & 0\\0 & 0 & 0 & 0\end{pmatrix}\sim\begin{pmatrix}1 & 0 & 0 & -1\\0 & 1 & 0 & -1\\0 & 0 & 1 & 1\\0 & 0 & 0 & 0\\0 & 0 & 0 & 0\end{pmatrix}=(\beta_1,\beta_2,\beta_3,\beta_4)=B.$$

因为 $R(A)=3$，所以 $R(\alpha_1,\alpha_2,\alpha_3,\alpha_4)=3$；又因为 $R(\beta_1,\beta_2,\beta_3)=3$，所以 β_1,β_2,β_3 线性无

关且是$\beta_1,\beta_2,\beta_3,\beta_4$的一个极大无关组．相应地，$\alpha_1,\alpha_2,\alpha_3$是$\alpha_1,\alpha_2,\alpha_3,\alpha_4$的极大无关组．由于$\beta_4=-\beta_1-\beta_2+\beta_3$，相应地有$\alpha_4=-\alpha_1-\alpha_2+\alpha_3$.

求向量组$\alpha_1,\alpha_2,\cdots,\alpha_m$的极大无关组的方法．具体做法：先将向量组作为列向量构成矩阵$A=(\alpha_1,\alpha_2,\cdots,\alpha_m)$，然后对$A$实行初等行变换，将其化成行最简形矩阵．在行最简形矩阵中，列向量是单位向量的列所对应的向量组$\alpha_1,\alpha_2,\cdots,\alpha_m$中的部分组，即这个向量组的极大线性无关组．

而对矩阵的初等行变化并不改变矩阵列向量组之间的线性关系．因此再由行最简形矩阵列向量之间的线性关系，就可以确定原向量组列向量间的线性关系，从而可用极大线性无关组表示其余向量．

*§5　向量空间

一、向量空间的定义与性质

在解析几何里，我们已经接触过平面或空间的向量．两个向量可以相加，也可以用一个实数去乘一个向量．这种向量的加法及数与向量的乘法满足一定的运算规律．向量空间正是解析几何里向量概念的一般化．

定义 5.1　设V是一个非空集合，P是一个数域．如果在集合V中定义了两种运算：对于其中每两个元素α与β定义了它们的和$\alpha+\beta$也是V中的元素；对于任何元素$\alpha\in V$与数$k\in P$定义了乘积$k\alpha$，也是集合V中的元素，并且这些运算满足下列公理：

(1)$(\alpha+\beta)+\gamma=\alpha+(\beta+\gamma)$；

(2)$\alpha+\beta=\beta+\alpha$；

(3) 在V中存在这样的元素0，使得对于任何$\alpha\in V$，均有$\alpha+0=\alpha$，称0为V的**零元素**；

(4) 对于任意的$\alpha\in V$，存在一个元素$\alpha'\in V$，使得$\alpha+\alpha'=0$，称α'为α的**负元素**；

(5)$(k+l)a=ka+la$；

(6)$k(\alpha+\beta)=k\alpha+k\beta$；

(7)$(kl)\alpha=k(l\alpha)$；

(8)$1\alpha=\alpha$.

其中α,β,γ是V中的任意元素，k,l是P中的任意数．则称集合V是数域P上的**向量空间**.

例 5.1　在解析几何里，平面或空间中从坐标原点引出的一切向量对于向量的加法和实数与向量的乘法来说都构成实数域上的向量空间．

例 5.2　数域P按照本身的加法与乘法，即构成一个自身上的向量空间．

例 5.3　元素属于数域P的$m\times n$矩阵的集合按照矩阵加法和数与矩阵的乘法，构成数域P上的一个向量空间．

例 5.4　全体实数的集合，按照函数的加法和数与函数的乘法，构成实数域上的向量空间.

向量空间的元素也称为向量．通常我们用小写的希腊字母 $\alpha,\beta,\gamma,\cdots$ 代表向量空间中的向量，用小写的拉丁字母 $a,b,c\cdots$ 代表数域 P 中的数．

下面从定义出发，推导向量空间的一些简单性质．

(1) 零元素是唯一的

假设 $0_1,0_2$ 是向量空间的两个零元素，下面证明 $0_1=0_2$.

由于 0_1 是零元素，所以 $0_1+0_2=0_2$；又由于 0_2 也是零元素，所以 $0_1+0_2=0_1$，于是 $0_1=0_2$.

(2) 负元素是唯一的

假设 α 有两个负元素 α',α''，则 $\alpha+\alpha'=0,\alpha+\alpha''=0$，于是

$$\alpha'=\alpha'+0=\alpha'+(\alpha+\alpha'')=(\alpha'+\alpha)+\alpha''=0+\alpha''=\alpha''.$$

由于 α 的负元素是唯一的，所以将 α 的负元素记为 $-\alpha$.

(3) $0\alpha=0,k0=0,(-1)\alpha=-\alpha$

事实上，$0\alpha+\alpha=0\alpha+1\alpha=(0+1)\alpha=1\alpha=\alpha$，即 $0\alpha+\alpha=\alpha$ 两边加上 $-\alpha$ 得 $0\alpha=0$. $k0+k\alpha=k(0+\alpha)=k\alpha$，即 $k0+k\alpha=k\alpha$ 两边加上 $-k\alpha$ 得 $k0=0$.

$(-1)\alpha+\alpha=(-1)\alpha+1\alpha=(-1+1)\alpha=0\alpha=0$，由负元素的唯一性知，$(-1)\alpha=-\alpha$.

(4) 如果 $k\alpha=0$，那么 $k=0$，或者 $\alpha=0$

假设 $k\neq 0$，则 $k^{-1}(k\alpha)=k^{-1}0=0$. 另一方面，$k^{-1}(k\alpha)=(k^{-1}k)\alpha=1\alpha=\alpha$，故 $\alpha=0$.

二、n 维向量空间 R^n

$\boldsymbol{R}^n$ 为全体 n 维列向量 $\begin{pmatrix}a_1\\a_2\\\vdots\\a_n\end{pmatrix}$ $(a_i\in R)$ 构成的集合．它对于向量的加法及实数与向量的乘法构成 n 维向量空间．下面对于向量空间 R^n 的性质作进一步的讨论．

大家知道，在三维几何空间 R^3 中向量 $\varepsilon_1=\begin{pmatrix}1\\0\\0\end{pmatrix},\varepsilon_2=\begin{pmatrix}0\\1\\0\end{pmatrix},\varepsilon_3=\begin{pmatrix}0\\0\\1\end{pmatrix}$ 是线性无关的，而对于任一个向量 $\alpha=\begin{pmatrix}a_1\\a_2\\a_3\end{pmatrix}$，均有 $\alpha=a_1\varepsilon_1+a_2\varepsilon_2+a_3,\varepsilon_3$，$\varepsilon_1,\varepsilon_2,\varepsilon_3$ 被称为 R^3 的**坐标系或基底**，而 (a_1,a_2,a_3) 称为向量 α 在基底 $\varepsilon_1,\varepsilon_2,\varepsilon_3$ 下的**坐标**．

一般地，有如下的定义

定义 5.2　R^n 中的向量组 $\alpha_1,\alpha_2,\cdots,\alpha_m$ 称为 R^n **的基底**，如果该向量组满足下列两个条件：

(1) $\alpha_1,\alpha_2,\cdots,\alpha_m$ 线性无关；

(2) R^n 中的任一向量均可由 $\alpha_1,\alpha_2,\cdots,\alpha_m$ 线性表示．

例 5.5 向量组$\varepsilon_1=\begin{pmatrix}1\\0\\0\\\vdots\\0\end{pmatrix},\varepsilon_2=\begin{pmatrix}0\\1\\0\\\vdots\\0\end{pmatrix},\cdots,\varepsilon_n=\begin{pmatrix}0\\0\\0\\\vdots\\1\end{pmatrix}$,是$R^n$中的线性无关的向量组．而对任一向量$\alpha$,$\alpha=a_1\varepsilon_1+a_2\varepsilon_2+\cdots+a_n\varepsilon_n$,因此$\varepsilon_1,\varepsilon_2,\cdots,\varepsilon_n$是$R^n$的基底．

例 5.6 在R^n中向量组$e_1=\begin{pmatrix}1\\0\\0\\\vdots\\0\end{pmatrix},e_2=\begin{pmatrix}1\\1\\0\\\vdots\\0\end{pmatrix},\cdots,e_n=\begin{pmatrix}1\\1\\1\\\vdots\\1\end{pmatrix}$也是$R^n$的基底．

事实上，由于$|e_1,e_2,\cdots,e_n|=1\neq 0$，所以$e_1,e_2,\cdots,e_n$线性无关，而对任一向量$\alpha=\begin{pmatrix}a_1\\a_2\\\vdots\\a_n\end{pmatrix}$来说，$\alpha=(a_1-a_2)e_1+(a_2-a_3)e_2+\cdots+(a_{n-1}-a_n)e_{n-1}+a_ne_n$，因此，$e_1,e_2,\cdots,e_n$确为$R^n$的基底．

这里自然产生了一个问题:R^n中不同的基底所含向量的个数是否可能不同？回答是否定的．

事实上，$\varepsilon_1,\varepsilon_2,\cdots,\varepsilon_n$已是$R^n$的基底，设$\alpha_1,\alpha_2,\cdots,\alpha_m$是$R^n$的任一基底，则向量组$\varepsilon_1,\varepsilon_2,\cdots,\varepsilon_n$与向量组$\alpha_1,\alpha_2,\cdots,\alpha_m$等价；又由于两个向量组均线性无关，所以$m=n$. 正因为如此，有下面的定义．

定义 5.3 R^n中的基底所含向量的个数被称为R^n的**维数**，记作$\dim R^n$.

从上面的讨论可知$\dim R^n=n$，因而把R^n称为n维向量空间．

定义 5.4 R^n中的向量用基底线性表示的系数构成的有序数组称为该向量在给定基底下的**坐标**．

显然，R^n中的同一个向量可以由不同的基底来线性表示，但该向量在不同基底下的坐标是不同的．

例 5.7 在例 5.5 中，α在$\varepsilon_1,\varepsilon_2,\cdots,\varepsilon_n$下的坐标是$(a_1,a_2,\cdots,a_n)$.

例 5.8 在例 5.6 中，α在$e_1,e_2,\cdots,e_n$下的坐标是$(a_1-a_2,a_2-a_3,\cdots,a_{n-1}-a_n,a_n)$. 同一向量在不同基底下的坐标有内在的联系．

设$(x_1,x_2,\cdots,x_n)$是向量α在基底$\alpha_1,\alpha_2,\cdots,\alpha_n$下的坐标，$(y_1,y_2,\cdots,y_n)$是$\alpha$在基底$\beta_1,\beta,\cdots,\beta_n$下的坐标．首先，将$\alpha_1,\alpha_2,\cdots,\alpha_n$用$\beta_1,\beta,\cdots,\beta_n$线性表示

$$\begin{cases}\alpha_1=a_{11}\beta_1+a_{12}\beta_2+\cdots+a_{1n}\beta_n,\\ \alpha_2=a_{21}\beta_1+a_{22}\beta_2+\cdots+a_{2n}\beta_n,\\ \qquad\vdots\\ \alpha_n=a_{n1}\beta_1+a_{n2}\beta_2+\cdots+a_{nn}\beta_n.\end{cases}$$

即

$$(\alpha_1,\alpha_2,\cdots,\alpha_n)=(\beta_1,\beta,\cdots,\beta_n)\begin{pmatrix} a_{11} & a_{21} & \cdots & a_{n1} \\ a_{12} & a_{22} & \cdots & a_{n2} \\ & & \vdots & \\ a_{1n} & a_{2n} & \cdots & a_{nn} \end{pmatrix}. \tag{5.1}$$

显然，$|a_{ij}|\neq 0$. 称矩阵

$$A=\begin{pmatrix} a_{11} & a_{21} & \cdots & a_{n1} \\ a_{12} & a_{22} & \cdots & a_{n2} \\ & & \vdots & \\ a_{1n} & a_{2n} & \cdots & a_{nn} \end{pmatrix}$$

为由基底 $\beta_1,\beta,\cdots,\beta_n$ 到基底 $\alpha_1,\alpha_2,\cdots,\alpha_n$ 的**过渡矩阵**.

$\alpha=x_1a_1+x_2a_2+\cdots+x_na_n$ 可写成矩阵的形式

$$\alpha=(\alpha_1,\alpha_2,\cdots,\alpha_n)\begin{pmatrix} x_1 \\ x_2 \\ \vdots \\ x_n \end{pmatrix}, \tag{5.2}$$

又

$$\alpha=(\beta_1,\beta,\cdots,\beta_n)\begin{pmatrix} y_1 \\ y_2 \\ \vdots \\ y_n \end{pmatrix}.$$

由(5.1)和(5.2)两式得

$$\alpha=(\alpha_1,\alpha_2,\cdots,\alpha_n)\begin{pmatrix} x_1 \\ x_2 \\ \vdots \\ x_n \end{pmatrix}=(\beta_1,\beta,\cdots,\beta_n)A\begin{pmatrix} x_1 \\ x_2 \\ \vdots \\ x_n \end{pmatrix}=(\beta_1,\beta,\cdots,\beta_n)\begin{pmatrix} y_1 \\ y_2 \\ \vdots \\ y_n \end{pmatrix}.$$

由于 $A\begin{pmatrix} x_1 \\ x_2 \\ \vdots \\ x_n \end{pmatrix}$ 和 $\begin{pmatrix} y_1 \\ y_2 \\ \vdots \\ y_n \end{pmatrix}$ 均是 α 在基底 $\beta_1,\beta,\cdots,\beta_n$ 下的坐标，于是，

$$\begin{pmatrix} y_1 \\ y_2 \\ \vdots \\ y_n \end{pmatrix} = A \begin{pmatrix} x_1 \\ x_2 \\ \vdots \\ x_n \end{pmatrix}. \tag{5.3}$$

(5.3) 式即 α 在不同基底下的坐标之间的关系．

例 5.9 考虑 R^3 的向量 $\alpha_1 = \begin{pmatrix} -2 \\ 1 \\ 3 \end{pmatrix}, \alpha_2 = \begin{pmatrix} -1 \\ 0 \\ 1 \end{pmatrix}, \alpha_3 = \begin{pmatrix} -2 \\ -5 \\ -1 \end{pmatrix}$，易证 $\alpha_1, \alpha_2, \alpha_3$ 是 R^3 的基底，求向量 $\alpha = \begin{pmatrix} 4 \\ 12 \\ 6 \end{pmatrix}$ 在该基下的坐标．

证明 首先，有 $a = (\varepsilon_1, \varepsilon_2, \varepsilon_3)\begin{pmatrix} 4 \\ 12 \\ 6 \end{pmatrix}$，而 $(\varepsilon_1, \varepsilon_2, \varepsilon_3) = (\alpha_1, \alpha_2, \alpha_3)(\alpha_1, \alpha_2, \alpha_3)^{-1}$，这里 $A = (\alpha_1, \alpha_2, \alpha_3)^{-1}$. 因此，$\alpha$ 在 $\alpha_1, \alpha_2, \alpha_3$ 下的坐标

$$\begin{pmatrix} y_1 \\ y_2 \\ y_n \end{pmatrix} = (\alpha_1, \alpha_2, \alpha_3)^{-1}\begin{pmatrix} 4 \\ 12 \\ 6 \end{pmatrix} = \begin{pmatrix} -2 & -1 & -2 \\ 1 & 0 & -5 \\ 3 & 1 & -1 \end{pmatrix}^{-1}\begin{pmatrix} 4 \\ 12 \\ 6 \end{pmatrix} = \begin{pmatrix} 7 \\ -16 \\ -1 \end{pmatrix}.$$

结果 $(y_1, y_2, y_3) = (7, -16, -1)$.

例 5.10 在 R^4 中，求由基 e_1, e_2, e_3, e_4 到基 $\eta_1, \eta_2, \eta_3, \eta_4$ 的过渡矩阵，并求向量 $\xi = (1,0,0,0)^T$ 在 e_1, e_2, e_3, e_4 下的坐标．已知

$$\begin{cases} e_1^T = (1,2,-1,0), \\ e_2^T = (1,-1,1,1), \\ e_3^T = (-1,2,1,1), \\ e_4^T = (-1,-1,0,1). \end{cases} \qquad \begin{cases} \eta_1^T = (2,1,0,1), \\ \eta_2^T = (0,1,2,2), \\ \eta_3^T = (-2,1,1,2), \\ \eta_4^T = (1,3,1,2). \end{cases}$$

解 因为 $(\eta_1, \eta_2, \eta_3, \eta_4) = E(\eta_1, \eta_2, \eta_3, \eta_4) = (e_1, e_2, e_3, e_4)(e_1, e_2, e_3, e_4)^{-1}(\eta_1, \eta_2, \eta_3, \eta_4)$，所以由基 e_1, e_2, e_3, e_4 到基 $\eta_1, \eta_2, \eta_3, \eta_4$ 的过渡矩阵

$$A_1 = \begin{pmatrix} 1 & 1 & -1 & -1 \\ 2 & -1 & 2 & -1 \\ -1 & 1 & 1 & 0 \\ 0 & 1 & 1 & 1 \end{pmatrix}^{-1}\begin{pmatrix} 2 & 0 & -2 & 1 \\ 1 & 1 & 1 & 3 \\ 0 & 2 & 1 & 1 \\ 1 & 2 & 2 & 2 \end{pmatrix} = \begin{pmatrix} 1 & 0 & 0 & 1 \\ 1 & 1 & 0 & 1 \\ 0 & 1 & 1 & 1 \\ 0 & 0 & 1 & 0 \end{pmatrix},$$

$$\xi=(\varepsilon_1,\quad \varepsilon_2,\quad \varepsilon_3,\quad \varepsilon_4)\begin{pmatrix}1\\0\\0\\0\end{pmatrix},(\varepsilon_1,\varepsilon_2,\varepsilon_3,\varepsilon_4)=(e_1,e_2,e_3,e_4)(e_1,e_2,e_3,e_4)^{-1}.$$

其中，$A=(e_1,e_2,e_3,e_4)^{-1}$，

$$\begin{pmatrix}y_1\\y_2\\y_3\\y_4\end{pmatrix}=A\begin{pmatrix}1\\0\\0\\0\end{pmatrix}=\begin{pmatrix}1&1&-1&-1\\2&-1&2&-1\\-1&1&1&0\\0&1&1&1\end{pmatrix}^{-1}\begin{pmatrix}1\\0\\0\\0\end{pmatrix}=\begin{pmatrix}3/13\\5/13\\-2/13\\-3/13\end{pmatrix},$$

即向量 ξ 在基 e_1,e_2,e_3,e_4 下的坐标是 $\left(\frac{3}{13},\quad \frac{5}{13},\quad -\frac{2}{13},\quad -\frac{3}{13}\right)$.

三、子空间

在通常的三维几何空间中，考虑一个通过原点的平面．不难看出，这个平面上的所有向量对于加法和数量乘法构成一个二维的向量空间，称它为三维几何空间的子空间．

定义 5.5　数域 P 上向量空间 V 的一个非空子集合 W 称为 V 的一个子空间．如果 W 对于 V 的两种运算也构成向量空间．

设 W 是 V 的非空子集合，由于 V 是向量空间，所以对于原有的运算，W 中的向量满足向量空间定义中的公理(1)(2)(5)(6)(7)(8)．若 W 能构成一个向量空间，当且仅当 W 对 V 中的原有运算是封闭的，以及公理(3)(4) 被满足，即 W 满足下列条件：

(1) 如果 $\alpha\in W$，那么 $k\alpha\in W(k\in P)$；

(2) 如果 $\alpha,\beta\in W$，那么 $\alpha+\beta\in W$；

(3)$0\in W$；

(4) 如果 $\alpha\in W$，那么 $-\alpha\in W$.

由于 W 非空，存在 $\alpha\in W$，由条件(1)，$0\alpha=0\in W$．故条件(3) 可由条件(1) 推出．同样地，如果 $\alpha\in W$，$-\alpha=(-1)\alpha$，由条件(1)，$-\alpha\in W$，条件(4) 也可由条件(1) 推出．

定理 5.1　如果向量空间 V 的非空子集 W 对于 V 的两种运算是封闭的，也就是满足上面的条件(1)(2)，那么 W 就是 V 的一个**子空间**．

例 5.11　在向量空间 V 中，由单个的零向量所组成的子集合是一个子空间．它叫作**零子空间**．

例 5.12　向量空间 V 本身也是 V 的一个子空间．

例 5.13　在全体实函数组成的空间中，所有的实系数多项式组成一个子空间．

定义 5.6　设 W 是 R^n 的一个子空间，称 W 中的向量组 $\alpha_1,\alpha_2,\cdots,\alpha_s$ 是 W 的**基底**，若 $\alpha_1,\alpha_2,\cdots,\alpha_s$ 满足下列两个条件：

(1)$\alpha_1,\alpha_2,\cdots,\alpha_s$ 线性无关；

(2)W 中任一向量均可由 $\alpha_1,\alpha_2,\cdots,\alpha_s$ 线性表示.

容易证明,W 的任何两个基底所含向量的个数一定相等.

定义 5.7 设 W 是 R^n 的一个子空间,若 $W=\{0\}$,规定 W 的维数为零,记作 $\dim W=0$;若 $W\neq 0$,称 W 的基底所含向量的个数为 W 的**维数**,记作 $\dim W$.

例 5.14 验证 $W=\left\{\begin{pmatrix}a_1\\a_2\\0\end{pmatrix}\middle| a_1,a_2\in R\right\}$ 是 R^3 的子空间,并求 W 的基底和维数.

解 对任意的 $\begin{pmatrix}a_1\\a_2\\0\end{pmatrix},\begin{pmatrix}b_1\\b_2\\0\end{pmatrix}\in W$,有 $\begin{pmatrix}a_1\\a_2\\0\end{pmatrix}+\begin{pmatrix}b_1\\b_2\\0\end{pmatrix}=\begin{pmatrix}a_1+b_1\\a_2+b_2\\0\end{pmatrix}\in W$,对任意的 $k\in R$,有 $k\begin{pmatrix}a_1\\a_2\\0\end{pmatrix}=\begin{pmatrix}ka_1\\ka_2\\0\end{pmatrix}\in W$,所以是 R^3 的子空间.

向量组 $\varepsilon_1=\begin{pmatrix}1\\0\\0\end{pmatrix},\varepsilon_2=\begin{pmatrix}0\\1\\0\end{pmatrix}\in W$,且 $\varepsilon_1,\varepsilon_2$ 线性无关,对任意的 $\begin{pmatrix}a_1\\a_2\\0\end{pmatrix}\in W$,$\begin{pmatrix}a_1\\a_2\\0\end{pmatrix}=a_1\varepsilon_1+a_2\varepsilon_2$,所以 $\varepsilon_1,\varepsilon_2$ 是 W 的基底,且 $\dim W=2$.

§6 向量的内积和正交矩阵

在几何空间 R^3 上,两个向量 α,β 的数量积是一个实数 $\alpha\cdot\beta=|\alpha||\beta|\cos\theta$,这里 $|\alpha|$,$|\beta|$ 分别表示 α 与 β 的长度,θ 表示 α 与 β 的夹角;且在空间直角坐标系中,设 α,β 的坐标为 $\alpha=(a_1,a_2,a_3)^T,\beta=(b_1,b_2,b_3)^T$,则有

$$\alpha\cdot\beta=\alpha^T\beta=a_1b_1+a_2b_2+a_3b_3.$$

由解析几何知道,R^3 中向量的数量积具有下列性质:

(1)$\alpha\cdot\beta=\beta\cdot\alpha$;

(2)$(\alpha+\beta)\cdot\gamma=\alpha\cdot\gamma+\beta\cdot\gamma,(a\alpha)\cdot\beta=a(\alpha\cdot\beta)$;

(3)当 $\alpha\neq 0$ 时,$\alpha\cdot\alpha>0$.

这里 α,β,γ 是 R^3 中的任意向量,a 是任意实数. 在这一节里,我们将 R^3 中数量积的概念推广到一般的 n 维向量空间. 由于 n 维向量没有三维向量那样直观的长度和夹角的概念,因此只能按数量积的直角坐标计算公式来推广,先给出维向量的内积的概念. 再利用内积来定义 n 维向量的长度和夹角.

一、向量的内积

定义 6.1 设有 n 维向量 $x=(x_1,x_2,\cdots,x_n)^T,y=(y_1,y_2,\cdots,y_n)^T$,令 $[x,y]=x_1y_1+x_2y_2+\cdots+x_ny_n$,称 $[x,y]$ 为向量 x 与 y 的**内积**. 有时也可表示为 (x,y) 或 $\langle x,y\rangle$.

当 x 与 y 都是 n 维列向量时，有 $[x,y]=x^Ty=y^Tx$.

根据定义不难证明，内积具有下列性质（其中 x,y,z 为 n 维向量，λ 为实数）：

(1) **对称性**　$[x,y]=[y,x]$；

(2) **线性性**　$[x+y,z]=[x,z]+[y,z]$，$[\lambda x,y]=\lambda[x,y]$；

(3) **非负性**　当 $x=0$ 时，$[x,x]=0$；当 $x\neq 0$ 时，$[x,x]>0$.

定义 6.2　设 x 是 n 维向量，令

$$\|x\|=\sqrt{[x,x]}=\sqrt{x_1^2+x_2^2+\cdots+x_n^2},$$

称 $\|x\|$ 为 n 维向量 x 的**长度**(**或范数**).

当 $\|x\|=1$ 时，称 x 为单位向量. 如果向量 $x\neq 0$，则 $x^0=\dfrac{x}{\|x\|}$ 就是 x 的单位向量（此过程也称为把向量 x 单位化）.

向量的长度具有下述性质（其中 x,y 为 n 维向量，λ 为实数）：

(1) **非负性**　当 $x\neq 0$ 时，$\|x\|>0$；当 $x=0$ 时，$\|x\|=0$；

(2) **齐次性**　$\|\lambda x\|=|\lambda|\,\|x\|$；

(3) **三角不等式**　$\|x+y\|\leqslant\|x\|+\|y\|$.

证明　性质(1)与性质(2)是显然的，只需证明性质(3). 因为

$$\begin{aligned}\|x+y\|^2&=[x+y,x+y]=[x,x]+2[x,y]+[y,y]\\&\leqslant\|x\|^2+2\|x\|\cdot\|y\|+\|y\|^2=(\|x\|+\|y\|)^2,\end{aligned}$$

所以

$$\|x+y\|\leqslant\|x\|+\|y\|.$$

上面证明中用到了施瓦兹不等式：$[x,y]^2\leqslant[x,x][y,y]$.

事实上，由内积运算性质，有

$$\varphi(t)=[tx+y,tx+y]=t^2[x,x]+2t[x,y]+[y,y]\geqslant 0;$$

由 t 的任意性，因此

$$\Delta=4([x,y]^2-[x,x][y,y])\leqslant 0,$$

即

$$[x,y]^2\leqslant[x,x][y,y].$$

由施瓦兹不等式可得，当 $x\neq 0,y\neq 0$ 时，有 $\left|\dfrac{[x,y]}{\|x\|\cdot\|y\|}\right|\leqslant 1$.

于是有下面的定义：

(1) 当 $x\neq 0,y\neq 0$ 时，$\theta=\arccos\left|\dfrac{[x,y]}{\|x\|\cdot\|y\|}\right|$ 称为 n 维向量 x 与 y 的**夹角**；

(2) 当 $[x,y]=0$ 时，称 n 维向量 x 与 y **正交(垂直)**. 显然，若 $x=0$，则 x 与任何 n 维向量都正交.

例 6.1 设 $\alpha=(1,0,2,2)^T,\beta=(-2,1,0,2)^T$,求 α 的单位向量和 α 与 β 的夹角.

解 $\|\alpha\|=\sqrt{\alpha^T\alpha}=\sqrt{1+2^2+2^2}=3,$

$\|\beta\|=\sqrt{\beta^T\beta}=\sqrt{(-2)^2+1^2+2^2}=3,$

$[\alpha,\beta]=-2\times1+0+0+2\times2=2.$

所以

$$\alpha^0=\frac{\alpha}{\|\alpha\|}=\left(\frac{1}{3},0,\frac{2}{3},\frac{2}{3}\right)^T,$$

$$\theta=\arccos\left|\frac{[\alpha,\beta]}{\|\alpha\|\cdot\|\beta\|}\right|=\arccos\frac{2}{3\times3}=\arccos\frac{2}{9}.$$

例 6.2 在欧氏空间 R^n 中,$\alpha,\beta\in R^n$,则 $\|\alpha+\beta\|^2=\|\alpha\|^2+\|\beta\|^2$ 的充要条件是 α 与 β 正交.称上式为勾股公式.

证明 利用内积的性质,

$$\begin{aligned}\|\alpha+\beta\|^2&=[\alpha+\beta,\alpha+\beta]=[\alpha,\alpha]+[\beta,\beta]+[\alpha,\beta]+[\beta,\alpha]\\&=\|\alpha\|^2+\|\beta\|^2+2[\alpha,\beta].\end{aligned}$$

故有

$$\|\alpha+\beta\|^2=\|\alpha\|^2+\|\beta\|^2\Leftrightarrow[\alpha,\beta]=0,$$

即 α 与 β 正交.

定理 6.1 若 n 维向量 $\alpha_1,\alpha_2,\cdots,\alpha_r$ 是一组两两正交的非零向量,则 $\alpha_1,\alpha_2,\cdots,\alpha_r$ 线性无关.

证明 设有 $\lambda_1,\lambda_2,\cdots,\lambda_r$,使 $\lambda_1\alpha_1+\lambda_2\alpha_2+\cdots+\lambda_r\alpha_r=0$,以 α_i^T 左乘上式两端,得 $\lambda\alpha_i^T\alpha_i=0$,因 $\alpha_i\neq0$,故 $\alpha_i^T\alpha_i=\|\alpha_i\|^2\neq0$. 从而必有 $\lambda_i=0(i=1,2,\cdots,r)$. 于是向量组 $\alpha_1,\alpha_2,\cdots,\alpha_r$ 线性无关.

注意 定理的逆命题是不成立的. 如 $\alpha_1=\begin{pmatrix}1\\2\end{pmatrix},\alpha_2=\begin{pmatrix}2\\3\end{pmatrix}$ 是线性无关的,但 α_1,α_2 不是正交的.

定义 6.3 一组两两正交的非零向量组叫作**正交向量组**.

定义 6.4 设 n 维向量 $e_1,e_2,\cdots,e_r$ 是向量空间 $V(V\in R^n)$ 的一个基,如果 $e_1,e_2,\cdots,e_r$ 两两正交,且都是单位向量,则称 $e_1,e_2,\cdots,e_r$ 是 V 的一个**规范正交基**.

例如,向量组 n 维基本单位向量组

$$\varepsilon_1=\begin{pmatrix}1\\0\\0\\\vdots\\0\end{pmatrix},\varepsilon_2=\begin{pmatrix}0\\1\\0\\\vdots\\0\end{pmatrix},\cdots,\varepsilon_n=\begin{pmatrix}0\\0\\0\\\vdots\\1\end{pmatrix}$$

和向量组

$$e_1=\frac{1}{3}\begin{pmatrix}1\\-2\\-2\end{pmatrix},e_2=\frac{1}{3}\begin{pmatrix}2\\-1\\2\end{pmatrix},e_3=\frac{1}{3}\begin{pmatrix}2\\2\\-1\end{pmatrix}$$

都是正交向量组，也分别是 R^n 和 R^3 的一个规范正交基．

为方便计算，我们常常需要从向量空间 V 的一个基 $\alpha_1,\alpha_2,\cdots,\alpha_r$ 出发，找出 V 的一个规范正交基 $e_1,e_2,\cdots,e_r$，使 $e_1,e_2,\cdots,e_r$ 与 $\alpha_1,\alpha_2,\cdots,\alpha_r$ 等价，这类问题，称为将 $\alpha_1,\alpha_2,\cdots,\alpha_r$ 这个基规范正交化．

二、施密特正交化方法

施密特正交化　设 $\alpha_1,\alpha_2,\cdots,\alpha_r$ 是向量空间 V 中的一个基．首先将 $\alpha_1,\alpha_2,\cdots,\alpha_r$ 正交化.

令　$\beta_1=\alpha_1$，

$$\beta_2=\alpha_2-\frac{(\beta_1,\alpha_2)}{(\beta_1,\beta_1)}\beta_1,$$

$$\beta_3=\alpha_3-\frac{(\beta_1,\alpha_3)}{(\beta_1,\beta_1)}\beta_1-\frac{(\beta_2,\alpha_3)}{(\beta_2,\beta_2)}\beta_2,$$

$$\vdots$$

$$\beta_r=\alpha_r-\frac{(\beta_1,\alpha_r)}{(\beta_1,\beta_1)}\beta_1-\frac{(\beta_2,\alpha_r)}{(\beta_2,\beta_2)}\beta_2-\cdots-\frac{(\beta_{r-1},\alpha_r)}{(\beta_{r-1},\beta_{r-1})}\beta_{r-1}.$$

然后将 $\beta_1,\beta_2,\cdots,\beta_r$ 单位化

$$e_1=\frac{1}{\|\beta_1\|}\beta_1,e_2=\frac{1}{\|\beta_2\|}\beta_2,\cdots,e_r=\frac{1}{\|\beta_r\|}\beta_r.$$

容易验证，$e_1,e_2,\cdots,e_r$ 是 V 的一个规范正交基，且与 $\alpha_1,\alpha_2,\cdots,\alpha_r$ 等价．

上述从线性无关向量组 $\alpha_1,\alpha_2,\cdots,\alpha_r$ 导出正交向量组 $\beta_1,\beta_2,\cdots,\beta_r$ 的过程称为施密特正交化过程．它满足对任何 $k(1\leqslant k\leqslant r)$，向量组 $\beta_1,\beta_2,\cdots,\beta_r$ 与 $\alpha_1,\alpha_2,\cdots,\alpha_r$ 等价．

例 6.3　试用施密特正交化过程将线性无关向量组 $\alpha_1=(1,1,1)^T,\alpha_2=(1,2,3)^T,\alpha_3=(1,4,9)^T$ 规范正交化．

解　取

$$\beta_1=\alpha_1=\begin{pmatrix}1\\1\\1\end{pmatrix},$$

$$\beta_2=\alpha_2-\frac{(\beta_1,\alpha_2)}{(\beta_1,\beta_1)}\beta_1=\begin{pmatrix}-1\\0\\1\end{pmatrix},$$

$$\beta_3=\alpha_3-\frac{(\beta_1,\alpha_3)}{(\beta_1,\beta_1)}\beta_1-\frac{(\beta_2,\alpha_3)}{(\beta_2,\beta_2)}\beta_2=\frac{1}{3}\begin{pmatrix}1\\-2\\1\end{pmatrix};$$

再取

$$e_1=\frac{\beta_1}{\|\beta_1\|}=\frac{1}{\sqrt{3}}\begin{pmatrix}1\\1\\1\end{pmatrix},e_2=\frac{\beta_2}{\|\beta_2\|}=\frac{1}{\sqrt{2}}\begin{pmatrix}-1\\0\\1\end{pmatrix},e_3=\frac{\beta_3}{\|\beta_3\|}=\frac{1}{\sqrt{6}}\begin{pmatrix}1\\-2\\1\end{pmatrix}.$$

三、正交矩阵与正交变换

接下来介绍在几何及物理中常见的一类实矩阵 —— 正交矩阵．它的讨论与 R^n 中向量的正交性密切相关．

例 6.4 设矩阵 $A=\begin{pmatrix}\cos\theta & \sin\theta\\ -\sin\theta & \cos\theta\end{pmatrix}$，其中 $\theta\in R$，验证 $A^TA=E$.

解 $A^TA=\begin{pmatrix}\cos\theta & -\sin\theta\\ \sin\theta & \cos\theta\end{pmatrix}\begin{pmatrix}\cos\theta & \sin\theta\\ -\sin\theta & \cos\theta\end{pmatrix}\begin{pmatrix}1 & 0\\ 0 & 1\end{pmatrix}=E.$

定义 6.5 若阶方阵 A 满足 $A^TA=E$(即 $A^{-1}=A^T$)，则称 A 为**正交矩阵**，简称**正交阵**．

正交阵具有下述性质：

(1) 若 A 为正交阵，则 $A^{-1}=A^T$ 也是正交阵，且 $|A|=\pm1$；

(2) 若 A 和 B 都是正交阵，则 AB 也是正交阵；

(3) n 阶方阵 A 为正交阵的充分必要条件是 A 的 n 个列(行)向量构成向量空间 R^n 的一个规范正交基．

证明 (1) 因为 $(A^T)^T(A^T)=AA^T=E$，所以 A^T 即 A^{-1} 也是正交矩阵；由于 $A^TA=E$，两边取行列式得 $|A^T||A|=|A|^2=1$，因此 $|A|=\pm1$.

(2) $(AB)^TAB=B^TA^TAB=B^T(A^TA)B=B^TEB=B^TB=E$，所以 AB 是正交矩阵．

(3) 只就列向量加以证明．设 $A=(\alpha_1,\alpha_2,\cdots,\alpha_n)$，因为

$$A^TA=\begin{pmatrix}\alpha_1^T\\ \alpha_2^T\\ \vdots\\ \alpha_0^T\end{pmatrix}(\alpha_1,\alpha_2,\cdots,\alpha_n),$$

所以

$$A^TA=E\Leftrightarrow(\alpha_i^T\alpha_j)=(\delta_{ij}).$$

即 A 为正交阵的充分必要条件是 A 的 n 个列向量构成向量空间 R^n 的一个规范正交基，其中 $\delta_{ij}=\begin{cases}1, i=j,\\0, i\neq j\end{cases}(i,j=1,2,\cdots,n)$.

例 6.5　判断下列矩阵是否为正交矩阵.

$$(1)A=\begin{pmatrix}\frac{\sqrt{2}}{2}&\frac{\sqrt{2}}{2}\\-\frac{\sqrt{2}}{2}&\frac{\sqrt{2}}{2}\end{pmatrix};\qquad(2)B=\begin{pmatrix}\frac{\sqrt{2}}{2}&\frac{\sqrt{2}}{6}&\frac{2}{3}\\0&-\frac{2\sqrt{2}}{3}&\frac{1}{3}\\-\frac{\sqrt{2}}{2}&\frac{\sqrt{2}}{6}&\frac{2}{3}\end{pmatrix}.$$

解　(1) $A^TA=\begin{pmatrix}\frac{\sqrt{2}}{2}&-\frac{\sqrt{2}}{2}\\\frac{\sqrt{2}}{2}&\frac{\sqrt{2}}{2}\end{pmatrix}\begin{pmatrix}\frac{\sqrt{2}}{2}&\frac{\sqrt{2}}{2}\\-\frac{\sqrt{2}}{2}&\frac{\sqrt{2}}{2}\end{pmatrix}=E$，所以 A 是正交矩阵.

(2) $B^TB=\begin{pmatrix}\frac{\sqrt{2}}{2}&0&-\frac{\sqrt{2}}{2}\\\frac{\sqrt{2}}{6}&-\frac{2\sqrt{2}}{3}&\frac{\sqrt{2}}{6}\\\frac{2}{3}&\frac{1}{3}&\frac{2}{3}\end{pmatrix}\begin{pmatrix}\frac{\sqrt{2}}{2}&\frac{\sqrt{2}}{6}&\frac{2}{3}\\0&-\frac{2\sqrt{2}}{3}&\frac{1}{3}\\-\frac{\sqrt{2}}{2}&\frac{\sqrt{2}}{6}&\frac{2}{3}\end{pmatrix}=E$，故 B 是正交矩阵.

事实上，矩阵 B 的每个列向量都是单位矩阵，且两两正交，由正交阵性质(3)可知，B 为正交矩阵.

例 6.6　设 A 是 n 阶正交矩阵，$|A|<0$，证明 $|A+E|=0$(即 $A+E$ 不可逆).

证明　因为 A 是正交矩阵，所以 $A^TA=E$，且 A 的行列式 $|A|=1$ 或 -1. 又已知 $|A|<0$，故 $|A|=-1$，于是 $|E+A|=|AA^T+A|=|A(A^T+E)|=|A||(A+E)^T|=-|A+E|$，从而可得 $|A+E|=0$.

定义 6.6　若 P 为正交矩阵，则线性变换 $y=Px$ 称为**正交变换**.

设 $y=Px$ 为正交变换，则有 $\|y\|=\sqrt{y^Ty}=\sqrt{x^TP^TPx}=\sqrt{x^Tx}=\|x\|$.

由此可知，经正交变换两点间的距离保持不变. 这是正交变换的优良特性.

四、实际应用问题

在生态学、经济学和工程技术等领域中，需要研究随时间变化的动力系统. 这种系统通常在离散的时刻测量，得到一个向量序列 $x_0,x_1,x_2,\cdots$. 向量 x_k 的各个元素给出该系统在第 k 次测量中的状态的信息.

如果有矩阵 A，使 $x_1=Ax_0$，$x_2=Ax_1$，一般地

$$x_{k+1}=Ax_k(k=0,1,2,\cdots).\tag{I}$$

则(I)式称为**线性差分方程(或递归关系)**. 给定这样一种关系,可由已知的 x_0 计算 x_1, x_2,… 等. 利用相关知识且能推导求 x_k 的公式,并确定 k 无限增大时 x_k 的变化情况. 下面通过例题讨论说明导致差分方程问题产生的原因.

地理学家对人口的迁移很有兴趣,这里我们考虑人口在某一城市及其周边地区之间迁移的简单模型.

固定一个初始年,如2000年,用 r_0 和 s_0 分别表示该年城市和郊区的人口数. 令 x_0 表示人口向量

$$x_0=\begin{pmatrix}r_0\\s_0\end{pmatrix}.$$

将2001年与以后各年人口向量表示为

$$x_1=\begin{pmatrix}r_1\\s_1\end{pmatrix},x_2=\begin{pmatrix}r_2\\s_2\end{pmatrix},x_3=\begin{pmatrix}r_3\\s_3\end{pmatrix},\cdots$$

我们的目的是在数学上表示这些向量的关系. 假设人口统计学的研究表明每年有5%的城市人口移居郊区(其他95%留在城市),而3%的郊区人口移居城市(其他97%留在郊区).

城市2000年中的人口 r_0 一年后,在城市和郊区的分布为

$$\begin{pmatrix}0.95r_0\\0.05r_0\end{pmatrix}=r_0\begin{pmatrix}0.95\\0.05\end{pmatrix}\begin{matrix}\text{留在城市}\\\text{迁到郊区}\end{matrix}.$$

郊区2000年的人口 s_0 一年后的分配为

$$s_0\begin{pmatrix}0.03\\0.97\end{pmatrix}\begin{matrix}\text{移到城市}\\\text{留在郊区}\end{matrix}.$$

上面两式组成2001年的全部人口(为简单起见,我们忽略出生、死亡、移民等因素对城市、郊区人口的影响),因为

$$\begin{pmatrix}r_1\\s_1\end{pmatrix}=r_0\begin{pmatrix}0.95\\0.05\end{pmatrix}+s_0\begin{pmatrix}0.03\\0.97\end{pmatrix}=\begin{pmatrix}0.95&0.03\\0.05&0.97\end{pmatrix}\begin{pmatrix}r_0\\s_0\end{pmatrix},$$

即

$$x_1=Mx_0,$$

表示人口由2000年到2001年的变化,这里 $M=\begin{pmatrix}0.95&0.03\\0.05&0.97\end{pmatrix}$ 是移民矩阵.

若移民比例保持常数，则由 2001 年到 2002 年的改变为 $x_2 = Mx_1$. 由 2002 年到 2003 年及以后各年的变化都是类似的. 一般地，

$$x_{k+1} = Mx_k (k = 0, 1, 2, \cdots). \tag{II}$$

向量序列 $\{x_0, x_1, x_2, \cdots\}$ 描述了若干年中城市、郊区人口变化的状况. 式(II) 的人口迁移模型是线性的，因为对应 $x_k \to x_{k+1}$ 是线性变换. 这依赖于两个事实：从一个地区迁往另一个地区的人口与该地区原有的人口成正比，而这些人口迁移选择的累积效果是不同区域的人口迁移的叠加.

阅读材料

一、向量的由来

"向量"(vector) 一词来自力学、解析几何中的有向线段. 它是一种带几何性质的量，除零向量外，总可以画出箭头表示方向. 但是在高等数学中还有更广泛的向量. 例如，把所有实系数多项式的全体看成一个多项式空间. 这里的多项式都可看成一个向量. 在这种情况下，要找出起点和终点，甚至画出箭头表示方向是办不到的. 这种空间中的向量比几何中的向量要广泛得多，可以是任意数学对象或物理对象. 这样就可以指导线性代数方法应用到广阔的自然科学领域中去了. 因此，向量空间的概念，成为数学中最基本的概念和线性代数的中心内容. 它的理论和方法在自然科学的各领域中得到了广泛的应用. 而向量及其线性运算也为"向量空间" 这一抽象的概念提供了一个具体的模型.

从数学发展史来看，在历史上很长一段时间里，空间的向量结构并未被数学家们所认识，直到 19 世纪末 20 世纪初，人们才把空间的性质与向量运算联系起来，使向量成为具有一套优良运算通性的数学体系.

向量能够进入数学并得到发展，首先，应从复数的几何表示谈起. 18 世纪末期，挪威测量学家威塞尔(Wessel，1745－1818) 首次利用坐标平面上的点来表示复数 $a+bi$，并利用具有几何意义的复数运算来定义向量的运算，把坐标平面上的点用向量表示出来，并把向量的几何表示用于研究几何问题与三角问题. 人们逐步接受了复数，也学会了利用复数来表示和研究平面中的向量.

但复数的利用是受限制的. 因为它仅能用于表示平面，若有不在同一平面上的力作用于同一物体，则需要寻找所谓三维"复数"及相应的运算体系. 19 世纪中期，英国数学家哈密尔顿发明了四元数(包括数量部分和向量部分)，以代表空间的向量. 他的工作为向量代数和向量分析的建立奠定了基础. 随后，电磁理论的发现者 —— 英国数学家、物理学家麦克斯韦(Maxwell，1831－1879) 把四元数的数量部分和向量部分分开处理，从而创造了大量的向量分析.

三维向量分析的开创，以及同四元数的正式分裂，是英国的居伯斯和海维塞德于 19 世纪 80 年代各自独立完成的. 他们提出，一个向量不过是四元数的向量部分，但不独立于任何四元数. 他们引进了两种类型的乘法，即数量积和向量积，并把向量代数推广到变向量的

向量微积分．从此，向量的方法被引到分析和解析几何中来，并逐步完善成为一套优良的数学工具．

二、数学家介绍

凯莱(Cayley，1821－1895)，英国数学家，1821年8月16日生于英国里士满．凯莱的父亲在俄国经商，凯莱的童年在俄国度过，8岁时随双亲返回英国，14岁进入国王学校学习，他数学才华出众，擅长大数运算．17岁时，他的老师说服他父亲送他进入剑桥大学三一学院深造．凯莱聪敏好学、兴趣广泛，除数学外，还喜欢历史、文学、语言学和小说．他毕业后留校任研究员和助理导师，几年内发表论文数十篇．1846年，他因不愿意担任圣职而离开了剑桥大学，转学法律，3年后成为律师．缜密的思维、冷静沉着的判断使其工作成效卓著，在律师工作之余他仍潜心研究数学，连续发表近200篇论文．1863年，凯莱应邀返回剑桥大学任数学教授，直到去世．

凯莱是矩阵理论的创立者(西尔维斯特于1850年首先提出"矩阵"这个词)，引进了矩阵的一些概念和简化记号，定义了零矩阵、单位矩阵及两个矩阵的和．1841年，凯莱创造了表示行列式的两竖线符号"||"．在数学中以他的姓氏命名的有：凯莱代数、凯莱变换、凯莱曲线、凯莱曲面、凯莱数、凯莱型、凯莱表、凯莱定理、凯莱方程等．另外，凯莱十分关心女性的教育，在他的积极推动下，剑桥大学最终打破性别限制，开始招收女学生．

本章要求

本章的内容包括矩阵的秩和n维向量空间．向量部分的内容由线性组合、线性相关(无关)性出发，进而讨论向量中线性无关向量的个数，从而引出对向量组的秩的研究．

要理解向量的线性相关、线性无关、向量的秩和矩阵的秩等概念，以及对于向量的线性相关性的讨论，无论是证明、判断还是计算，关键在于深刻理解基本概念，要搞清楚它们之间的联系，要学会用定义来作推导论证．

向量组的秩与矩阵的秩之间有密切的联系，当一个向量组可由另一个向量组线性表出时，向量组的秩之间有相互制约的关系．因此，对于秩的问题要灵活运用条件，注意知识点的转化．求向量组的秩、向量组的极大无关组的重要方法是初等变换，应熟练掌握此方法．

空间的概念在数学中起着重要的作用．所谓空间就是在其元素之间以公理形式给出了某些关系的集合．本章所研究的向量空间是定义了加法与数量乘法两种运算的集合．它是线性代数中较为抽象的概念之一．

向量空间是线性代数中一个较为抽象的概念．我们应了解向量空间、子空间、基底、维数、坐标等概念．在向量空间R_n中，应在了解各定义的基础上，会求向量在不同基下的坐标、一组基到另一组基的过渡矩阵等；要掌握基变换和坐标变换的公式；了解向量内积的概念，掌握线性无关向量组的正交化方法；了解正交矩阵的定义及其主要性质．

本章重点　矩阵的秩；向量的线性关系；向量组的秩；向量空间的定义及性质；向量的内积；线性无关向量组的正交化方法．

本章难点　向量的线性相关及无关的性质；线性无关向量组的正交化方法；正交矩阵的性质．

习题三

1. 填空题

(1) $\alpha_1=(1,3,5)^T,\alpha_2=(1,1,3)^T,\alpha_3=(1,a,6)^T$ 线性相关，则 a 的值为________．

(2) 若向量 $(2,3,-1,0,1)^T$ 与 $(-4,-6,2,a,-2)^T$ 线性相关，则 a 的取值为________．

(3) 设向量组 $\alpha_1=(1,2,3)^T,\alpha_2=(2,1,3)^T,\alpha_3=(-1,1,0)^T$，则向量组 $\alpha_1,\alpha_2,\alpha_3$ 的秩是________．

(4) 已知向量组 $\alpha=(1,a,a^2)^T,\beta=(1,b,b^2)^T,\gamma=(1,c,c^2)^T$，则当常数 a,b,c 满足________时该向量组线性无关．

(6) 设向量组 $I:\alpha_1,\cdots,\alpha_r$ 的秩为 p，向量组 $II:\beta_1,\cdots,\beta_s$ 的秩为 q，且向量组 I 能由向量组 II 线性表出，则 p 与 q 的大小关系是________．

2. 选择题

(1) 下列说法正确的是(　　)．

A 若有不全为零的数 $k_1,k_2,\cdots,k_s$，使得 $k_1\alpha_1+k_2\alpha_2+\cdots+k_s\alpha_s=0$，则 $\alpha_1,\alpha_2,\cdots,\alpha_s$ 线性无关；

B 若有不全为零的数 $k_1,k_2,\cdots,k_s$，使得 $k_1\alpha_1+k_2\alpha_2+\cdots+k_s\alpha_s\neq 0$，则 $\alpha_1,\alpha_2,\cdots,\alpha_s$ 线性无关；

C 若 $\alpha_1,\alpha_2,\cdots,\alpha_s$ 线性相关，则其中每个向量均可由其余向量线性表示；

D 任何 $n+1$ 个 n 维向量必线性相关．

(2) 设 A 为 n 阶方阵，且 $|A|=0$，则(　　)．

A A 中两行(列)对应元素成比例；

B A 中任意一行为其他行的线性组合；

C A 中至少有一行元素全为零；

D A 中必有一行为其他行的线性组合．

(3) 设 A 为 n 阶方阵，$r(A)=r<n$，则在 A 的 n 个行向量中(　　)．

A 必有 r 个行向量线性无关；

B 任意 r 个行向量线性无关；

C 任意 r 个行向量都构成极大线性无关组；

D 任意一个行向量都能被其他 r 个行向量线性表示．

(4) n 阶方阵 A 可逆的充分必要条件是(　　)．

A $r(A)=r<n$；　　B A 的列秩为 n；

C A 的每一个行向量都是非零向量；　　D A 的伴随矩阵存在．

(5) 若向量 β 可被向量组 $\alpha_1,\alpha_2,\cdots,\alpha_s$ 线性表示，则(　　)．

A 存在一组不全为零的数 $k_1,k_2,\cdots,k_s$，使得 $\beta=k_1\alpha_1+k_2\alpha_2+\cdots+k_s\alpha_s$；

B 存在一组全为零的数 $k_1,k_2,\cdots,k_s$，使得 $\beta=k_1\alpha_1+k_2\alpha_2+\cdots+k_s\alpha_s$；

C 存在一组数 $k_1,k_2,\cdots,k_s$，使得 $\beta=k_1\alpha_1+k_2\alpha_2+\cdots+k_s\alpha_s$；

D 对 β 的表达式唯一.

3. 设矩阵 $A=\begin{pmatrix}2&-1&-1&1&2\\1&1&-2&1&4\\4&-6&2&-2&4\\3&6&-9&7&9\end{pmatrix}$，求矩阵 A 的列向量组的一个极大无关组，并把不属于极大无关组的列向量用该极大无关组线性表示.

4. 已知向量组 $A:a_1=\begin{pmatrix}0\\1\\1\end{pmatrix}$，$a_2=\begin{pmatrix}1\\1\\0\end{pmatrix}$，$B:b_1=\begin{pmatrix}-1\\0\\1\end{pmatrix}$，$b_2=\begin{pmatrix}1\\2\\1\end{pmatrix}$，$b_3=\begin{pmatrix}3\\2\\-1\end{pmatrix}$，证明向量 A 组与向量 B 组等价.

5. a 取什么值时，向量组 $a_1=\begin{pmatrix}a\\1\\1\end{pmatrix}$，$a_2=\begin{pmatrix}1\\a\\-1\end{pmatrix}$，$a_3=\begin{pmatrix}1\\-1\\a\end{pmatrix}$ 线性相关？

第 4 章　线性方程组

在第 1、2 章我们提到线性方程组的求解，如利用克莱姆法则、逆阵等，也引出了一些重要结论和方法．但前面的讨论不系统，因为没有理论工具．在第 3 章又引出向量组的线性相关性和秩，这是我们所期待的理论工具．有了以上基础，本章将系统地讨论一般线性方程组解的存在性、解法和解的结构等内容．

§1　线性方程组的消元法

本节首先介绍线性方程组的基本概念，再利用矩阵初等变换的理论给出解线性方程组的消元法，并讨论线性方程组有解的结论．

一、线性方程组的基本概念及其矩阵、向量表示形式

定义 1.1　m 个方程 n 个未知数的线性方程组称作 n **元线性方程组**，形如

$$\begin{cases} a_{11}x_1+a_{12}x_2+\cdots+a_{1n}x_n=b_1, \\ a_{21}x_1+a_{22}x_2+\cdots+a_{2n}x_n=b_2, \\ \qquad\qquad\vdots \\ a_{m1}x_1+a_{m2}x_2+\cdots+a_{mn}x_n=b_m. \end{cases} \tag{4.1}$$

其中 a_{ij} 为第 i 个方程的**未知数变量 $\boldsymbol{x}_j$** 的**系数**，b_i 为第 i 个方程的**常数项**，这里($i=1,2,\cdots,m;j=1,2,\cdots,n$).

若记

$$A=(a_{ij})_{m\times n},x=\begin{pmatrix} x_1 \\ x_2 \\ \vdots \\ x_n \end{pmatrix},b=\begin{pmatrix} b_1 \\ b_2 \\ \vdots \\ b_m \end{pmatrix},\widetilde{A}=\begin{pmatrix} a_{11} & a_{12} & \cdots & a_{1n} & b_1 \\ a_{21} & a_{22} & \cdots & a_{2n} & b_2 \\ \vdots & \vdots & & \vdots & \vdots \\ a_{m1} & a_{m2} & \cdots & a_{mn} & b_m \end{pmatrix},$$

其中 A 称为方程组的**系数矩阵**，x 称为**未知数向量**，b 称为**常数项向量**，$\widetilde{A}$ 称为**增广矩阵**．线性方程组和它的增广矩阵构成一一对应．

按列分块矩阵的记法，可记

$$\widetilde{A}=(A\,\vdots\,b)\quad 或\ \widetilde{A}=(A,b)=(\alpha_1,\alpha_2,\cdots,\alpha_n,b).$$

根据向量的线性运算,(4.1) 式这种**联列方程形式**还可以写作

$$\begin{pmatrix} a_{11} \\ \vdots \\ a_{m1} \end{pmatrix} x_1 + \begin{pmatrix} a_{12} \\ \vdots \\ a_{m2} \end{pmatrix} x_2 + \cdots + \begin{pmatrix} a_{1n} \\ \vdots \\ a_{mn} \end{pmatrix} x_n = \begin{pmatrix} b_1 \\ \vdots \\ b_m \end{pmatrix}, \tag{4.2}$$

进一步可记作

$$x_1\alpha_1 + x_2\alpha_2 + \cdots + x_n\alpha_n = b. \tag{4.3}$$

它表达了一组向量之间的线性关系. 这种形式称为方程组的**向量形式**.

根据矩阵的乘法和矩阵分块运算的法则,(4.3) 式又可进一步写作

$$(\alpha_1, \alpha_2, \cdots, \alpha_n)\begin{pmatrix} x_1 \\ x_2 \\ \vdots \\ x_n \end{pmatrix} = b, \tag{4.4}$$

从而可记为

$$Ax = b. \tag{4.5}$$

把列向量 x 和 b 分别看作 $n\times 1$ 和 $m\times 1$ 矩阵,上式就是一个矩阵方程,故称为方程组的**矩阵形式**.

当 $b=0$ 时,方程组 $Ax=0$,称为**齐次线性方程组**;当 $b\neq 0$ 时,方程组 $Ax=b$,称为**非齐次线性方程组**.

这三种形式,所记的是同一个对象,只是所用工具不同、表达视角不同而已. 通过这三种形式,矩阵、向量组、方程组三者就相互沟通了,这便于从不同的角度、运用不同的工具来剖析线性方程组的内涵.

若方程组的联列方程形式为

$$\begin{cases} x_1 - 2x_2 + 3x_3 - x_4 = 1, \\ 3x_1 - x_2 + 5x_3 - 3x_4 = 2, \\ 2x_1 + x_2 + 2x_3 - 2x_4 = 3, \end{cases}$$

则其向量形式为

$$\begin{pmatrix} 1 \\ 3 \\ 2 \end{pmatrix} x_1 + \begin{pmatrix} -2 \\ -1 \\ 1 \end{pmatrix} x_2 + \begin{pmatrix} 3 \\ 5 \\ 2 \end{pmatrix} x_3 + \begin{pmatrix} -1 \\ -3 \\ -2 \end{pmatrix} x_4 = \begin{pmatrix} 1 \\ 2 \\ 3 \end{pmatrix},$$

矩阵形式为

$$\begin{pmatrix}1 & -2 & 3 & -1\\3 & -1 & 5 & -3\\2 & 1 & 2 & -2\end{pmatrix}\begin{pmatrix}x_1\\x_2\\x_3\\x_4\end{pmatrix}=\begin{pmatrix}1\\2\\3\end{pmatrix}.$$

二、线性方程组的初等变换与消元法

定义 1.2　以下三种变换统称为**线性方程组的初等变换**(以 r_i,r_j 表示第 i,j 个方程):

(1) 互换两个方程的位置,记作 $r_i\leftrightarrow r_j$;

(2) 第 i 个方程乘以一个非零常数 k,记作 $kr_i(k\neq 0)$;

(3) 以常数 k 乘以第 j 个方程并加到第 i 个方程上,记作 r_i+kr_j.

例 1.1　解线性方程组

$$\begin{cases}2x_1-2x_2+6x_4=-2, & (1)\\2x_1-x_2+2x_3+4x_4=-2, & (2)\\3x_1-x_2+4x_3+4x_4=-3, & (3)\\x_1+x_2+x_3+8x_4=2. & (4)\end{cases}$$

解　对以上方程组作变换:(1)$\times\dfrac{1}{2}$,得

$$\begin{cases}x_1-x_2+3x_4=-1, & (1)\\2x_1-x_2+2x_3+4x_4=-2, & (2)\\3x_1-x_2+4x_3+4x_4=-3, & (3)\\x_1+x_2+x_3+8x_4=2. & (4)\end{cases}$$

对以上方程组作变换:(1)$\times(-2)+$(2),(1)$\times(-3)+$(3),(1)$\times(-1)+$(4),得

$$\begin{cases}x_1-x_2+3x_4=-1, & (1)\\x_2+2x_3-2x_4=0, & (2)\\2x_2+4x_3-5x_4=0, & (3)\\2x_2+x_3+5x_4=3. & (4)\end{cases}$$

对以上方程组作变换:(2)$\times(-2)+$(3),(2)$\times(-2)+$(4),得

$$\begin{cases}x_1-x_2+3x_4=-1, & (1)\\x_2+2x_3-2x_4=0, & (2)\\-x_4=0, & (3)\\-3x_3+9x_4=3. & (4)\end{cases}$$

对以上方程组作变换:(4)↔(3),得

$$\begin{cases}x_1-x_2+3x_4=-1,\\x_2+2x_3-2x_4=0,\\-3x_3+9x_4=3,\\-x_4=0.\end{cases}$$

对最后这个阶梯形方程组进行依次回代,解得

$$x_1=1,x_2=2,x_3=-1,x_4=0.$$

通过例 1.1 知,求解线性方程组有消元与回代两个过程. 从解的过程可以看出,消元过程实际是对方程实施上述线性方程组的初等变换. 可以证明经过初等变换的新方程组与原方程组同解. 消元的目的就是先把原方程组利用初等变换化为三角形(阶梯形)方程组,再回代解出 $x_1,x_2,\cdots,x_n$,这个过程叫**高斯消元**.

稍加注意便可发现,对线性方程组实施初等变换的消元过程中,涉及的仅仅是系数与常数项的变化,而未知数、运算加号及等号没有直接参与变换,把它们省略后,对线性方程组实施初等变换其实是对增广矩阵实施初等行变换. 求解方程组的过程就转化为对增广矩阵作初等行变换,故可以用矩阵的一系列变换来表示高斯消元过程.

例 1.2 解三元线性方程组

$$\begin{cases}3x_1+4x_2-6x_3=4,\\x_1+2x_2+4x_3=1,\\-x_1+2x_2-7x_3=0.\end{cases}$$

解 方程组初等变换　　　　方程组对应的增广矩阵

$$\begin{cases}3x_1+4x_2-6x_3=4,\\x_1+2x_2+4x_3=1,\\-x_1+2x_2-7x_3=0.\end{cases}\qquad\begin{pmatrix}3&4&-6&4\\1&2&4&1\\-1&2&-7&0\end{pmatrix}$$

$$\xrightarrow{r_1\leftrightarrow r_2}\qquad\qquad\xrightarrow{r_1\leftrightarrow r_2}$$

$$\begin{cases}x_1+2x_2+4x_3=1.\\3x_1+4x_2-6x_3=4.\\-x_1+2x_2-7x_3=0.\end{cases}\qquad\begin{pmatrix}1&2&4&1\\3&4&-6&4\\-1&2&-7&0\end{pmatrix}$$

$$\xrightarrow[r_3+r_1]{r_2-3r_1}\qquad\qquad\xrightarrow[r_3+r_1]{r_2-3r_1}$$

$$\begin{cases} x_1+2x_2+4x_3=1, \\ -2x_2-18x_3=1, \\ 4x_2-3x_3=1. \end{cases} \qquad \begin{pmatrix} 1 & 2 & 4 & 1 \\ 0 & -2 & -18 & 1 \\ 0 & 4 & -3 & 1 \end{pmatrix}$$

$$\xrightarrow{r_3+2r_2} \qquad \xrightarrow{r_3+2r_2}$$

$$\begin{cases} x_1+2x_2+4x_3=1, \\ -2x_2-18x_3=1, \\ -39x_3=3. \end{cases} \qquad \begin{pmatrix} 1 & 2 & 4 & 1 \\ 0 & -2 & -18 & 1 \\ 0 & 0 & -39 & 3 \end{pmatrix}$$

$$\xrightarrow{r_1+r_2} \qquad \xrightarrow{r_1+r_2}$$

$$\begin{cases} x_1-14x_3=2, \\ -2x_2-18x_3=1, \\ -39x_3=3. \end{cases} \qquad \begin{pmatrix} 1 & 0 & -14 & 2 \\ 0 & -2 & -18 & 1 \\ 0 & 0 & -39 & 3 \end{pmatrix}$$

$$\xrightarrow[r_2\div(-2)]{r_1\div(-39)} \qquad \xrightarrow[r_2\div(-2)]{r_1\div(-39)}$$

$$\begin{cases} x_1-14x_3=2, \\ x_2+9x_3=-\dfrac{1}{2}, \\ x_3=-\dfrac{1}{13}. \end{cases} \qquad \begin{pmatrix} 1 & 0 & -14 & 2 \\ 0 & 1 & 9 & -\dfrac{1}{2} \\ 0 & 0 & 1 & -\dfrac{1}{13} \end{pmatrix}$$

$$\xrightarrow[r_2-9r_3]{r_1+14r_3} \qquad \xrightarrow[r_2-9r_3]{r_1+14r_3}$$

$$\begin{cases} x_1=\dfrac{12}{13}, \\ x_2=\dfrac{5}{26}, \\ x_3=-\dfrac{1}{13}. \end{cases} \qquad \begin{pmatrix} 1 & 0 & 0 & \dfrac{12}{13} \\ 0 & 1 & 0 & \dfrac{5}{26} \\ 0 & 0 & 1 & -\dfrac{1}{13} \end{pmatrix}$$

可见，高斯消元法的实质是对增广矩阵作初等行变换，化其为行阶梯形或行最简形矩阵，从而得到方程组的解 .

例 1.3　解线性方程组

$$\begin{cases} x_1+x_2+x_3=1, \\ x_1+2x_2+2x_3=2, \\ 2x_1+3x_2+3x_3=4. \end{cases}$$

解 方程组对应的增广矩阵为

$$\widetilde{A}=\begin{pmatrix}1&1&1&1\\1&2&2&2\\2&3&3&4\end{pmatrix}\xrightarrow[r_2+(-1)r_1]{r_3+(-2)r_1}\begin{pmatrix}1&1&1&1\\0&1&1&1\\0&1&1&2\end{pmatrix}\xrightarrow{r_3+(-1)r_2}\begin{pmatrix}1&1&1&1\\0&1&1&1\\0&0&0&1\end{pmatrix},$$

对应的阶梯形方程组为$\begin{cases}x_1+x_2+x_3=1,\\ \quad\ x_2+x_3=1,\\ \qquad\quad\ 0=1.\end{cases}$

因为无论 x_1,x_2,x_3 取何值,都不会使第三个方程成立,所以此方程组无解,即原方程组无解.

这里我们称形如"零=非零数"的方程为**矛盾方程**.

例 1.4 解线性方程组

$$\begin{cases}2x_1-x_2-x_3+x_4=2,\\x_1+x_2-2x_3+x_4=4,\\4x_1-6x_2+2x_3-2x_4=4,\\3x_1+6x_2-9x_3+7x_4=9.\end{cases}$$

解 方程组对应的增广矩阵为$\widetilde{A}=\begin{pmatrix}2&-1&-1&1&2\\1&1&-2&1&4\\4&-6&2&-2&4\\3&6&-9&7&9\end{pmatrix}$,对其实施初等行变换

$$\widetilde{A}=\begin{pmatrix}2&-1&-1&1&2\\1&1&-2&1&4\\4&-6&2&-2&4\\3&6&-9&7&9\end{pmatrix}\sim\begin{pmatrix}1&1&-2&1&4\\2&-1&-1&1&2\\2&-3&1&-1&2\\3&6&-9&7&9\end{pmatrix}\sim\begin{pmatrix}1&1&-2&1&4\\0&2&-2&2&0\\0&-5&5&-3&-6\\0&3&-3&4&-3\end{pmatrix}$$

$$\sim\begin{pmatrix}1&1&-2&1&4\\0&1&-1&1&0\\0&0&0&2&-6\\0&0&0&1&-3\end{pmatrix}\sim\begin{pmatrix}1&1&-2&1&4\\0&1&-1&1&0\\0&0&0&1&-3\\0&0&0&0&0\end{pmatrix}\sim\begin{pmatrix}1&0&-1&0&4\\0&1&-1&0&3\\0&0&0&1&-3\\0&0&0&0&0\end{pmatrix},$$

变换所得到的矩阵对应的方程组为$\begin{cases}x_1=x_3+4,\\x_2=x_3+3,\\x_4=-3.\end{cases}$这里 x_3 称为自由未知量.它可以任意取值.取 $x_3=c$,即

$$\begin{cases} x_1 = c+4, \\ x_2 = c+3, \\ x_3 = c, \\ x_4 = -3 \end{cases} \quad (c\text{ 为任意常数}).$$

注意　阶梯形方程组不含“0=0”的方程．通常总是取非主元未知数为自由未知数(系数不是阶梯形矩阵主元的未知数)．特殊情况，当对齐次线性方程组消元时，只需对系数矩阵进行初等行变换．

结论　就阶梯形方程组而言，若有矛盾方程，则无解；若无矛盾方程，则有解．在有解情形下，当方程个数等于未知数个数时解唯一；当方程个数小于未知数个数时解无穷多．

§2　线性方程组有解的条件

在前一节中我们看到，线性方程组的消元法可以通过矩阵的初等行变换来实现，同时还看到，线性方程组是否有解也可以通过其增广矩阵经过初等行变换，化为行阶梯形矩阵来判断．本节我们将进一步利用系数矩阵和增广矩阵的秩来对线性方程组的解进行讨论．

前面我们记线性方程组(4.1)的系数矩阵为

$$A=(a_{ij})_{m\times n}=\begin{pmatrix} a_{11} & \cdots & a_{1n} \\ \vdots & \ddots & \vdots \\ a_{m1} & \cdots & a_{mn} \end{pmatrix}, \tag{4.6}$$

增广矩阵

$$\widetilde{A}=(A,b)=\begin{pmatrix} a_{11} & a_{12} & \cdots & a_{1n} & b_1 \\ a_{21} & a_{22} & \cdots & a_{2n} & b_2 \\ \vdots & \vdots & & \vdots & \vdots \\ a_{m1} & a_{m2} & \cdots & a_{mn} & b_m \end{pmatrix}. \tag{4.7}$$

再记 $R(A)=r$，$R(\widetilde{A})=\tilde{r}$，显然有 $r\leqslant\tilde{r}$，$r\leqslant n$.

通过上一节内容，我们初步了解到解线性方程组有其特殊性，并非所有的线性方程组都是有解的，这样我们将面临两个问题：

(1) 什么时候线性方程组有解？

(2) 线性方程组若有解，该如何求解？

线性方程组(4.1)如果有解，就称它**相容**；如果无解，就称它**不相容**．利用系数矩阵 A 和

增广矩阵 $\widetilde{A}=(A,b)$ 的秩,可以方便地讨论线性方程组是否有解(即是否相容)及有解时解是否唯一等问题.

定理 2.1 线性方程组(4.1)相容(有解)当且仅当 $r=\tilde{r}$.

证明 先证必要性.设(4.1)有解 $\xi=(k_1,\cdots,k_n)^T$,代入(4.3)式得 $k_1\alpha_1+\cdots+k_n\alpha_n=b$,表明向量 b 可由向量组 $\alpha_1,\cdots,\alpha_n$ 线性表示,故 $R(\alpha_1,\cdots,\alpha_n)=R(\alpha_1,\cdots,\alpha_n,b)$,即 $r=\tilde{r}$.

再证充分性.把上述过程逆推即得.

定理 2.2 设线性方程组(4.1)有解,则当且仅当 $r=n$ 时其解唯一.

证明 由于方程组(4.1)有解,由(4.3)式知向量 b 可由向量组 $\alpha_1,\cdots,\alpha_n$ 线性表示.方程组的解唯一,即表示式(4.3)唯一.由第3章定理3.3的推论1知,表示式唯一当且仅当 $r=R(\alpha_1,\cdots,\alpha_n)=n$,即向量组 $\alpha_1,\cdots,\alpha_n$ 线性无关.

推论 设方程组(4.1)有解,则当且仅当 $r<n$ 时,方程组有无穷多解.

在方程组相容的前提下,r 也可称为该方程组的秩,表明独立方程的个数.我们知道,一个独立方程只能约束一个变元,当 $r<n$ 时便会有 $n-r$ 个变元得不到约束.它们将转变为自由变元即自由未知量(可任意赋值),于是方程组的解就不能唯一确定了.

根据上述两个定理,一般线性方程组的分类及其判别结论概括如下:

$$\text{线性方程组}\begin{cases} r<\tilde{r}\text{:不相容,无解;} \\ r=\tilde{r}\text{:相容,有解}\begin{cases} r<n\text{:无穷多解;} \\ r=n\text{:唯一解.}\end{cases}\end{cases}$$

此结论也可以如下叙述和证明.

定理 2.3 n 元线性方程组(4.1):

(1) 无解的充分必要条件是 $R(A)<R(\widetilde{A})$;

(2) 有唯一解的充分必要条件是 $R(A)=R(\widetilde{A})=n$;

(3) 有无穷多个解的充分必要条件是 $R(A)=R(\widetilde{A})<n$.

证明 n 元线性方程组(4.1)经过初等变换后(必要时,可交换未知量的位置),可以化为如下阶梯形方程组

$$\begin{cases} c_{11}x_1+c_{12}x_2+\cdots+c_{1r}x_r+\cdots c_{1n}x_n=d_1, \\ \quad c_{22}x_2+\cdots+c_{2r}x_r+\cdots+c_{2n}x_n=d_2, \\ \qquad\cdots\cdots \\ \qquad c_{rr}x_r+\cdots+c_{rn}x_n=d_r, \\ \qquad\qquad 0=d_{r+1}, \\ \qquad\qquad 0=0, \\ \qquad\cdots\cdots \\ \qquad\qquad 0=0, \end{cases} \tag{4.8}$$

其中 $c_{ii} \neq 0, i=1,2,\cdots,r$. 那么,相应的矩阵的行初等变换将方程组(4.1)的系数矩阵 A 和增广矩阵 $\widetilde{A}$ 分别化为

$$A_1 = \begin{pmatrix} c_{11} & c_{12} & \cdots & c_{1r} & \cdots & c_{1n} \\ 0 & c_{22} & \cdots & c_{2r} & \cdots & c_{2n} \\ \vdots & \vdots & & \vdots & & \vdots \\ 0 & 0 & \cdots & c_{rr} & \cdots & c_{rn} \\ 0 & 0 & \cdots & 0 & \cdots & 0 \\ 0 & 0 & \cdots & 0 & & 0 \\ \vdots & \vdots & & \vdots & & \vdots \\ 0 & 0 & \cdots & 0 & \cdots & 0 \end{pmatrix},$$

$$\widetilde{A}_1 = \begin{pmatrix} c_{11} & c_{12} & \cdots & c_{1r} & \cdots & c_{1n} & d_1 \\ 0 & c_{22} & \cdots & c_{2r} & \cdots & c_{2n} & d_2 \\ \vdots & \vdots & & \vdots & & \vdots & \\ 0 & 0 & \cdots & c_{rr} & \cdots & c_{rn} & d_r \\ 0 & 0 & \cdots & 0 & \cdots & 0 & d_{r+1} \\ 0 & 0 & \cdots & 0 & & 0 & 0 \\ \vdots & \vdots & & \vdots & & \vdots & \vdots \\ 0 & 0 & \cdots & 0 & \cdots & 0 & 0 \end{pmatrix}.$$

因为 $A_1, \widetilde{A}_1$ 都是阶梯形矩阵,所以可以看出 $R(A_1)=r$,而

$$R(\widetilde{A}_1)=\begin{cases} r+1, & \text{当 } d_{r+1} \neq 0, \\ r, & \text{当 } d_{r+1}=0. \end{cases}$$

因为初等变换不改变矩阵的秩,所以 $R(A)=R(A_1)=r$,

$$R(\widetilde{A})=R(\widetilde{A}_1)=\begin{cases} r+1, & \text{当 } d_{r+1} \neq 0, \\ r, & \text{当 } d_{r+1}=0. \end{cases}$$

从解线性方程组的消元法可知,当 $d_{r+1} \neq 0$,即 $R(A) \neq R(\widetilde{A})$,$R(A) < R(\widetilde{A})$ 时,第 $r+1$ 个方程 $0=d_{r+1} \neq 0$ 是矛盾式,线性方程组(4.1)是无解方程组.

方程组(4.1)有解[即方程组(4.8)有解]的充分必要条件是 $d_{r+1}=0$,因此方程组(4.1)有解的充分必要条件是 $R(A)=R(\widetilde{A})$.

当 $R(A)=R(\widetilde{A})=r=n$ 时,则 $\widetilde{A}_1$ 中的 $d_{r+1}=0$(或 $d_{r+1}=0$ 不出现),于是 $\widetilde{A}_1$ 对应

$$\begin{cases} c_{11}x_1+c_{12}x_2+\cdots+c_{1r}x_r+\cdots+c_{1n}x_n=d_1, \\ c_{22}x_2+\cdots+c_{2r}x_r+\cdots+c_{2n}x_n=d_2, \\ \cdots\cdots \\ c_{nn}x_n=d_r, \end{cases}$$

所表示的阶梯形方程组,这时方程组(4.1)有唯一解;

当$R(A)=R(\widetilde{A})=r<n$时,则$\widetilde{A}_1$中的$d_{r+1}=0$(或$d_{r+1}=0$不出现),$\widetilde{A}_1$对应

$$\begin{cases} c_{11}x_1+c_{12}x_2+\cdots+c_{1r}x_r+c_{1,r+1}x_{r+1}+\cdots+c_{1n}x_n=d_1, \\ c_{22}x_2+\cdots+c_{2r}x_r+c_{2,r+1}x_{r+1}+\cdots+c_{2n}x_n=d_2, \\ \cdots\cdots \\ c_{rr}x_r+c_{r,r+1}x_{r+1}+\cdots+c_{rn}x_n=d_r, \end{cases}$$

将它改写为

$$\begin{cases} c_{11}x_1+c_{12}x_2+\cdots+c_{1r}x_r=d_1-c_{1,r+1}x_{r+1}-\cdots-c_{1n}x_n, \\ c_{22}x_2+\cdots+c_{2r}x_r=d_2-c_{2,r+1}x_{r+1}-\cdots-c_{2n}x_n, \\ \cdots\cdots \\ c_{rr}x_r=d_r-c_{r,r+1}x_{r+1}-\cdots-c_{rn}x_n, \end{cases}$$

所表示的阶梯形方程组,这时方程组(4.1)有无穷多个解.

推论 设具有n个方程的n元线性方程组$Ax=b$有解,则

(1)$Ax=b$有唯一解的充分必要条件是系数矩阵的行列式$|A|\neq 0$;

(2)$Ax=b$有无穷多解的充分必要条件是系数矩阵的行列式$|A|=0$.

注意 推论(2)是在n个方程的n元线性方程组$Ax=b$有解的前提下得出的.因为n个方程的n元线性方程组$Ax=b$系数矩阵的行列式$|A|=0$时,方程组也可能无解.

例2.1 设

$$\begin{cases} -3x_1+2x_2-8x_3=17, \\ 2x_1-5x_2+3x_3=3, \\ x_1+7x_2-5x_3=2. \end{cases}$$

解 用其增广矩阵作初行等变换

$$\widetilde{A}=\begin{pmatrix} -3 & 2 & -8 & 17 \\ 2 & -5 & 3 & 3 \\ 1 & 7 & -5 & 2 \end{pmatrix}\sim\begin{pmatrix} 1 & 7 & -5 & 2 \\ 0 & 23 & -23 & 23 \\ 0 & -19 & 13 & -1 \end{pmatrix}\sim\begin{pmatrix} 1 & 7 & -5 & 2 \\ 0 & 1 & -1 & 1 \\ 0 & 0 & -6 & 18 \end{pmatrix}.$$

由此可知,$\tilde{r}=r=n=3$(未知量个数),因而方程组有唯一解.

例 2.2　设

$$\begin{cases} x_1-2x_2+3x_3-x_4=1, \\ 3x_1-x_2+5x_3-3x_4=2, \\ 2x_1+x_2+2x_3-2x_4=3. \end{cases}$$

解　用其增广矩阵作初等行变换

$$\widetilde{A}=\begin{pmatrix} 1 & -2 & 3 & -1 & 1 \\ 3 & -1 & 5 & -3 & 2 \\ 2 & 1 & 2 & -2 & 3 \end{pmatrix}\sim\begin{pmatrix} 1 & -2 & 3 & -1 & 1 \\ 0 & 5 & -4 & 0 & -1 \\ 0 & 5 & -4 & 0 & 1 \end{pmatrix}\sim\begin{pmatrix} 1 & -2 & 3 & -1 & 1 \\ 0 & 5 & -4 & 0 & -1 \\ 0 & 0 & 0 & 0 & 2 \end{pmatrix}.$$

可知，$r=2<\tilde{r}=3$，故此方程组无解．

例 2.3　解线性方程组

$$\begin{cases} x_1-x_2-x_3+x_4=0, \\ x_1-x_2+x_3-3x_4=1, \\ x_1-x_2-2x_3+3x_4=-\dfrac{1}{2}. \end{cases}$$

解　化简线性方程组的增广矩阵为

$$\widetilde{A}=\begin{pmatrix} 1 & -1 & -1 & 1 & 0 \\ 1 & -1 & 1 & -3 & 1 \\ 1 & -1 & -2 & 3 & -\dfrac{1}{2} \end{pmatrix}\sim\begin{pmatrix} 1 & -1 & -1 & 1 & 0 \\ 0 & 0 & 2 & -4 & 1 \\ 0 & 0 & -1 & 2 & -\dfrac{1}{2} \end{pmatrix}\sim\begin{pmatrix} 1 & -1 & -1 & 1 & 0 \\ 0 & 0 & 1 & -2 & \dfrac{1}{2} \\ 0 & 0 & 0 & 0 & 0 \end{pmatrix}.$$

可知，$\tilde{r}=r=2<n=4$（未知量个数），方程组有无穷多解．

继续化简下去，得到行最简形

$$\widetilde{A}\sim\begin{pmatrix} 1 & -1 & -1 & 1 & 0 \\ 0 & 0 & 1 & -2 & \dfrac{1}{2} \\ 0 & 0 & 0 & 0 & 0 \end{pmatrix}\sim\begin{pmatrix} 1 & -1 & 0 & -1 & \dfrac{1}{2} \\ 0 & 0 & 1 & -2 & \dfrac{1}{2} \\ 0 & 0 & 0 & 0 & 0 \end{pmatrix}.$$

由于 $\tilde{r}=r=2<4=n$，$n-r=2$，知应有 2 个变元的约束关系被解出，而另 2 个变元则为自由变元，先写出行最简形所对应的方程组

$$\begin{cases} x_1-x_2-x_4=\dfrac{1}{2}, \\ x_3-2x_4=\dfrac{1}{2}. \end{cases}$$

取 x_1, x_3 为被约束的变元，则自由变元就是 x_2, x_4. 将自由变元移到等号右端

$$\begin{cases} x_1 = \frac{1}{2} + x_2 + x_4, \\ x_3 = \frac{1}{2} + 2x_4. \end{cases}$$

将自由变元补齐并转化为自由参数，

$$令\begin{cases} x_2 = c_1, \\ x_4 = c_2, \end{cases}，则\begin{cases} x_1 = \frac{1}{2} + c_1 + c_2, \\ x_2 = c_1, \\ x_3 = \frac{1}{2} + 2c_2, \\ x_4 = c_2. \end{cases}$$

于是线性方程组的解

$$\begin{pmatrix} x_1 \\ x_2 \\ x_3 \\ x_4 \end{pmatrix} = \begin{pmatrix} \frac{1}{2} \\ 0 \\ \frac{1}{2} \\ 0 \end{pmatrix} + \begin{pmatrix} 1 \\ 1 \\ 0 \\ 0 \end{pmatrix} c_1 + \begin{pmatrix} 1 \\ 0 \\ 2 \\ 1 \end{pmatrix} c_2 (c_1, c_2 \in R).$$

例 2.4 设

$$\begin{cases} \lambda x_1 + x_2 + x_3 = 1, \\ x_1 + \lambda x_2 + x_3 = \lambda, \\ x_1 + x_2 + \lambda x_3 = \lambda^2. \end{cases}$$

λ 取何值时，方程组有唯一解？有无穷多解？无解？

解法一 这是方形的方程组，运用克莱姆法则较方便.

$$|A| = \begin{vmatrix} \lambda & 1 & 1 \\ 1 & \lambda & 1 \\ 1 & 1 & \lambda \end{vmatrix} = \begin{vmatrix} \lambda+2 & \lambda+2 & \lambda+2 \\ 1 & \lambda & 1 \\ 1 & 1 & \lambda \end{vmatrix} = (\lambda+2)\begin{vmatrix} 1 & 1 & 1 \\ 0 & \lambda-1 & 0 \\ 0 & 0 & \lambda-1 \end{vmatrix} = (\lambda+2)(\lambda-1)^2,$$

当 $\lambda \neq 1$ 且 $\lambda \neq -2$ 时，$|A| \neq 0$，方程组有唯一解；

$\lambda = 1$ 时，$\widetilde{A} = \begin{pmatrix} 1 & 1 & 1 & 1 \\ 1 & 1 & 1 & 1 \\ 1 & 1 & 1 & 1 \end{pmatrix} \sim \begin{pmatrix} 1 & 1 & 1 & 1 \\ 0 & 0 & 0 & 0 \\ 0 & 0 & 0 & 0 \end{pmatrix}$，则 $r = \tilde{r} = 1 < n = 3$，有无穷多解；

$$\lambda=-2\text{ 时},\widetilde{A}=\begin{pmatrix}-2&1&1&1\\1&-2&1&-2\\1&1&-2&4\end{pmatrix}\sim\begin{pmatrix}1&1&-2&4\\0&-3&3&-6\\0&3&-3&9\end{pmatrix}\sim\begin{pmatrix}1&1&-2&4\\0&1&-1&3\\0&0&0&3\end{pmatrix}.$$

此时，$r=2<\tilde{r}=3$，方程组无解．

解法二　直接用增广矩阵实施初等变换，此时应小心防止出现增根或失根．

$$\widetilde{A}=\begin{pmatrix}\lambda&1&1&1\\1&\lambda&1&\lambda\\1&1&\lambda&\lambda^2\end{pmatrix}\sim\begin{pmatrix}1&\lambda&1&\lambda\\0&1-\lambda^2&1-\lambda&1-\lambda^2\\0&1-\lambda&\lambda-1&\lambda^2-\lambda\end{pmatrix}\overset{\lambda\neq 1}{\sim}\begin{pmatrix}1&\lambda&1&\lambda\\0&1+\lambda&1&1+\lambda\\0&-1&1&\lambda\end{pmatrix}$$

$$\sim\begin{pmatrix}1&0&1+\lambda&\lambda(1+\lambda)\\0&1&-1&-\lambda\\0&0&2+\lambda&(1+\lambda)^2\end{pmatrix}\overset{\lambda\neq -2}{\sim}\begin{pmatrix}1&0&-1&-(1+\lambda)\\0&1&-1&-\lambda\\0&0&1&\dfrac{(1+\lambda)^2}{(2+\lambda)}\end{pmatrix},$$

于是当$\lambda\neq 1$且$\lambda\neq -2$时，方程组有唯一解；当$\lambda=1$或$\lambda=-2$时，方程组分别有无穷多解和无解，同解法一．

由前面定理容易得出下面定理．

定理 2.3　n 元齐次线性方程组 $Ax=0$ 一定有解，且

(1) $Ax=0$ 只有零解的充分必要条件是 $R(A)=n$；

(2) $Ax=0$ 有非零解的充分必要条件是 $R(A)<n$.

推论　具有 n 个方程的 n 元齐次线性方程组 $Ax=0$ 一定有解，且

(1) $Ax=0$ 只有零解的充分必要条件是系数矩阵的行列式 $|A|\neq 0$；

(2) $Ax=0$ 有非零解的充分必要条件是系数矩阵的行列式 $|A|=0$.

例 2.5　判断齐次线性方程组

$$\begin{cases}x_1+2x_2-3x_3-4x_4=0,\\2x_1+3x_2+x_3+3x_4=0,\\-x_1-2x_2+4x_3-5x_4=0,\\2x_1+3x_2+2x_3-3x_4=0\end{cases}$$

解的情况．

解　对增广矩阵 $\widetilde{A}$ 实施如下初等行变换

$$\widetilde{A}=\begin{pmatrix}1&2&-3&-1&0\\2&3&1&3&0\\-1&-2&4&-5&0\\2&3&2&-3&0\end{pmatrix}\sim\begin{pmatrix}1&2&-3&-1&0\\0&-1&7&5&0\\0&0&1&-6&0\\0&-1&8&-1&0\end{pmatrix}$$

$$\sim\begin{pmatrix}1 & 2 & -3 & -1 & 0\\0 & -1 & 7 & 5 & 0\\0 & 0 & 1 & -6 & 0\\0 & 0 & 1 & -6 & 0\end{pmatrix}\sim\begin{pmatrix}1 & 0 & 0 & 75 & 0\\0 & -1 & 0 & 47 & 0\\0 & 0 & 1 & -6 & 0\\0 & 0 & 0 & 0 & 0\end{pmatrix}.$$

因为 $R(A)=3<n=4$(未知量个数),所以方程组有无穷多个解.

§3 线性方程组解的结构

上一节利用矩阵的秩的理论对线性方程组的解进行了讨论,这一节我们通过向量组线性相关性及向量空间的理论知识来介绍线性方程组解的结构.

当 $m\times n$ 线性方程组 $Ax=b$ 相容时,它有解.将它所有解组成的集合记作

$$x_{\widetilde{A}}=\{x\mid x\in R^n,Ax=b\},$$

称为这个方程组的**解集**,是 R^n 的一个子集,下面讨论其结构.

一、齐次线性方程组解的结构

当 $b=0$ 时,方程组(4.1)变为 $Ax=0$,称为齐次线性方程组.

将它的解集记作

$$x_A=\{x\mid x\in R^n,Ax=0\}. \tag{4.9}$$

由于 $\widetilde{A}=(A\vdots 0)$,恒有 $\tilde{r}=R(\widetilde{A})=R(A)=r$,故齐次线性方程组必定相容,即一定有解,从而 x_A 总是存在.关于它的秩有如下定理.

定理 3.1

$$R(A)+R(x_A)=n. \tag{4.10}$$

证明 先设 $R(A)=r<n$,则此方程组有 r 个独立方程,可约束 r 个变元,其余 $n-r$ 个自由变元便可以转化为自由参数.不失一般性,设方程组经同解变形得到如下最简形式(即系数矩阵的行最简形所对应的方程组)

$$\begin{cases}x_1 \qquad + d_{1,r+1}x_{r+1}+\cdots+d_{1n}x_n=0,\\ \qquad\ddots \qquad\qquad\qquad \vdots\\ \qquad x_r+d_{r,r+1}x_{r+1}+\cdots+d_{rn}x_n=0.\end{cases} \tag{4.11}$$

前 r 个变元被解出来,作为约束变元,后 $n-r$ 个变元作为自由变元得

$$\begin{cases} x_1 = -d_{1,r+1}x_{r+1} - \cdots - d_{1n}x_n, \\ \qquad\qquad \vdots \\ x_r = -d_{r,r+1}x_{r+1} - \cdots - d_{rn}x_n, \\ x_{r+1} = x_{r+1}, \\ \qquad\qquad \vdots \\ x_n = \qquad\qquad\qquad x_n. \end{cases} \tag{4.12}$$

写成向量形式

$$\begin{pmatrix} x_1 \\ \vdots \\ x_r \\ x_{r+1} \\ \vdots \\ x_n \end{pmatrix} = \begin{pmatrix} -d_{1,r+1} \\ \vdots \\ -d_{r,r+1} \\ 1 \\ \vdots \\ 0 \end{pmatrix} x_{r+1} + \cdots + \begin{pmatrix} -d_{1n} \\ \vdots \\ -d_{rn} \\ 0 \\ \vdots \\ 1 \end{pmatrix} x_n, \tag{4.13}$$

把自由变元设为自由参数,就得到方程组的通解

$$\begin{pmatrix} x_1 \\ \vdots \\ x_r \\ x_{r+1} \\ \vdots \\ x_n \end{pmatrix} = \begin{pmatrix} -d_{1,r+1} \\ \vdots \\ -d_{r,r+1} \\ 1 \\ \vdots \\ 0 \end{pmatrix} t_1 + \cdots + \begin{pmatrix} -d_{1n} \\ \vdots \\ -d_{rn} \\ 0 \\ \vdots \\ 1 \end{pmatrix} t_{n-r} (t_i \in R, i=1,\cdots,n-r). \tag{4.14}$$

为简洁,用字母记作

$$x = t_1\xi_1 + \cdots + t_{n-r}\xi_{n-r} \quad (t_i \in R, i=1,\cdots,n-r). \tag{4.15}$$

(4.15)式中的向量组 $\xi_1,\cdots,\xi_{n-r}$ 显然线性无关(由它们的后 $n-r$ 个分量即可看出).同时,(4.15)式表明方程组的所有解都可由 $\xi_1,\cdots,\xi_{n-r}$ 线性表示,故这组向量就是解集 x_A 的一个极大无关组,因此 $R(x_A)=n-r=n-R(A)$,从而(4.10)成立.

定义 3.1　上述 $\xi_1,\cdots,\xi_{n-r}$,作为解集 x_A 的一个极大无关组,称为齐次线性方程组 $Ax=0$ 的**基础解系**.用它们表示方程组一般解的(4.15)式,称为该方程组的**通解**.

也可以将 x_A 表示为基础解系的线性组合的形式

$$x_A = \{x \mid x = t_1\xi_1 + \cdots + t_{n-r}\xi_{n-r}, t_i \in R, i=1,\cdots,n-r\}. \tag{4.16}$$

若 $r=n$,方程组只有唯一零解,从而 $x_A=\{0\}$. 此时 $Ax=0$ 没有基础解系,因此 $r(x_A)=0$,亦满足 $R(x_A)+R(A)=n$.

例 3.1 试求齐次线性方程组

$$\begin{cases}x_1+x_2-x_3-x_4=0,\\2x_1-5x_2+3x_3+2x_4=0,\\7x_1-7x_2+3x_3+x_4=0\end{cases}$$

的基础解系与通解.

解 对系数矩阵 A 作初等变换有

$$A=\begin{pmatrix}1&1&-1&-1\\2&-5&3&2\\7&-7&3&1\end{pmatrix}\sim\begin{pmatrix}1&1&-1&-1\\0&-7&5&4\\0&-14&10&8\end{pmatrix}\sim\begin{pmatrix}1&1&-1&-1\\0&-7&5&4\\0&0&0&0\end{pmatrix}$$

$$\sim\begin{pmatrix}1&0&-\frac{2}{7}&-\frac{3}{7}\\0&1&-\frac{5}{7}&-\frac{4}{7}\\0&0&0&0\end{pmatrix},$$

所以 $R(A)=2<n=4$,且有

$$\begin{cases}x_1=\frac{2}{7}x_3+\frac{3}{7}x_4,\\x_2=\frac{5}{7}x_3+\frac{4}{7}x_4.\end{cases}$$

令 $\begin{pmatrix}x_3\\x_4\end{pmatrix}=\begin{pmatrix}1\\0\end{pmatrix},\begin{pmatrix}0\\1\end{pmatrix}$,可得到 2 个 $(n-R(A))$ 线性无关的解,也就是基础解系

$$\boldsymbol{\xi}_1=\begin{pmatrix}\frac{2}{7}\\\frac{5}{7}\\1\\0\end{pmatrix},\quad \boldsymbol{\xi}_2=\begin{pmatrix}\frac{3}{7}\\\frac{4}{7}\\0\\1\end{pmatrix}.$$

其通解为

$$\begin{pmatrix} x_1 \\ x_2 \\ x_3 \\ x_4 \end{pmatrix} = k_1 \begin{pmatrix} \frac{2}{7} \\ \frac{5}{7} \\ 1 \\ 0 \end{pmatrix} + k_2 \begin{pmatrix} \frac{3}{7} \\ \frac{4}{7} \\ 0 \\ 1 \end{pmatrix} \quad (k_1, k_2 \in R).$$

例 3.2　解齐次线性方程组

$$\begin{cases} x_1 + 2x_2 + x_3 + x_4 + x_5 = 0, \\ 2x_1 + 4x_2 + 3x_3 + x_4 + x_5 = 0, \\ -x_1 - 2x_2 + x_3 + 3x_4 - 3x_5 = 0, \\ 2x_3 + 5x_4 - 2x_5 = 0. \end{cases}$$

解　用系数矩阵 A 作行初等变换

$$A = \begin{pmatrix} 1 & 2 & 1 & 1 & 1 \\ 2 & 4 & 3 & 1 & 1 \\ -1 & -2 & 1 & 3 & -3 \\ 0 & 0 & 2 & 5 & -2 \end{pmatrix} \sim \begin{pmatrix} 1 & 2 & 1 & 1 & 1 \\ 0 & 0 & 1 & -1 & -1 \\ 0 & 0 & 0 & 1 & 0 \\ 0 & 0 & 0 & 0 & 0 \end{pmatrix},$$

得到行阶梯形，可知 $R(A)=3$，而 $n=5$，故方程组有非零解，且其通解中应含有 $n-r=2$ 个自由参数，即基础解系应含 2 个向量．再进一步将 A 变换为行最简形，求出基础解系

$$A \sim \cdots \sim \begin{pmatrix} 1 & 2 & 0 & 0 & 2 \\ 0 & 0 & 1 & 0 & -1 \\ 0 & 0 & 0 & 1 & 0 \\ 0 & 0 & 0 & 0 & 0 \end{pmatrix} \Rightarrow \begin{cases} x_1 + 2x_2 + 2x_5 = 0, \\ x_3 - x_5 = 0, \\ x_4 = 0. \end{cases}$$

$$\Rightarrow \begin{cases} x_1 = -2x_2 - 2x_5, \\ x_2 = x_2, \\ x_3 = x_5, \\ x_4 = 0, \\ x_5 = x_5. \end{cases} \Rightarrow \begin{pmatrix} x_1 \\ x_2 \\ x_3 \\ x_4 \\ x_5 \end{pmatrix} = \begin{pmatrix} 2 \\ 1 \\ 0 \\ 0 \\ 0 \end{pmatrix} t_1 + \begin{pmatrix} -2 \\ 0 \\ 1 \\ 0 \\ 1 \end{pmatrix} t_2 \quad (t_1, t_2 \in R).$$

二、非齐次线性方程组解的结构

若 $b \neq 0$，方程组 $Ax = b$ 便是非齐次的，称与之对应的齐次线性方程组 $Ax = 0$ 为导出方

程组("导出组").

定理 3.2 非齐次线性方程组的解与其导出组的解有如下关系:

(1) 非齐次线性方程组的任意两个解之差是导出组的解;

(2) 非齐次线性方程组任一解与其导出组任一解之和仍是非齐次线性方程组的解.

证明 (1) 设 η_1,η_2 为 $Ax=b$ 的任两个解,则 $A\eta_i=b(i=1,2)$,由于

$$A(\eta_1-\eta_2)=A\eta_1-A\eta_2=b-b=0,$$

故 $\eta_1-\eta_2$ 是 $Ax=0$ 的解.

(2) 设任取 η,ξ 满足 $A\eta=b,A\xi=0$,则 $A(\eta+\xi)=A\eta+A\xi=b+0=b$,知 $\eta+\xi$ 是 $Ax=b$ 的解.

定理 3.3 设 $m\times n$ 线性方程组 $Ax=b$ 相容,$R(A\vdots b)=R(A)=r$,η 是其任一解;又设 $Ax=b$ 的导出组为 $Ax=0$,其基础解系为 $\xi_1,\cdots,\xi_{n-r}$,则 $Ax=b$ 的通解为

$$x=\eta+t_1\xi_1+\cdots+t_{n-r}\xi_{n-r}\quad(t_i\in R,i=1,\cdots,n-r).\tag{4.17}$$

证明 首先,易见所有满足(4.17)式的向量 x 均满足方程组

$$Ax=A(\eta+\sum_{i=1}^{n-r}t_i\xi_i)=A\eta+\sum_{i=1}^{n-r}t_i(A\xi_i)=b+\sum t_i0=b.$$

其次,设 x 为 $Ax=b$ 的任一解,则 $x-\eta$ 为 $Ax=0$ 的解,故可由基础解系表示为 $x-\eta=t_1\xi_1+\cdots+t_{n-r}\xi_{n-r}$,移项便得(4.17)式.

特别地,若 $R(\widetilde{A})=R(A)=n$,则 $Ax=b$ 的导出组 $Ax=0$ 只有唯一零解,故 $Ax=b$ 也只有唯一解 $x=\eta+0=\eta$.

例 3.3 求解线性方程组

$$\begin{cases}x_1-x_2-x_3+x_4=0,\\x_1-x_2+x_3-3x_4=1,\\x_1-x_2-2x_3+3x_4=-\dfrac{1}{2}.\end{cases}$$

解法一 对增广矩阵 $\widetilde{A}$ 作初等行变换

$$\widetilde{A}=\begin{pmatrix}1&-1&-1&1&0\\1&-1&1&-3&1\\1&-1&-2&3&-\frac{1}{2}\end{pmatrix}\sim\begin{pmatrix}1&-1&-1&1&0\\0&0&2&-4&1\\0&0&-1&2&-\frac{1}{2}\end{pmatrix}\sim\begin{pmatrix}1&-1&0&-1&\frac{1}{2}\\0&0&1&-2&\frac{1}{2}\\0&0&0&0&0\end{pmatrix}.$$

可以看出,$R(A)=R(\widetilde{A})=2<n=4$,故方程组有解,且有

$$\begin{cases}x_1=\dfrac{1}{2}+x_2+x_4,\\x_3=\dfrac{1}{2}+2x_4,\end{cases}$$

加两个恒等式 $x_2=x_2,x_4=x_4$，所以方程组的通解为

$$x=\begin{pmatrix}x_1\\x_2\\x_3\\x_4\end{pmatrix}=\begin{pmatrix}\frac{1}{2}\\0\\\frac{1}{2}\\0\end{pmatrix}+x_2\begin{pmatrix}1\\1\\0\\0\end{pmatrix}+x_4\begin{pmatrix}1\\0\\2\\1\end{pmatrix}.$$

令 $x_2=c_1,x_4=c_2$，则有

$$x=\begin{pmatrix}x_1\\x_2\\x_3\\x_4\end{pmatrix}=\begin{pmatrix}\frac{1}{2}\\0\\\frac{1}{2}\\0\end{pmatrix}+c_1\begin{pmatrix}1\\1\\0\\0\end{pmatrix}+c_2\begin{pmatrix}1\\0\\2\\1\end{pmatrix}\ (c_1,c_2\in R).$$

若记

$$\eta=\begin{pmatrix}\frac{1}{2}\\0\\\frac{1}{2}\\0\end{pmatrix},\xi_1=\begin{pmatrix}1\\1\\0\\0\end{pmatrix},\xi_2=\begin{pmatrix}1\\0\\2\\1\end{pmatrix},$$

容易验证

$$\eta=\begin{pmatrix}\frac{1}{2}\\0\\\frac{1}{2}\\0\end{pmatrix}$$

是该方程组的一个解，而 $\xi_1=\begin{pmatrix}1\\1\\0\\0\end{pmatrix},\xi_2=\begin{pmatrix}1\\0\\2\\1\end{pmatrix}$ 并不是方程组的解，实际上，$\xi_1=\begin{pmatrix}1\\1\\0\\0\end{pmatrix},\xi_2=\begin{pmatrix}1\\0\\2\\1\end{pmatrix}$ 是对应的齐次线性方程组的一个基础解系．

解法二 先求对应的齐次线性方程组的基础解系

$$\begin{cases} x_1 - x_2 - x_3 + x_4 = 0, \\ x_1 - x_2 + x_3 - 3x_4 = 0, \\ x_1 - x_2 - 2x_3 + 3x_4 = 0. \end{cases}$$

对系数矩阵 A 作初等变换有

$$A = \begin{pmatrix} 1 & -1 & -1 & 1 \\ 1 & -1 & 1 & -3 \\ 1 & -1 & -2 & 3 \end{pmatrix} \sim \begin{pmatrix} 1 & -1 & -1 & 1 \\ 0 & 0 & 2 & -4 \\ 0 & 0 & -1 & 2 \end{pmatrix} \sim \begin{pmatrix} 1 & -1 & -1 & 1 \\ 0 & 0 & 1 & -2 \\ 0 & 0 & 0 & 0 \end{pmatrix}$$

$$\sim \begin{pmatrix} 1 & -1 & 0 & -1 \\ 0 & 0 & 1 & -2 \\ 0 & 0 & 0 & 0 \end{pmatrix}.$$

因为 $R(A)=2$,可以得到 $n-R(A)=2$ 个线性无关的解

$$\begin{cases} x_1 = x_2 + x_4, \\ x_3 = 2x_4. \end{cases}$$

分别令 $\begin{pmatrix} x_2 \\ x_4 \end{pmatrix} = \begin{pmatrix} 1 \\ 0 \end{pmatrix}, \begin{pmatrix} 0 \\ 1 \end{pmatrix}$,则有

$$\xi_1 = \begin{pmatrix} 1 \\ 1 \\ 0 \\ 0 \end{pmatrix}, \quad \xi_2 = \begin{pmatrix} 1 \\ 0 \\ 2 \\ 1 \end{pmatrix}.$$

再求非齐次线性方程组的一个特解.令 $x_2 = x_4 = 0$,则有 $x_1 = x_3 = \frac{1}{2}$,所以

$$\eta = \begin{pmatrix} \frac{1}{2} \\ 0 \\ \frac{1}{2} \\ 0 \end{pmatrix}.$$

故方程组的通解为

$$x=\begin{pmatrix}x_1\\x_2\\x_3\\x_4\end{pmatrix}=\begin{pmatrix}\frac{1}{2}\\0\\\frac{1}{2}\\0\end{pmatrix}+c_1\begin{pmatrix}1\\1\\0\\0\end{pmatrix}+c_2\begin{pmatrix}1\\0\\2\\1\end{pmatrix}\quad(c_1,c_2\in R)$$

例 3.4 求解方程组

$$\begin{cases}2x_1+x_2-x_3+2x_5=-2,\\3x_1+2x_3+x_4=1,\\5x_1+x_2+x_3+x_4+2x_5=-1.\end{cases}$$

解 增广矩阵

$$\widetilde{A}=\begin{pmatrix}2&1&-1&0&2&-2\\3&0&2&1&0&1\\5&1&1&1&2&-1\end{pmatrix}\xrightarrow{r_3-r_1-r_2}\begin{pmatrix}2&1&-1&0&2&-2\\3&0&2&1&0&1\\0&0&0&0&0&0\end{pmatrix},$$

易见,$R(A)=R(\widetilde{A})=2<n=5$,选定 x_2,x_4 为约束变量,则 x_1,x_3,x_5 就是自由变量,得到

$$\begin{cases}x_1=x_1,\\x_2=-2-2x_1+x_3-2x_5,\\x_3=x_3,\\x_4=1-3x_1-2x_3,\\x_5=x_5.\end{cases}$$

线性方程组的通解为

$$\begin{pmatrix}x_1\\x_2\\x_3\\x_4\\x_5\end{pmatrix}=\begin{pmatrix}0\\-2\\0\\1\\0\end{pmatrix}+\begin{pmatrix}1\\-2\\0\\-3\\0\end{pmatrix}t_1+\begin{pmatrix}0\\1\\1\\-2\\0\end{pmatrix}t_2+\begin{pmatrix}0\\-2\\0\\0\\1\end{pmatrix}t_3\quad(t_1,t_2,t_3\in R).$$

三、实际应用问题

(交通网络问题) 如图 4-1 所示,某城市市区的交叉路口由两条单向车道组成.图 4-1

中给出了在交通高峰时段每小时进入和离开路口的车辆数．试计算在4个交叉路口车辆的数量．

在每一路口,必有进入的车辆的数量与离开的车辆的数量相等．例如,在路口 A,进入该路口的车辆数 x_1+450,离开路口的车辆数为 x_2+610. 因此

在路口 A： $x_1+450=x_2+610$,

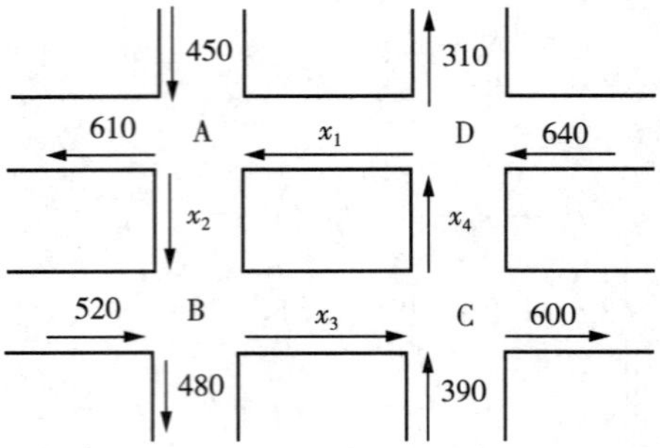

图 4-1　某城市市区交叉路口交通网络

类似地，

$$\text{在路口 } B: x_2+520=x_3+480,$$

$$\text{在路口 } C: x_3+390=x_4+600,$$

$$\text{在路口 } D: x_4+640=x_1+310,$$

此方程组的增广矩阵为

$$\begin{pmatrix} 1 & -1 & 0 & 0 & 160 \\ 0 & 1 & -1 & 0 & -40 \\ 0 & 0 & 1 & -1 & 210 \\ -1 & 0 & 0 & 1 & -330 \end{pmatrix},$$

相应的行最简形为

$$\begin{pmatrix} 1 & 0 & 0 & -1 & 330 \\ 0 & 1 & 0 & -1 & 170 \\ 0 & 0 & 1 & -1 & 210 \\ 0 & 0 & 0 & 0 & 0 \end{pmatrix}.$$

这是一个包含4个变量4个方程的非齐次线性方程组,由最简形知系数矩阵的秩为 $R(A)=3$,增广矩阵的秩 $R(\widetilde{A})=3$,说明该非齐次线性方程组为相容的,并有无穷多组解．不妨以 x_4 为自由变量,则无穷多组解为

$$\begin{cases} x_1 = x_4 + 330, \\ x_2 = x_4 + 170, \\ x_3 = x_4 + 210, \\ x_4 = x_4. \end{cases}$$

交通网络示意图并没有给出足够的信息来唯一地确定 x_1, x_2, x_3, x_4，如果知道在某一路口的车辆数量，则其他路口的车辆数量即可求得．例如，假设在路口 C 和 D 之间的平均车辆数量为 $x_4 = 200$，则相应的 x_1, x_2, x_3 为

$$x_1 = x_4 + 330 = 530, x_2 = x_4 + 170 = 370, x_3 = x_4 + 210 = 410.$$

阅读材料

一、线性方程组简史

线性方程组(Linear equations) 的求解可以说是线性代数的第一个问题．早在古巴比伦时期(大约 4000 年以前)，巴比伦人知道如何解含有两个未知数的线性方程组．在我国著名的《九章算术》中，我们的先人就已经利用系数解出了 3×3 的线性方程组．行列式是伴随着线性方程组的求解而发展起来的．

莱布尼茨的相关研究，被视为线性方程组研究的起源．他曾研究含两个未知量的三个线性方程组成的方程组，为此他于 1693 年提出了行列式的概念．

有人指出，欧拉(Euler，1707－1783) 可能是第一个注意到含有 n 个未知数 n 个方程的线性方程组不一定有唯一的解，并指出要获得唯一解有必要补充条件的人．在 18 世纪，线性方程组的研究通常被归类在行列式下，所以并没有考虑到方程的数目与未知数的数目不相等的线性方程组．

高斯为解决线性方程组提出了一个系统的程序，称为高斯消元法．尽管他没有使用矩阵符号，但他处理了方程数目与未知数数目不等的线性方程组．英国数学家凯莱用矩阵表示线性方程组及线性方程组的解．

19 世纪，英国数学家史密斯(Smith，1826－1883) 继续研究线性方程组理论，引进了方程组的增广矩阵和非增广矩阵的概念．而另外一个英国数学家道奇森(Dodgson，1832－1898) 在其著作《行列式的初等理论》(1867 年) 中证明了具有 n 个未知数 m 个方程的方程组有解的充要条件是系数矩阵和增广矩阵的秩相同．

后来，格拉斯曼引入抽象的 n 维向量空间，利用向量表示线性方程组的解，给出了线性方程组解的更简洁表示．

二、数学家介绍

高斯(Gauss，1777－1855)，德国数学家、物理学家和天文学家，1777 年 4 月 30 日生于不伦瑞克．高斯很小时就表现出超人的数学天分，3 岁时就能指出父亲账册上的错误，10 岁时

会计算"从1加到100",11岁时发现了二项式理,17岁时发明了二次互反律,18岁时发明了正十七边形的尺规作图法,解决了2000多年来悬而未决的难题,21岁大学毕业,22岁时获博士学位.

高斯的数学研究几乎遍及所有领域,在数论、代数学、复变数和微分几何等方面都作出了开创性的贡献,还把数学应用于天文学、大地测量学和磁学的研究,发明了线性方程组消元法、最小二乘法、算术平均、几何平均、标准正态分布、代数基本定理、非欧几何、柯西积分定理、质数分布定理、磁强计,发现了谷神星的运行轨迹等.另外,复数的名称也是由高斯推广开来的,他用i来表示$\sqrt{-1}$.

1804年,高斯当选英国皇家学会会员.自1807年起,他一直担任格丁根大学教授兼格丁根天文台台长.高斯被誉为"数学王子"和"数学家之王",是人类有史以来最伟大的四位数学家(阿基米德、牛顿、高斯、欧拉)之一.

本章要求

本章线性方程组的主要内容是利用向量的理论,对方程组解的情况及解的结构进行讨论.要掌握方程组解的判定定理,了解线性方程组的特解,导出组的基础解系和一般解的概念.

第1章已介绍了求解线性方程组的克莱姆法则.虽然克莱姆法则在理论上具有重要的意义,但是利用它求解线性方程组,要受到一定的限制.首先,它要求线性方程组中方程的个数与未知量的个数相等;其次,还要求方程组的系数行列式不等于零.即使方程组具备上述条件,在求解时,也需计算$n+1$个n阶行列式.由此可见,应用克莱姆法则只能求解一些较为特殊的线性方程组且计算量较大.

本章讨论一般的n元线性方程组的求解问题.一般的线性方程组的形式为

$$\begin{cases}a_{11}x_1+a_{12}x_2+\cdots+a_{1n}x_n=b_1,\\a_{21}x_1+a_{22}x_2+\cdots+a_{2n}x_n=b_2,\\\qquad\vdots\\a_{m1}x_1+a_{m2}x_2+\cdots+a_{mn}x_n=b_m.\end{cases}\tag{I}$$

方程的个数m与未知量的个数n不一定相等,当$m=n$时,系数行列式也有可能等于零,因此不能用克莱姆法则求解.对于线性方程组(I),需研究以下三个问题:

(1) 怎样判断线性方程组是否有解,即它有解的充分必要条件是什么?

(2) 方程组有解时,它究竟有多少个解及如何去求解?

(3) 当方程组的解不唯一时,解与解之间的关系如何?

本章重点　解线性方程组;线性方程组解的判定及结构.

本章难点　线性方程组解的结构.

习题四

1. 选择题

(1) 设非齐次线性方程组 $Ax=b$ 所对应的齐次线性方程组 $Ax=0$，则下面结论正确的是(　　).

A 若 $Ax=0$ 有唯一解，则 $Ax=b$ 必有唯一解；

B 若 $Ax=0$ 有唯一解，则 $Ax=b$ 必无解；

C 若 $Ax=0$ 有无穷多个解，则 $Ax=b$ 也有无穷多个解；

D 若 $Ax=b$ 有无穷多个解，则 $Ax=0$ 也有无穷多个解.

(2) 设 n 元线性方程组 $Ax=0$ 的系数矩阵 A 的秩为 $n-3$，且 $\alpha_1,\alpha_2,\alpha_3$ 为线性方程组 $Ax=0$ 的 3 个线性无关的解向量，则方程组 $Ax=0$ 的基础解系为(　　).

A $\alpha_1+\alpha_2,\alpha_2+\alpha_3,\alpha_3+\alpha_1$；　　B $\alpha_2-\alpha_1,\alpha_3-\alpha_2,\alpha_1-\alpha_3$；

C $2\alpha_2-\alpha_1,\alpha_3-\alpha_2,\alpha_1-\alpha_3$；　　D $\alpha_1+\alpha_2+\alpha_3,\alpha_{3-}-\alpha_2,-\alpha_1-2\alpha_3$.

(3) 设 α_1,α_2 是 n 元线性方程组 $Ax=0$ 的 2 个不同的解向量，且 $R(A)=n-1$，k 为任意常数，则方程组 $Ax=0$ 的通解为(　　).

A $k\alpha_1$；　　B $k\alpha_2$；

C $k(\alpha_1-\alpha_2)$；　　D $k(\alpha_1+\alpha_2)$.

(4) 设向量组 α_1,α_2 是方程组 $Ax=0$ 的基础解系，β_1,β_2 是方程组 $Ax=b$ 的两个解向量，k_1,k_2 是任意常数，则方程组 $Ax=b$ 的通解为(　　).

A $x=k_1\alpha_1+k_2\alpha_2+\dfrac{\beta_1-\beta_2}{2}$；　　B $x=k_1\alpha_1+k_2(\alpha_1-\alpha_2)+\dfrac{\beta_1+\beta_2}{2}$；

C $x=k_1\alpha_1+k_2(\beta_1-\beta_2)+\dfrac{\beta_1+\beta_2}{2}$；　　D $x=k_1\alpha_1+k_2(\alpha_1+\alpha_2)+\dfrac{\beta_1-\beta_2}{2}$.

2. 填空题

(1)n 元线性方程组 $Ax=0$ 有非零解时，它的每一个基础解系所含解向量的个数均为________.

(2) 设矩阵 $A=\begin{pmatrix}1&1&0&1\\0&0&1&2\\0&0&0&0\end{pmatrix}$，则齐次线性方程组 $Ax=0$ 的基础解系的向量个数为_____.

3. 求线性方程组 $\begin{cases}x_1+2x_2+x_3-x_4=1,\\2x_1+4x_2-x_3-2x_4=5,\\5x_1+10x_2+x_3-5x_4=9\end{cases}$ 的解.

4. 设线性方程组 $\begin{cases}(1+\lambda)x_1+x_2+x_3=0,\\x_1+(1+\lambda)x_2+x_3=3,\\x_1+x_2+(1+\lambda)x_3=\lambda.\end{cases}$ 问 λ 取何值时，此方程组(1) 有唯一解；(2) 无解；(3) 有无穷多解，并求其通解.

第5章 线性代数的Matlab实验

§1 Matlab软件简介

Matlab是美国Mathworks公司于1984年正式推出的数学软件．它起源于矩阵运算，是一种用于科学计算的高效率的高级计算机语言．它不仅提供了强大的科学运算功能，还提供了具有专业水平的符号计算、文字处理、可视化建模仿真和实时控制等功能，是当今科学界最有活力也最具影响力的软件．

Matlab语言有以下主要特点：有高性能的数值计算功能，尤其适用于矩阵代数领域；有适合个人应用的强有力的面向矩阵的高级程序语言；有大量事先定义的数学函数，具有很强的用户自定义函数能力；有强大而简易的作图功能，能绘制不同颜色、线型和视角的可视化二维、三维图；有与其他语言编写的程序结合和输入输出格式化数据的能力；有涉及多个应用领域的工具箱；此外还有综合在线帮助文库help、完整易读的PDF文档和演示软件demo等．

Matlab是Matrix Laboratory(矩阵实验室)的缩写形式，是一种以矩阵运算为基础的交互式程序语言，专门针对于科学、工程计算及绘图等需求，特别适用于多学科、多工作平台．在全世界的很多高校中，Matlab已经成为线性代数、概率论与数理统计、自动控制理论、数字信号处理、动态系统仿真等课程的教学工具，极大提高了教师课堂教学效率、学生解题及分析研究的效率．

本章仅对Matlab作简单介绍，有关其更详细更深入内容请读者查阅相关书籍．在本章中，我们在Matlab2021b基础上，介绍Matlab软件在线性代数中的简单应用．筛选了部分例题以说明其用法，解决了线性代数每章重要的数值计算问题．通过习题将科学计算软件与线性代数紧密结合，充分利用数学软件的应用功能，不仅补充了教材缺乏计算机实际操作的不足，而且也让学生从上机实验中既培养了技能，得到了乐趣，又提高了学习线性代数的积极性与热情．

§2 行列式与Matlab实验

一、行列式的计算

在Matlab中，用函数det来计算方阵行列式的值．

格式 D = det(A)　　　　　　　　% 求方阵 A 的行列式

例 2.1　计算方阵 $A=\begin{bmatrix}1 & 0 & 1\\ -1 & 2 & 3\\ 3 & 1 & 1\end{bmatrix}$ 的行列式.

解　在 Matlab 提示符 >> 后面键入(下同)

```
>> A = [1 0 1; - 1 2 3;3 1 1]       % 矩阵的输入参见第 3 节
```

运行结果为

```
A =
 1   0  1
- 1  2  3
 3   1  1
>> D = det(A)                      % 求方阵 A 行列式的值
```

运行结果为

```
D =
   - 8.0000
```

例 2.2　用克莱姆法则求解方程组 $\begin{cases}x_1+x_2+x_3+x_4=5,\\ x_1+2x_2-x_3+4x_4=-2,\\ 2x_1-3x_2-x_3-5x_4=-2,\\ 3x_1+x_2+2x_3+11x_4=0.\end{cases}$

解　相应的 Matlab 求解代码及运行结果为

```
>> D = [1 1 1 1;1 2 - 1 4;2 - 3 - 1 - 5;3 1 2 11]; % 输入系数矩阵 D
>> D = det(D)                              % 求系数矩阵 D 行列式的值
D =
 - 142.0000
>> D1 = [5 1 1 1; - 2 2 - 1 4; - 2 - 3 - 1 - 5;0 1 2 11];
>> D1 = det(D1)
D1 =
 - 142.0000
>> D2 = [1 5 1 1;1 - 2 - 1 4;2 - 2 - 1 - 5;3 0 2 11];
>> D2 = det(D2)
D2 =
        - 284.0000
>> D3 = [1 1 5 1;1 2 - 2 4;2 - 3 - 2 - 5;3 1 0 11];
>> D3 = det(D3)
D3 =
 - 426
>> D4 = [1 1 1 5;1 2 - 1 - 2;2 - 3 - 1 - 2;3 1 2 0];
>> D4 = det(D4)
```

```
D4 =
    142.0000
```

根据克莱姆法则计算得

```
>> x = [D1/D D2/D D3/D D4/D]
x =
     - 1.0000    - 2.0000    - 3.0000     1.0000
```

即 $x_1=-1, x_2=-2, x_3=-3, x_4=1$.

注意 本题 $D1$ 也可如下键入(同理 $D2, D3, D4$).

```
>> b = [5 - 2 - 2 0]';                          % 注意矩阵转置符号单撇“'”
>> D1 = [b,D(:,2),D(:,3),D(:,4)]                % 系数矩阵第一列用方程组右端常数项替代
>> D1 = [b D(:,2) D(:,3) D(:,4)]                % 注意矩阵合并用逗号或空格
```

此外,本题若无要求利用克莱姆法则,也可以利用矩阵的逆或函数 linsolve 来求解,参见第 5 节.

在 Matlab 中,进行符号运算前需要要先用语句 *syms* 定义.

例 2.3 求行列式 $D=\begin{vmatrix} a & b & c & d \\ a & a+b & a+b+c & a+b+c+d \\ a & 2a+b & 3a+2b+c & 4a+3b+2c+d \\ a & 3a+b & 6a+3b+c & 10a+6b+3c+d \end{vmatrix}$ 的值.

解 相应的 Matlab 求解代码及运行结果为

```
>> syms a b c d                                 % 定义 a b c d 为符号变量
>> D = [a b c d;a a + b a + b + c a + b + c + d;a 2 * a + b 3 * a + 2 * b + c 4 * a + 3 * b + 2 * c + d;a
3 * a + b 6 * a + 3 * b + c 10 * a + 6 * b + 3 * c + d]        % 注意数乘符号 *
D =
[ a,      b,              c,                 d]
[ a,  a + b,      a + b + c,         a + b + c + d]
[ a,2 * a + b,3 * a + 2 * b + c,  4 * a + 3 * b + 2 * c + d]
[ a,3 * a + b,6 * a + 3 * b + c,10 * a + 6 * b + 3 * c + d]
>> D = det(D)                          % 求行列式 D 的值
D =
a^4
```

例 2.4 解方程 $\begin{vmatrix} 3 & 1 & 1 \\ x & 1 & 0 \\ x^2 & 3 & 1 \end{vmatrix}=0.$

解 相应的 Matlab 求解代码及运行结果为

```
>> syms x                                       % 也可 x = sym('x') 定义符号变量
>> D = [3 1 1;x 1 0;x^2 3 1]                    % 注意乘方符号“^”
```

```
D =
[  3,1,1]
[  x,1,0]
[ x^2,3,1]
>> det(D)                                   % 计算行列式 D 的值
ans =
 - x^2 + 2 * x + 3
>> a = [- 1 2 3]                            % 多项式的系数从高次向低次
a =
     - 1     2     3
>> r = roots(a)                             % 求一元方程 det(D) = 0 的根(解)
r =
    3.0000
  - 1.0000
```

即方程有两个根为：$x_1=3$，$x_2=-1$.

§3 矩阵与 Matlab 实验

Matlab 翻译为“矩阵实验室”. 它是以矩阵为基本运算单元. 故本节从最基本的运算单元矩阵出发，介绍 Matlab 的相关命令及其用法.

一、矩阵的输入

在 Matlab 中，输入矩阵最基本的方法是直接输入矩阵的元素，用中括号[] 表示矩阵，同行元素用空格或逗号分隔，不同行用分号或回车分隔.

例如，输入一个矩阵 $A=\begin{pmatrix}1 & 2 & 3\\4 & 5 & 6\\7 & 8 & 9\end{pmatrix}$.

在 Matlab 提示符 >> 后面可键入

```
>> A = [1 2 3
4 5 6
7 8 9]                                      % 换行用回车键;产生一个 3 × 3 阶的矩阵
```

按回车键可得运行结果

```
A =
     1     2     3
     4     5     6
     7     8     9
```

也可这样键入

```
>> A = [1,2,3;4,5,6;7,8,9] 或 A = [1 2 3;4 5 6;7 8 9]
```

A(i,j) 表示矩阵第 i 行第 j 列的元素 a_{ij}，如

```
>> A(3,2)                                % 通过下标引用矩阵的元素
ans =
      8
```

为避免干扰，一般可以通过在对应命令后面输入分号"；"使得相应的结果不输出在命令行窗口．通过命令 clear all 清除所有已经定义的变量；通过命令 clc 清空命令行窗口．在 Matlab 中，矩阵元素是按列进行存储的．

```
>> B = [1 2 3;4 5 6];                    % 分号";"表示不显示运行结果
>> B = [1 2 3;4 5 6]
B =
    1    2    3
    4    5    6
>> B(2)
ans =
     4
```

二、一些特殊矩阵的产生

(1) 零矩阵 用函数 zeros

格式 A = zeros(n) % 生成 n×n 全零阵

A = zeros(m,n) % 生成 m×n 全零阵

例如，

```
>> A = zeros(2,3)
A =
    0    0    0
    0    0    0
```

(2) 全 1 矩阵 用函数 ones

格式 A = ones(n) % 生成 n×n 全 1 矩阵

A = ones(m,n) % 生成 m×n 全 1 矩阵

例如，

```
>> A = ones(2,3)
A =
1    1    1
1    1    1
```

(3) 单位矩阵 用函数 eye

格式 E = eye(n) % 生成 n×n 单位阵

E = eye(m,n) % 生成 m×n 单位阵

例如，

```
>> A = eye(3)
A =
     1     0     0
     0     1     0
     0     0     1
```

(4) 随机矩阵　用函数 rand

格式　A = rand(n)　　　　　% 生成 n×n 随机矩阵，其元素在(0,1)内

Y = rand(m,n)　　　　　% 生成 m×n 随机矩阵

例如，分别产生一个 3×4 和 4×4 的随机矩阵．

```
>> R = rand(3,4)
R =
    0.8147    0.9134    0.2785    0.9649
    0.9058    0.6324    0.5469    0.1576
    0.1270    0.0975    0.9575    0.9706
>> R = rand(4)
R =
    0.9572    0.4218    0.6557    0.6787
    0.4854    0.9157    0.0357    0.7577
    0.8003    0.7922    0.8491    0.7431
    0.1419    0.9595    0.9340    0.3922
```

三、矩阵的线性运算

在 Matlab 中，矩阵的加、减用运算符"+"和"−"，数乘用运算符"*"进行相应运算．

例 3.1　已知 $A=\begin{pmatrix}1&1&1\\1&2&3\\1&3&6\end{pmatrix}$，$B=\begin{pmatrix}8&1&6\\3&5&7\\4&9&2\end{pmatrix}$，求 $A+B, A-B, 3A, 3A-B$.

解　相应的 Matlab 求解代码及运行结果为

```
>> A = [1,1,1;1,2,3;1,3,6];
>> B = [8,1,6;3,5,7;4,9,2];
>> A + B                                  % 加法运算矩阵需要同型
```

按回车键，结果显示

```
ans =
     9     2     7
     4     7    10
     5    12     8
>> A - B                                  % 减法运算矩阵需要同型
ans =
```

```
      -7   0  -5
      -2  -3  -4
      -3  -6   4
>> 3*A
ans =
     3  3   3
     3  6   9
     3  9  18
>> 3*A-B
ans =
      -5  2  -3
       0  1   2
      -1  0  16
```

四、矩阵的乘法运算

矩阵的乘法用运算符“*”进行相应运算.

例 3.2 已知 $A=\begin{pmatrix}1&1&1\\1&2&3\\1&3&6\end{pmatrix}$,$B=\begin{pmatrix}8\\3\\4\end{pmatrix}$,求 AB,BA.

解 键入如下命令

```
>> A = [1,1,1;1,2,3;1,3,6];
>> B = [8,1,6;3,5,7;4,9,2];
>> A*B                                  % 矩阵乘法AB应满足乘法规则
ans =
    15    15    15
    26    38    26
    41    70    39
>> B*A                                  % 矩阵乘法BA应满足乘法规则
ans =
    15    28    47
    15    34    60
    15    28    43
```

发现矩阵乘法 AB,BA 结果不同.

五、矩阵的乘方运算

矩阵的乘方,即矩阵的幂 A^n,在 Matlab 中可以表示为 A^ n,其中 A 为方阵,n 为标量.

例 3.3 设 $A=\begin{pmatrix}1&1\\0&1\end{pmatrix}$,求 A^{16}.

解 键入如下命令

```
>> A = [1 1;0 1];                       % 语句后面加分号“;”不显示运行结果
```

```
>> A^16
ans =
      1     16
      0      1
```

例 3.4　求方阵 A 的幂 A^3，其中 $A=\begin{pmatrix}\lambda & 1 & 0\\ & \lambda & 1\\ & & \lambda\end{pmatrix}$.

解　相应的 Matlab 求解代码为

```
>> syms lamda
>> A = [lamda 1 0;0 lamda 1;0 0 lamda]
A =
[lamda,  1,      0]
[0,      lamda,  1]
[0,      0,      lamda]
>> A^3                                        % 求矩阵 A 的 3 次幂
ans =
[lamda^3,  3 * lamda^2,  3 * lamda]
[0,        lamda^3,      3 * lamda^2]
[0,        0,            lamda^3]
```

六、矩阵的转置运算

矩阵的转置运算符用单撇“'”.

例 3.5　已知 $A=\begin{pmatrix}1 & 2 & 3\\4 & 5 & 6\\7 & 8 & 9\end{pmatrix}$，$B=(1\quad 2\quad 3\quad 4)$，求 A，B 的转置.

解　相应的 Matlab 求解代码及运行结果为

```
>> A = [1 2 3;4 5 6;7 8 9]
>> A'                                         % 求矩阵 A 的转置
ans =
      1     4     7
      2     5     8
      3     6     9
>> B = [1 2 3 4];
>> B'                                         % 求矩阵 B 的转置
ans =
      1
      2
      3
      4
```

七、矩阵的逆矩阵

方法一 矩阵的逆用函数 inv.

格式 `D = inv(A)` % 求矩阵 A 的逆矩阵

例 3.6 已知 $A=\begin{pmatrix}1&2&3\\2&2&1\\3&4&3\end{pmatrix}$，求 A^{-1}，AA^{-1} 及 A^*.

解 相应的 Matlab 求解代码及运行结果为

```
>> A = [1 2 3;2 2 1;3 4 3];
>> inv(A)                         % 求矩阵 A 的逆阵，或键入 A^ (- 1)
ans =
     1.0000    3.0000   - 2.0000
   - 1.5000  - 3.0000     2.5000
     1.0000    1.0000   - 1.0000
>> A * ans                        % 验证 AA^-1 = E
ans =
     1.0000         0         0
   - 0.0000    1.0000    0.0000
          0         0    1.0000
>> det(A) * inv(A)                % 求矩阵 A 的伴随矩阵 A* = |A|A^-1
ans =
     2.0000    6.0000   - 4.0000
   - 3.0000  - 6.0000     5.0000
     2.0000    2.0000   - 2.0000
```

方法二 由初等行变换求矩阵的逆.

例 3.7 上题可由矩阵 $B=\begin{pmatrix}1&2&3&1&0&0\\2&2&1&0&1&0\\3&4&3&0&0&1\end{pmatrix}$ 进行初等行变换来求矩阵的逆.

解 相应的 Matlab 求解代码及运行结果为

```
>> B = [1,2,3,1,0,0;2,2,1,0,1,0;3,4,3,0,0,1]
B =
     1     2     3     1     0     0
     2     2     1     0     1     0
     3     4     3     0     0     1
>> C = rref(B)                    % 化矩阵 B 为行最简形
C =
   1.0000         0         0    1.0000    3.0000   - 2.0000
        0    1.0000         0  - 1.5000  - 3.0000     2.5000
        0         0    1.0000    1.0000    1.0000   - 1.0000
```

```
>> X = C(:,4:6)                 % 取矩阵 C 中 A^(-1) 部分,即 A 的逆
X =
      1.0000    3.0000   -2.0000
     -1.5000   -3.0000    2.5000
      1.0000    1.0000   -1.0000
```

例 3.8　求矩阵 X,使得 $AX=B$,其中 $A=\begin{pmatrix}1&2&3\\2&2&1\\3&4&3\end{pmatrix}$,$B=\begin{pmatrix}2&5\\3&1\\4&3\end{pmatrix}$.

解　相应的 Matlab 求解代码及运行结果为

```
>> A = [1 2 3;2 2 1;3 4 3];
>> B = [2 5;3 1;4 3];
>> inv(A)                               % 求矩阵 A 的逆阵
ans =
      1.0000    3.0000   -2.0000
     -1.5000   -3.0000    2.5000
      1.0000    1.0000   -1.0000
>> ans * B                              % 求 X = A^-1 B
ans =
      3.0000    2.0000
     -2.0000   -3.0000
      1.0000    3.0000
```

八、矩阵的秩

矩阵的秩用函数 rank.

格式　`rank(A)`　　　　　　　　　　　　% 求矩阵 A 的秩

例 3.9　求矩阵 $A=\begin{pmatrix}1&2&3\\4&5&6\\7&8&9\end{pmatrix}$ 的秩.

解　相应的 Matlab 求解代码及运行结果为

```
>> A = [1 2 3;4 5 6;7 8 9];
>> rank(A)                              % 求矩阵 A 的秩
ans =
      2
```

§4　向量组与 Matlab 实验

一、向量的输入

向量在 Matlab 中的输入向量同矩阵输入一样,最简单的方法是从键盘直接输入向量元素.行向量即为 $1\times n$ 矩阵,列向量即为 $n\times 1$ 矩阵.

例如,输入行向量向量 $a=(1,2,3,4,5,6)$. 列向量只需将行向量转置即可.

在 Matlab 提示符 >> 后面键入

```
>> a = [1,2,3,4,5,6]
a =
  1    2    3    4    5    6
```

特殊等差数列构造的向量也可利用冒号建立,一般格式为 $e_1:e_2:e_3$,即变量 = 初值:增量(步长):终值,当步长省略时表示增量为 1.

例如,输入行向量向量 $a=(1,3,5,7,9)$.

在 Matlab 提示符 >> 后面键入

```
>> a = 1:2:9
a =
    1    3    5    7    9
```

二、向量组的秩与向量组的线性相关性

对于一个 n 个 m 维列向量 $\alpha_1,\alpha_2,\cdots,\alpha_n(n\geqslant 2)$ 构成的向量组是否线性相关,可以通过它所构成的矩阵 $A=(\alpha_1,\alpha_2,\cdots,\alpha_n)$ 的秩来判断. 结论是当 $\operatorname{rank}(A)<n$ 时,则向量组线性相关;当 $\operatorname{rank}(A)=n$ 时,则向量组线性无关.

例 4.1 已知 $\alpha_1=(1,1,1)^T,\alpha_2=(0,2,5)^T,\alpha_3=(2,4,7)^T$,讨论向量组 $\alpha_1,\alpha_2,\alpha_3$ 及 α_1,α_2 的线性相关性.

解 相应的 Matlab 求解代码及运行结果为

```
>> A = [1 0 2;1 2 4;1 5 7]
A =
    1    0    2
    1    2    4
    1    5    7
>> r = rank(A)
r =
    2
```

因 r = 2 < n = 3,故 $\alpha_1,\alpha_2,\alpha_3$ 线性相关.

```
>> B = [1 0;1 2;1 5 ]
B =
    1    0
    1    2
    1    5
>> r = rank(B)
r =
    2
```

因 r = 2 = n,故 α_1,α_2 线性无关.

三、向量组的极大无关组

研究矩阵的一个重要方法，就是将矩阵通过初等变换换成行最简形，进而可很方便地求出矩阵或向量组的极大无关组与秩．

在 Matlab 中，行最简形的函数是 rref.

格式
```
D = rref(A)                                   % 求矩阵 A 的行最简形
```

例 4.2　设矩阵 $A=\begin{pmatrix}2&-1&-1&1&2\\1&1&-2&1&4\\4&-6&2&-2&4\\3&6&-9&7&9\end{pmatrix}$，求矩阵 A 的列向量的一个极大无关组，并把不属于极大无关组的列向量用极大无关组线性表示．

解　相应的 Matlab 求解代码及运行结果为

```
>> A = [2 - 1 - 1 1 2;1 1 - 2 1 4;4 - 6 2 - 2 4;3 6 - 9 7 9]
A =

     2    - 1    - 1     1     2
     1      1    - 2     1     4
     4    - 6      2   - 2     4
     3      6    - 9     7     9

>> rref(A)                                   % 求矩阵 A 的行最简形
ans =

     1    0    - 1    0      4
     0    1    - 1    0      3
     0    0      0    1    - 3
     0    0      0    0      0
```

从结果知，矩阵 A 的即矩阵 A 列向量组的秩为 3. 如果将列向量分别记为 $\alpha_1,\alpha_2,\alpha_3,\alpha_4,\alpha_5$，则列向量组的一个极大无关组为 $\alpha_1,\alpha_2,\alpha_4$，且有 $\alpha_3=-\alpha_1-\alpha_2+0\alpha_4$，　$\alpha_5=4\alpha_1+3\alpha_2-3\alpha_4$.

注意　也可用语句$[u,ip]=\mathrm{rref(A)}$求矩阵行 A 的最简形 u，其中 ip 表示极大无关组所在原矩阵的列数．键入如下代码

```
>> [u,ip] = rref(A)
u =

     1    0    - 1    0      4
     0    1    - 1    0      3
     0    0      0    1    - 3
     0    0      0    0      0

ip =
  1    2    4
```

四、向量的模、夹角和内积

在 Matlab 中使用函数 norm 求向量的模(范数),向量的内积可用矩阵乘法.

格式 `n = norm(X)    % 求向量 X 的模`

例 4.3 已知向量 $a=\begin{pmatrix}2\\1\\-3\\1\end{pmatrix}$, $b=\begin{pmatrix}4\\2\\3\\-1\end{pmatrix}$,求$[a,b]$, $\|a\|$ 及 a,b 的夹角.

解 相应的 Matlab 求解代码及运行结果为

```
>> a = [2 1 - 3 1];
>> b = [4 2 3 - 1]';
>> a * b                                    % 求向量 a,b 的模内积
ans =
      0
>> norm(a)                                  % 求向量 a 的模(范数或长度)
ans =
3.8730
```

下面利用公式 $\theta = \arccos\frac{[a,b]}{\|a\|\ \|b\|}$ 求计算向量 a,b 的夹角. 如下键入

```
>> thita = acos((a * b)/(norm(a) * norm(b)))
thita =
1.5708
```

五、向量在给定基下的坐标

例 4.4 验证 $a_1=\begin{pmatrix}1\\-1\\0\end{pmatrix}$, $a_2=\begin{pmatrix}2\\1\\3\end{pmatrix}$, $a_3=\begin{pmatrix}3\\1\\2\end{pmatrix}$ 为 R^3 的一个基,并求向量 $b=\begin{pmatrix}5\\0\\7\end{pmatrix}$ 在这组基下的坐标.

解 相应的 Matlab 求解代码及运行结果为

```
>> a1 = [1 - 1 0]';
>> a2 = [2 1 3]';
>> a3 = [3 1 2]';
>> A = [a1,a2,a3]                           % 矩阵合并
A =
      1   2   3
    - 1   1   1
      0   3   2
>> rank(A)
```

```
ans =
      3                                      % 验证α1,α2,α3为R³的一个基
>> b = [5 0 7]'
b =
      5
      0
      7
>> x = inv(A) * b                            % 求向量b在基α1,α2,α3下的坐标
x =
      2.0000
      3.0000
    - 1.0000
```

§5　线性方程组与 Matlab 实验

线性方程组 $Ax=b$，其中为 $m\times n$ 矩阵 A，向量 x 和 b 分别看作 $n\times 1$ 和 $m\times 1$ 矩阵，上式 $Ax=b$ 为线性方程组的矩阵形式．

当 $b=0$ 时，方程组 $Ax=0$，为齐次线性方程组；当 $b\neq 0$ 时，方程组 $Ax=b$，称为非齐次线性方程组．

在讨论线性方程组求解前，我们先了解一下 Matlab 中矩阵的除法运算．Matlab 提供了两种除法运算，即左除(\) 和右除(/).

一、矩阵的除法运算

如果矩阵 A 是可逆矩阵，那么 $A\backslash B$ 与 B/A 运算可以实现．$A\backslash B$ 等效于 A 的逆左乘 B，即 $A\backslash B=A^{-1}B$；而 B/A 等效于 A 的逆右乘 B，即 $B/A=BA^{-1}$．一般 $A\backslash B\neq B/A$．但对于标量的两种除法运算结果是相同的．例如，3/4 和 4\3 都等于 0.75.

例 5.1　已知 $A=\begin{pmatrix}1&2&3\\1&4&9\\1&8&27\end{pmatrix}$，$B=\begin{pmatrix}2&4&5\\-3&0&6\\-5&2&6\end{pmatrix}$，求 $A^{-1}B$ 与 BA^{-1}.

解　相应的 Matlab 求解代码及运行结果为

```
>> A = [1 2 3;1 4 9;1 8 27];
>> B = [2 4 5; - 3 0 6; - 5 2 6];
>> A\B                                       % 求A^-1B
ans =
     11.0000    13.0000     3.0000
    - 6.5000   - 7.0000     1.5000
      1.3333     1.6667   - 0.3333
>> B/A                                       % 求BA^-1
ans =
```

```
     1.6667    0.5000   -0.1667
    -7.0000    4.5000   -0.5000
   -16.0000   13.5000   -2.5000
```

二、齐次线性方程组的求解

齐次线性方程组 $Ax=0$，若系数矩阵的秩 $\mathrm{rank}(A)=n$（n 为方程组中未知变量的个数），则方程组 $Ax=0$ 有唯一零解；若系数矩阵的秩 $\mathrm{rank}(A)<n$，则方程组 $Ax=0$ 有无穷解，即存在非零解，此时方程组基础解系向量个数为 $n-\mathrm{rank}(A)$.

在 Matlab 中，求齐次线性方程组 $Ax=0$ 的基础解系的函数语句是 null.

格式

```
z = null(A)          % 系数为 A 的齐次方程组的基础解系
z = null(A,'r')      % 系数为 A 的齐次方程组的有理形式基础解系
```

例 5.2 求齐次线性方程组 $\begin{cases}x_1+x_2-x_3-x_4=0,\\2x_1-5x_2+3x_3+2x_4=0,\\7x_1-7x_2+3x_3+x_4=0\end{cases}$ 的基础解系与通解．

解 相应的 Matlab 求解代码及运行结果为

```
>> A = [1 1 -1 -1;2 -5 3 2;7 -7 3 1]
A =
     1     1    -1    -1
     2    -5     3     2
     7    -7     3     1
>> rank(A)                          % 求系数矩阵 A 的秩
ans =
     2
```

因 $rank(A)=2<n=4$，故此齐次线性方程组有非零无穷解．

注意 若当 $rank(A)=n$ 时，齐次线性方程组只有唯一零解．

```
>> z = null(A,'r') % 求齐次方程组的有理形式基础解系
z =
    0.2857    0.4286
    0.7143    0.5714
    1.0000         0
         0    1.0000
```

由齐次线性方程组解的结构，可得通解为

$$x=\begin{pmatrix}x_1\\x_2\\x_3\\x_4\end{pmatrix}=k_1\begin{pmatrix}0.2857\\0.7143\\1.0000\\0\end{pmatrix}+k_2\begin{pmatrix}0.4286\\0.5714\\0\\1.0000\end{pmatrix},(k_1,k_2\in R).$$

注意 此题亦可通过行最简形得到基础解系，从而很容易判断方程组是否有非零解并得出解的形式.

键入下面语句

```
>> B = rref(A) % 求矩阵 A 的最简形
B =

    1.0000         0   - 0.2857   - 0.4286
         0    1.0000   - 0.7143   - 0.5714
         0         0          0          0
```

可见结果与前面一致.

三、非齐次线性方程组的求解

非齐次线性方程组 $Ax=b$ 的增广矩阵 $B=(A\quad b)$，若 $\mathrm{rank}(A)=\mathrm{rank}(B)=n$，则方程组 $Ax=b$ 有唯一解；若 $\mathrm{rank}(A)=\mathrm{rank}(B)<n$，则方程组 $Ax=b$ 有无穷解；若 $\mathrm{rank}(A)\neq\mathrm{rank}(B)$，则方程组 $Ax=b$ 无解.

(1) 适定方程组的求解

非齐次线性方程组 $Ax=b$ 有唯一解的充要条件是 $\mathrm{rank}(A)=\mathrm{rank}(B)=n$，若 A 是 n 阶方阵，则 $x=A^{-1}b$. Matlab 语言可用 $x=\mathrm{inv}(A)*b$，或 $x=A\backslash b$，也可利用函数 *rref* 将增广矩阵 $B=(A,b)$ 化为最简形进行求解. 若 A 不是 n 阶方阵，则可用 A 的广义逆求解，Matlab 中 A 的广义逆函数是 $\mathrm{pinv}(A)$，即可键入 $x=\mathrm{pinv}(A)*b$ 或 $x=A\backslash b$，也可利用最简形函数 *rref*.

例 5.3 解线性方程组 $\begin{cases}2x_1-2x_2+6x_4=-2,\\2x_1-x_2+2x_3+4x_4=-2,\\3x_1-x_2+4x_3+4x_4=-3,\\x_1+x_2+x_3+8x_4=2.\end{cases}$

解 相应的 Matlab 求解代码及运行结果为

```
>> A = [2 - 2 0 6;2 - 1 2 4;3 - 1 4 4;1 1 1 8];
>> b = [- 2 - 2 - 3 2]';                 % 注意为列向量
>> B = [A b]                              % 合并的增广矩阵,或键入 B = [A,b]
B =

    2   - 2   0   6   - 2
    2   - 1   2   4   - 2
    3   - 1   4   4   - 3
    1     1   1   8     2

>> [rank(A),rank(B)]
ans =

    4     4

因 rank(A) = rank(B) = n = 4,故此非齐次线性方程组有唯一解.
>> x = inv(A) * b                         % 求唯一解 x = A^-1 b
```

```
x =
        1.0000
        2.0000
      - 1.0000
        0.0000
```

或键入命令

```
>> x = A\b                                % 求唯一解 x = A^-1 b
x =
        1.0000
        2.0000
      - 1.0000
        0.0000
```

或键入命令

```
>> C = rref(B)                            % 增广矩阵 B 的最简形
C =
        1   0   0   0     1
        0   1   0   0     2
        0   0   1   0   - 1
        0   0   0   1     0
>> x = C(1:4,5)                           % 求唯一解 x = A^-1 b
x =
          1
          2
        - 1
          0
```

注意　此题也可以利用高斯消元法求解，Matlab 软件将线性方程组的高斯消元法封装在函数 linsolve 中了．如上题也可键入代码

```
>> format short                           % 缺省显示
>> x = linsolve(A,b)                      % 高斯消元法求解
x =
        1.0000
        2.0000
      - 1.0000
        0.0000
```

例 5.4　解线性方程组 $\begin{cases}2x_1-2x_2+6x_4=-2,\\2x_1-x_2+2x_3+4x_4=-2,\\3x_1-x_2+4x_3+4x_4=-3,\\x_1+x_2+x_3+8x_4=2,\\x_1+x_2+x_3+x_4=2.\end{cases}$

解　相应的 Matlab 求解代码及运行结果为

```
>> A = [2 - 2 0 6;2 - 1 2 4;3 - 1 4 4;1 1 1 8;1 1 1 1];
>> b = [- 2 - 2 - 3 2 2]';
>> B = [A b]                         % 合并的增广矩阵
B =
       2   - 2   0   6   - 2
       2   - 1   2   4   - 2
       3   - 1   4   4   - 3
       1     1   1   8     2
       1     1   1   1     2
>> [rank(A),rank(B)]
ans =
      4    4
```

因 rank(A) = rank(B) = n = 4，故此非齐次线性方程组有唯一解．

```
>> inv(A)
Error using inv                      % 报错！错误使用 inv 矩阵必须为方阵
Matrix must be square.
>> x = pinv(A) * b                   % 利用广义逆求唯一解
x =
          1.0000
          2.0000
        - 1.0000
          0.0000
>>   x = A\b
x =
          1.0000
          2.0000
        - 1.0000
        - 0.0000
>> C = rref(B)
C =
       1   0   0   0     1
       0   1   0   0     2
       0   0   1   0   - 1
       0   0   0   1     0
       0   0   0   0     0
```

(2) 欠定方程组的求解

非齐次线性方程组 $Ax=b$ 有无穷解的充要条件是 rank(A)=rank(B)$<n$，此时方程组 $Ax=b$ 的解是非齐次线性方程组任一解与其对应齐次线性方程组通解之和．Matlab 中提供

的 rref 函数，可以方便求出增广矩阵 $B=(A,b)$ 的最简形，从而很容易判断非齐次线性方程组是否有解 . Matlab 语言可先用 $x=\text{pinv}(A)*b$，或 $x=A\backslash b$ 求出非齐次线性方程组 $Ax=b$ 的特解，再用函数 null 求对应齐次线性方程组 $Ax=0$ 的基础解系 .

例 5.5 求解方程组 $\begin{cases} x_1-x_2-x_3+x_4=0, \\ x_1-x_2+x_3-3x_4=1, \\ x_1-x_2-2x_3+3x_4=-0.5. \end{cases}$

解 相应的 Matlab 求解代码及运行结果为

```
>> A = [1 - 1 - 1 1;1 - 1 1 - 3;1 - 1 - 2 3];
>> b = [0 1 - 0.5]';
>> B = [A,b]                          % 增广矩阵
B =
    1.0000   - 1.0000   - 1.0000     1.0000          0
    1.0000   - 1.0000     1.0000   - 3.0000     1.0000
    1.0000   - 1.0000   - 2.0000     3.0000   - 0.5000
>> format rat                         % 以分数形式显示结果
>> rref(B)                            % 增广矩阵 B 的最简形
ans =
         1   - 1   0   - 1   1/2
         0     0   1   - 2   1/2
         0     0   0     0     0
```

从最简形可知 $\text{rank}(A)=\text{rank}(B)=2<n=4$，故方程组有无穷多解 .

```
>> x0 = pinv(A) * b                   % 求非齐次方程组的一个特解
x0 =
        3/22
        - 3/22
        1/22
        - 5/22
```

或键入

```
>> x0 = A\b                           % 求非齐次方程组的一个特解(特解不唯一)
x0 =
         0
       - 1/4
         0
       - 1/4
```

也可键入代码

```
>> x0 = linsolve(A,b)                 % 求非齐次方程组的一个特解
x0 =
```

```
      0
      - 1/4
      0
      - 1/4
>> z = null(A,'r')                    % 求对应齐次方程组的基础解系
z =
      1     1
      1     0
      0     2
      0     1
```

故方程组的通解为

$$x=\begin{pmatrix}x_1\\x_2\\x_3\\x_4\end{pmatrix}=\begin{pmatrix}-\frac{1}{4}\\0\\-\frac{1}{4}\\0\end{pmatrix}+k_1\begin{pmatrix}1\\1\\0\\0\end{pmatrix}+k_2\begin{pmatrix}1\\0\\2\\1\end{pmatrix}\quad(k_1,k_2\in R)$$

(3) 超定方程组的求解

非齐次线性方程组 $Ax=b$ 当 $\mathrm{rank}(A)\neq\mathrm{rank}(B)$ 时无解．令 $e=Ax-b$，即不存在 x 使得 $e=0$. 在实际工程应用中，常常要求 x，使得误差向量 e 的模达到最小，x 称为最小二乘解．用语句 $x=\mathrm{pinv}(A)*b$，或 $x=A\backslash b$，求方程组 $Ax=b$ 的最小二乘解．两种方法的结果可能不同，但误差向量的模相等．

例 5.6　求解方程组 $\begin{cases}x_1-2x_2+3x_3-x_4=1,\\3x_1-x_2+5x_3-3x_4=2,\\2x_1+x_2+2x_3-2x_4=3.\end{cases}$

解　相应的 Matlab 求解代码及运行结果为

```
>> A = [1  - 2  3  - 1;3  - 1  5  - 3;2  1  2  - 2];
b = [1  2  3]';
B = [A b];                             % 增广矩阵
>> format rat
>> rref(B)                             % 增广矩阵 B 的最简形
ans =
       1   0     7/5   - 1   0
       0   1   - 4/5     0   0
       0   0       0     0   1
```

从最简形可知 $\text{rank}(A)=2<\text{rank}(B)=3$，所以方程组无解．

```
x1 =
  0.3842
  0.4656
  0.1654
 - 0.3842
e1 =
 - 0.6667
  0.6667
 - 0.666
m1 =
  1.1547
x2 =
  0
  0.9048
  0.7143
  0
e2 =
 - 0.6667
  0.6667
 - 0.6667
m2 =
  1.1547
```

注意　Matlab 中解非齐次线性方程组可以使用“\”. 虽然表面上只是一个简单的符号，而它的内部却包含许多自适应算法，如对超定方程用最小二乘法，对欠定方程它将给出范数最小的一个解，解三对角阵方程组时用追赶法等．

四、线性代数的应用

线性代数的应用非常广泛，接下来只介绍利用线性代数的有关知识来求解最小二乘法问题，并可利用 Matlab 软件实现问题求解．

(1) 预备知识

在空间解析几何中，两个向量 $\alpha=(x_1,x_2,x_3)^T$，$\beta=(y_1,y_2,y_3)^T$ 的距离等于

$$\sqrt{(x_1-y_1)^2+(x_2-y_2)^2+(x_3-y_3)^2}=\|\alpha-\beta\|.$$

现将距离这一概念推广到 n 维向量空间，引人下面定义．

定义 5.1　设 $\alpha=(x_1,x_2,x_3,\cdots,x_n)^T$，$\beta=(y_1,y_2,y_3,\cdots y_n)^T$ 是 n 维线性空间 R^n 中的两个向量，称长度 $\|\alpha-\beta\|$ 为**向量 $\boldsymbol{\alpha}$ 与 $\boldsymbol{\beta}$ 的距离**，记为 $d(\alpha,\beta)$，即

$$d(\alpha,\beta)=\|\alpha-\beta\|=\sqrt{(x_1-y_1)^2+(x_2-y_2)^2+\cdots+(x_n-y_n)^2}.$$

利用距离的定义和长度的三角不等式性质，不难证明，长度具有如下基本性质：

① $d(\alpha,\beta)=d(\beta,\alpha)$；

② $d(\alpha,\beta)>0$，当且仅当 $\alpha=\beta$ 时等号成立；

③ $d(\alpha,\beta)<d(\alpha,y)+d(y,\beta)$)(三角不等式).

平面几何中一个熟知的事实是，一个点到平面或直线上所有点的距离中垂线最短.

在 R^n 空间中，同样可以证明，一个固定向量和一个子空间中各向量间的距离中也是"垂线最短".

设 $W=L(\alpha_1,\alpha_2,\cdots,\alpha_k)$ 是 R^n 中由向量组 $\alpha_1,\alpha_2,\cdots,\alpha_k$ 生成的子空间，α 是 R^n 中一固定向量，β 是 W 中一向量，且 $\alpha-\beta$ 垂直于 W(其含义为 $\alpha-\beta$ 与 W 中任一向量正交). 容易证明 $\alpha-\beta$ 垂直于 W 的充分必要条件是 $[\alpha-\beta,\alpha_i]=0(i=1,2,\cdots,k)$.

要证明 α 到 W 中各向量的距离以"垂线"$\alpha-\beta$ 最短，即要证明对于 $\forall\gamma\in W$，有 $\|\alpha-\beta\|\leqslant\|\alpha-\gamma\|$.

事实上，$\alpha-\gamma=(\alpha-\beta)+(\beta-\gamma)$. 因 W 是子空间，故 $\beta-\gamma\in W$，则 $[(\alpha-\beta,\beta-\gamma)]=0$. 于是，

$$\begin{aligned}\|\alpha-\gamma\|^2&=[\alpha-\gamma,a-\gamma]\\&=[(\alpha-\beta)+(\beta-\gamma),(\alpha-\beta)+(\beta-\gamma)]\\&=[\alpha-\beta,\alpha-\beta]+2[\alpha-\beta,\beta-\gamma]+[\beta-\gamma,\beta-\gamma]\\&=\|\alpha-\beta\|^2+\|\beta-\gamma\|^2.\end{aligned},$$

所以

$$\|\alpha-\beta\|\leqslant\|\alpha-\gamma\|.$$

这就证明了，向量到一个子空间中各向量间的距离中"垂线最短" 这个事实的一个重要应用就是解决最小二乘法问题.

(2) 最小二乘法

什么是最小二乘法问题？让我们先来看一个例题.

例 5.7　已知某种材料在生产过程中的废品率 y 与某种化学成分 x 有关. 某工厂生产过程中 y 与相应的 x 的几次数值见表 5-1 所列. 试找出 y 与 x 的一个近似公式.

表 5-1

y%	1.00	0.9	0.9	0.81	0.6	0.56	0.35
x%	3.6	3.7	3.8	3.9	4.0	4.1	4.2

解　在平面直角坐标系中描出这 7 个点 (x,y). 不难看出，这 7 个点大约在一条直线上，因此我们取一次函数 $y=kx+l$ 作为 y 与 x 之间关系的近似描述，当然最好是能找到适当的 k,l 使得下列等式

$$\begin{cases} 3.6k + l = 1.00, \\ 3.7k + l = 0.9, \\ 3.8k + l = 0.9, \\ 3.9k + l = 0.81, \\ 4.0k + l = 0.60, \\ 4.1k + l = 0.56, \\ 4.2k + l = 0.35 \end{cases}$$

都成立．实际上这是不可能的，于是我们考虑寻求适当的 k, l，使得上面各式的误差平方和

$$(3.6k + l - 1.00)^2 + (3.7k + l - 0.9)^2 + (3.8k + l - 0.9)^2 + (3.9k + l - 0.81)^2 + (4.0k + l - 0.60)^2 + (4.1k + l - 0.56)^2 + (4.2k + l - 0.35)^2$$

达到最小．由于这里讨论的是误差的平方即二乘方的最小值问题，故称最小二乘法问题．

定义 5.2 若线性方程组

$$\begin{cases} a_{11}x_1 + a_{12}x_2 + \cdots + a_{1n}x_n = b_1, \\ a_{21}x_1 + a_{22}x_2 + \cdots + a_{2n}x_n = b_2, \\ \qquad \vdots \\ a_{m1}x_1 + a_{m2}x_2 + \cdots + a_{mn}x_n = b_m \end{cases} \tag{5.1}$$

无解，设法寻求一组数 $k_1, k_2, \cdots, k_n$，使

$$\sum_{i=1}^{m} (a_{i1}x_1 + a_{i2}x_2 + \cdots + a_{in}x_n - b_i)^2$$

在 $(x_1, x_2, \cdots, x_n)^T = (k_1, k_2, \cdots k_n)^T$ 达到最小，称这样的一组数 $k_1, k_2, \cdots, k_n$ 为方程组的最小二乘解，求最小二乘解的问题称为**最小二乘法问题**．

若线性方程组(5.1)有解，那么这就不是最小二乘法问题了．从本节我们可以知道，若线性方程组(5.1)无解，并不意味着这个方程无意义．

下面来讨论最小二乘法问题的求解．

$$令\ A = \begin{pmatrix} a_{11} & a_{12} & \cdots & a_{1n} \\ a_{21} & a_{22} & \cdots & a_{2n} \\ \vdots & \vdots & & \vdots \\ a_{m1} & a_{m2} & \cdots & a_{mn} \end{pmatrix}, b = \begin{pmatrix} b_1 \\ b_2 \\ \vdots \\ b_m \end{pmatrix}, x = \begin{pmatrix} x_1 \\ x_2 \\ \vdots \\ x_n \end{pmatrix}, y = Ax,$$

利用距离的概念，得

$$\sum_{i=1}^{m}(a_{i1}x_1+a_{i2}x_2+\cdots+a_{in}x_n-b_i)^2=\|y-b\|^2.$$

于是，最小二乘法的求解问题就是要在集合 $W=\{y \mid y=Ax, x\in R^n\}$ 中先找一个向量 y，使 y 与 b 的距离最短，再由关系式 $y=Ax$ 解出最小二乘解 $k_1,k_2,\cdots,k_n$，记 A 的各列向量分别为 $\alpha_1,\alpha_2,\cdots,\alpha_n$，则

$$y=Ax=x_1\alpha_1+x_2\alpha_2+\cdots+x_n\alpha_n,$$

故

$$W=L(\alpha_1,\alpha_2,\cdots,\alpha_n)$$

于是，最小二乘法问题可叙述为：在线性空间 $W=L(\alpha_1,\alpha_2,\cdots,\alpha_n)$ 中找一个向量 y，使 $\|y-b\|$ 是 b 到 W 中各向量的最短距离．

设所求向量为 $y=x_1\alpha_1+x_2\alpha_2+\cdots+x_n\alpha_n$，由向量到一个子空间中各向量间的距离中"垂线最短"这一论断可知，$\beta=y-b=Ax-b$ 必须垂直于 $W=L(\alpha_1,\alpha_2,\cdots,\alpha_n)$，为此必须且仅须

$$(\beta,\alpha_1)=(\beta,\alpha_2)=\cdots=(\beta,\alpha_n)=0,$$

即

$$\alpha_1^T\beta=\alpha_2^T\beta=\cdots=\alpha_n^T\beta=0.$$

把上面 n 个等式合起来写成矩阵等式

$$A^T\beta=A^T(Ax-b)=0 \text{ 或 } A^TAx=A^Tb,$$

这就是最小二乘解所满足的代数条件．它是一个线性方程组，可以证明这个线性方程组总是有解的．

现在继续解决例 5.7 中提出的问题，在这里，

$$A=\begin{pmatrix}3.6 & 1\\3.7 & 1\\3.8 & 1\\3.9 & 1\\4.0 & 1\\4.1 & 1\\4.2 & 1\end{pmatrix}, b=\begin{pmatrix}1.00\\0.9\\0.9\\0.81\\0.60\\0.56\\0.35\end{pmatrix}.$$

解线性方程组 $A^TAx=A^TA\begin{pmatrix}k\\l\end{pmatrix}=A^Tb$，可利用 Matlab 软件得最小二乘解为 $k\approx-1.05$，$l\approx 4.81$（由读者使用 Matlab 软件计算操作）.

阅读材料

一、《九章算术》简介

线性代数是代数学的一个重要组成部分，广泛应用于现代科学的许多分支．其核心问题之一就是线性方程组（system of linear equations）的求解问题．线性方程组，关于未知量是一次方程组，这是最简单也是最重要的一类代数方程组．

从数学理论的角度讲，线性方程组的求解问题可以简单明了地用系数矩阵的行列式来表示．对于线性方程组的解法，早在中国汉代的数学著作《九章算术》方程章中就已作了比较完整的论述．其"方程术"解三元线性方程组的方法是世界上最早、最完整的线性方程组解法．所述方法实质上相当于现代的对方程组的增广矩阵施行初等行变换从而消去未知量的方法，即高斯消元法．

中国古代数学是以创造算法特别是各种解方程的算法为主线．从线性方程组到高次多项式方程，乃至不定方程，中国古代数学家创造了一系列先进的算法（中国数学家称之为"术"）．他们用这些算法去求解相应类型的代数方程，从而解决导致这些方程的各种各样的科学和实际问题．他们将几何问题也归结为代数方程，并用程式化的算法来求解．

《九章算术》是我国古代流传下来的最早的一部数学著作，成书年代大约在公元 1 世纪东汉初年章帝时期，是古代劳动人民和数学家在长期生产活动中运用数学知识的结晶．《九章算术》集先秦至西汉我国数学知识之大成，是我国现存最早的数学专著．其传本包括《九章算术》本文、曹魏刘徽注、唐初李淳风等注释三部分内容．

《九章算术》的编纂标志着我国古代数学已经形成比较完整的体系．它包含有系统的分数四则运算、面积和体积的计算、开平方和开立方的方法、各种分配比例问题、正负数概念和正负数加减法则、多元一次联立方程的解法及一般二次方程（首项系数非负）的解法等，内容涉及算术、几何、代数的许多方面．其中负数和概念的引入、多元一次联立方程的解法及系统的分数四则运算等的提出，比国外早数百年到一千余年不等．

《九章算术》是以问题集的形式编写的．它收集了 246 个应用数问题和各类问题的解法，其中有秦以前流传下来的老问题，也有西汉以后的新题目，分为方田、粟米、衰分、少广、商功、均输、盈不足、方程、勾股九章，故名《九章算术》．中国传统数学作为一种算法体系在筹算的基础上取得了辉煌的成就，在世界数学发展史上具有开创性的价值．《九章算术》作为中国传统数学的典范，流传至今 2000 余年，不仅指导着中国数学的发展，而且早已流传到世界各地．在隋唐时期，《九章算数》曾传到朝鲜、日本，并成为这些国家当时的数学教科书．它在代数方面的一些成就如十进位值制、今有术、盈不足术等还传到印度和阿拉伯，并通过印度、阿拉伯传到欧洲，促进了世界数学的发展．

二、数学家介绍

刘徽（约 225－295）是中国古代最伟大的数学家．他曾在如今的山东、河南、河北一带广泛开展学术活动．他在数学上最主要的成就之一是为《九章算术》作注释．

《九章算术》是中国古代传统数学的代表，其内容极其丰富，涉及当时社会生活的各个方面，是我国最宝贵的数学遗产之一．与欧几里得的《几何原本》为代表的西方数学相比，《九章算术》代表着另一种截然不同的体系．《九章算术》着重应用和计算，其成果往往以算法形式表达；《几何原本》着重概念和推理，其成果往往以定理形式表达．

刘徽的《九章算术注》整理了《九章算术》中各种解题方法的思想体系，旁征博引，纠正了其中某些错误，提高了《九章算术》的学术水平．刘徽善于用文字讲清道理、用图形说明问题，并提出了许多独到的见解．

在刘徽之前，中国的圆周率取 $\pi=3$，刘徽认为太失真了，应该采用更为近似的数．他发明了“割圆术”，即通过不断增加圆的内接正多边形的边数来逼近圆周长，并用他高超的求平方根的技巧和耐心细致的计算，求得了圆的内接正3072边形的周长，由此求得了圆周率为 $\pi=3.1416$.

在这一过程中，他实际已把极限的思想应用于近似计算，只是没有用极限的表达形式．刘徽建立了关于面积、体积的所谓“出入相补原理”，即一个几何图形被分割为若干部分后，其面积或体积保持不变，并巧妙地运用这一原理证明了《九章算术》中的许多面积公式，例如，刘徽运用面积割补法证明了勾股定理，并建立了勾股数公式 $a^2+b^2=c^2$. 同时，他把中国古代关于截面原理的认识提高到理性阶段，并在求算术平方根的过程中察觉到了无理数的存在．

刘徽在《九章算术》“方程”章的注释中提出了互乘相消法，用以求解二元一次方程；在“盈不足”章的注释中建立了一个等差级数求和公式．

刘徽是中国古代数学的奠基人之一，他的著作堪称中国传统数学理论的精华．世界著名数学家吴文俊在《九章算术注释》的序中评价：“从对数学的贡献的角度来衡量，刘徽应该与阿基米德相提并论．”

参 考 文 献

[1] 北京大学数学系几何与代数教研室代数小组．高等代数[M]．北京：高等教育出版社，1998.

[2] David C，Lay. Linear Alegebra and Its Applications（Third Edition）[M]．北京：电子工业出版社，2004.

[3] 王亮，冯国臣，王兵团．基于Matlab的线性代数实用教程[M]．北京：科学出版社，2005.

[4] 汪晓银，邹庭荣，周保平．数学软件与数学实验[M]．北京：科学出版社，2010.

[5] 李小刚，刘吉定，罗进．线性代数及其应用[M]．北京：科学出版社，2012.

[6] 刘木伙．线性代数[M]．长沙：湖南大学出版社，2023.